Home
教你打造 数字力

微软 Excel 致用系列

Excel 2016
数据处理与分析

微课版

ExcelHome 编著

50%

人民邮电出版社
北京

图书在版编目（CIP）数据

Excel 2016数据处理与分析 : 微课版 / ExcelHome
编著. -- 北京 : 人民邮电出版社, 2019.10（2021.6重印）
（微软Excel致用系列）
ISBN 978-7-115-51502-5

Ⅰ. ①E… Ⅱ. ①E… Ⅲ. ①表处理软件 Ⅳ.
①TP391.13

中国版本图书馆CIP数据核字(2019)第122648号

内 容 提 要

Excel 是微软 Office 套装软件的重要构成部分，能够完成数据的采集、整理、统计、分析与可视化等多种操作，被广泛应用于管理、统计、金融等众多领域。

本书汇集了用户在使用 Excel 进行数据处理与分析时最常见的问题，通过 200 余个实例的演示与讲解，帮助读者灵活有效地使用 Excel 处理工作中遇到的问题。全书共 14 章，详细介绍了 Excel 2016 在数据处理与分析方面的各种应用技巧，内容涉及数据输入、数据规范、数据整理与表格编辑、数据排序和筛选、使用条件格式标识数据、公式和函数的应用、使用数据透视表分析数据、单变量求解、规划求解、Power Query 和 Power Pivot 的简单应用，以及使用图表和图形对数据可视化及表格打印等内容。

本书内容丰富、图文并茂、可操作性强且易于阅读，既可以作为高校教材，也可以作为广大 Excel 爱好者的参考书和企业办公人员的自学用书。

◆ 编　　著　ExcelHome
　　责任编辑　刘向荣
　　责任印制　焦志炜
◆ 人民邮电出版社出版发行　　北京市丰台区成寿寺路 11 号
　　邮编　100164　　电子邮件　315@ptpress.com.cn
　　网址　http://www.ptpress.com.cn
　　北京市艺辉印刷有限公司印刷
◆ 开本：787×1092　1/16
　　印张：17.5　　　　　　　　2019 年 10 月第 1 版
　　字数：501 千字　　　　　　2021 年 6 月北京第 4 次印刷

定价：49.80 元

读者服务热线：(010)81055256　印装质量热线：(010)81055316
反盗版热线：(010)81055315
广告经营许可证：京东市监广登字 20170147 号

前言
PREFACE

Excel 是进行数据分析与处理的应用工具，它能帮助用户完成多种工作，如数据分析、汇总以及制作可视化图表等。

本书秉承"授人以渔"的编写思想，书中的操作步骤均使用详细的图解，能够减轻读者的阅读压力，让学习过程变得相对轻松。本书的最终目标是帮助读者提升运用 Excel 进行数据处理与分析的操作水平，提高工作效率。

读者对象

本书面向的读者群是所有需要使用 Excel 的用户。无论是初学者，中级、高级用户还是 IT 技术人员，都将从本书找到值得学习的内容。当然，读者在阅读本书以前最好对 Windows 操作系统有一定的了解，并且知道如何使用键盘与鼠标。

关于配套资源

本书提供的示例源文件可供读者练习操作使用，也可稍加改动，应用到日常工作中。读者可登录人邮教育社区（www.ryjiaoyu.com）进行下载。为了便于读者学习，书中还提供了重点、难点的视频讲解，读者扫描书中的二维码即可观看。

声明

本书及本书附赠资源中所使用的数据均为虚拟数据，如有雷同，纯属巧合，请勿对号入座。

软件版本

本书的写作基础是安装于 Windows 7 专业版操作系统上的中文版 Excel 2016，绝大部分内容也可以兼容 Excel 2007/2013/2019。Excel 2016 在不同版本操作系统中的显示风格有细微差异，但操作方法完全相同。

阅读技巧

本书采用循序渐进的方式，由易到难地介绍 Excel 中的常见知识点，除了原理和基础性的讲解外，还配以典型示例帮助读者加深理解，突出实用性和适用性。本书注重知识结构的层次性，循序渐进安排各个章节的知识点，尽量降低学习难度，通过翔实的操作实例和丰富的课后练习题，培养学习者的动手实践能力。

不同水平的读者可以使用不同的方式来阅读本书，以求在相同的时间和精力之下能获得最大的回报。

Excel 初级用户或者任何一位希望全面熟悉 Excel 各项功能的读者，可以从头开始阅读，因为本书是按照各项功能的使用频度以及难易程度来组织章节顺序的。

Excel 中、高级用户可以挑选自己感兴趣的主题进行有侧重的学习。

如果遇到困惑的知识点不必烦躁，可以暂时先跳过，今后遇到具体问题时再来研究。当然，更好的方式是与其他爱好者进行探讨。如果读者身边没有这样的人选，可以登录 ExcelHome 技术论坛，和这里的 Excel 爱好者交流。

另外，本书为读者准备了大量的示例，它们都具有典型性和实用性，能帮助读者解决特定的问题。因此，读者可以直接从书中挑选自己需要的示例开始学习，并快速应用到自己的工作中。

写作团队

本书由周庆麟组织策划，郭新建和祝洪忠共同编写，最后由祝洪忠和周庆麟完成统稿。

感谢

衷心感谢 ExcelHome 论坛的四百五十余万会员，是他们多年来不断的支持与分享，才营造出热火朝天的学习氛围，并成就了今天的 ExcelHome 系列图书。

衷心感谢 ExcelHome 微博的所有粉丝和 ExcelHome 微信的所有好友，你们的"赞"和"转"是我们不断前进的新动力。

后续服务

在本书编写过程中，难免有纰缪和不足之处，敬请读者能够提出宝贵的意见和建议，使本书的后继版本更臻完善。

您可以访问 ExcelHome 技术论坛，我们开设了专门的版块用于本书的讨论与交流。您也可以发送电子邮件到 book@excelhome.net，我们将尽力为您服务。

同时，欢迎您关注我们的官方微博和微信，这里会经常更新 Excel 学习资料。

新浪微博：@ExcelHome

微信公众号：Excel 之家 ExcelHome

最后，祝广大读者在阅读本书后，能学有所成！

ExcelHome
2019 年 9 月

目录 CONTENTS

第1章

Excel 基础

　　本章主要介绍 Excel 2016 的工作区和功能区、Excel 工作簿的创建与保存、Excel 文件的格式与兼容性。

1.1 熟悉 Excel 2016 的界面

　　Excel 是微软办公套装软件 Microsoft Office 的一个重要组成部分，它可以进行各种数据的处理、统计分析和辅助决策操作，广泛应用于管理、统计、财经、金融等众多领域。图 1-1 所示为 Excel 2016 的工作窗口。

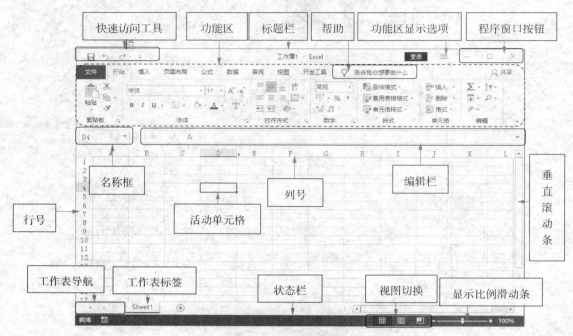

图 1-1　Excel 2016 工作窗口

1.2 可定制的功能区与快速访问工具栏

　　功能区是 Excel 窗口中的重要元素，由一组选项卡面板组成，单击不同的选项卡标签，可以切换到不同的选项卡功能面板。每个选项卡中包含了多个命令组，每个命令组由一些密切相关的命令所组成，如图1-2 所示。

图 1-2　Excel 选项卡和命令组

　　Excel 功能区的选项卡可以随 Excel 窗口的大小自动更改尺寸和样式，以适应显示空间的要求。

　　除了常规选项卡之外，当在 Excel 中进行某些操作时，会在功能区自动显示与之有关的选项卡，因此也称为"上下文选项卡"。例如，在工作表中选中插入的图片对象时，功能区自动显示出【图片工具】选项卡，在【格式】子选项卡中，包含了与图片操作有关的命令，如图 1-3 所示。

　　"上下文选项卡"主要包括图表工具、绘图工具、页眉和页脚工具、数据透视表工具、数据透视图工具、表格工具、Smart Art 工具等。

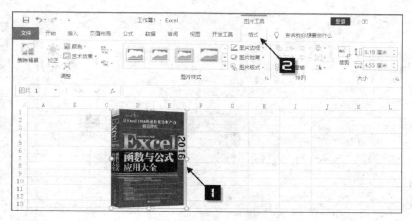

图 1-3　上下文选项卡

1.2.1 可定制的功能区

Excel 允许用户根据自己的需要和使用习惯，对选项卡和命令组进行显示、隐藏以及次序的调整。

以显示【开发工具】选项卡为例，依次单击【文件】→【选项】，打开【Excel 选项】窗口，切换到【自定义功能区】选项卡。在右侧的【自定义功能区】列表中，勾选【开发工具】复选框，最后单击【确定】按钮即可，如图 1-4 所示。

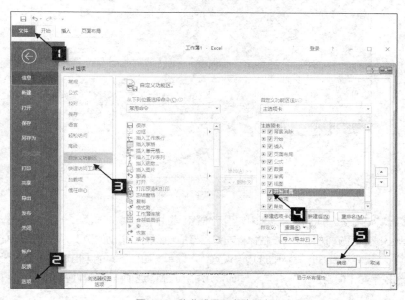

图 1-4　隐藏或显示主选项卡

在【Excel 选项】对话框中选中【自定义功能区】选项卡，单击右侧下方的【新建选项卡】，自定义功能区列表中会显示新创建的自定义选项卡。

用户可以通过左侧的常用命令列表向右侧的命令组中添加命令，如图 1-5 所示。

如需删除自定义的选项卡，可以在选项卡列表中选中该选项卡，再单击左侧的【删除】按钮。

Excel 不允许用户删除内置的选项卡，但是可以对所有选项卡重命名。在选项卡列表中选中需要重命名的选项卡，单击右下角的【重命名】按钮，在弹出的【重命名】对话框中输入显示名称，依次单击【确定】，关闭【重命名】对话框和【Excel 选项】对话框，如图 1-6 所示。

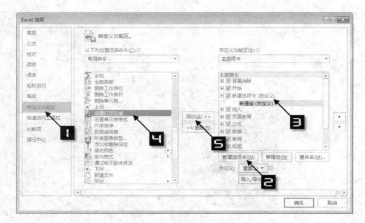

图 1-5　添加自定义选项卡和添加命令

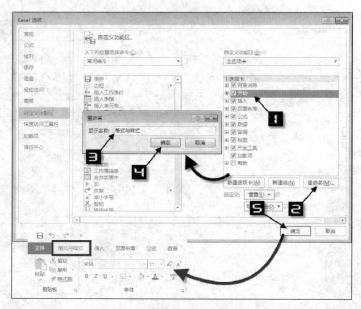

图 1-6　重命名选项卡

用户可以根据需要调整选项卡在功能区中的显示次序。选中待调整的选项卡，单击【主选项卡】列表右侧的微调按钮或是选中待调整的选项卡，按住鼠标左键直接拖动到需要移动的位置，松开鼠标左键即可。

如果用户需要恢复 Excel 程序默认的选项卡设置，可以单击右侧下方的【自定义】下拉列表中的【重置所有自定义项】，或是单击【仅重置所选功能区选项卡】对所选中的选项卡进行重置操作。

1.2.2 | 可定制的快速访问工具栏

快速访问工具栏包括几个常用的命令快捷按钮，通常显示在 Excel【文件】选项卡的上方，默认包括【保存】【撤销】和【恢复】三个命令按钮。这三个命令按钮不会因为功能选项卡的切换而隐藏，如图 1-7 所示。

单击快速访问工具栏右侧的下拉箭头，可以在扩展菜单中显示更多的常用命令按钮，通过勾选，将常用命令添加到快速访问工具栏，如图 1-8 所示。

在图 1-8 所示的【自定义快速访问工具栏】下拉菜单中勾选【在功能区下方显示】，可更改快速访问工具栏的显示位置。

图 1-7　快速访问工具栏

图 1-8　自定义快速访问工具栏

除了【自定义快速访问工具栏】下拉菜单中的几项常用命令，用户也可以根据需要将其他命令添加到添加到此工具栏。以添加【删除工作表】命令按钮为例，操作步骤如下。

步骤 1 单击快速访问工具栏右侧的下拉箭头，在扩展菜单中单击【其他命令】，弹出【Excel 选项】对话框，并自动切换到【快速访问工具栏】选项卡。

步骤 2 在左侧【从下列位置选择命令】下拉列表中选择【所有命令】选项。然后在命令列表中找到【记录单】命令并选中，再单击中间的【添加】按钮，最后单击【确定】按钮关闭【Excel 选项】对话框，如图 1-9 所示。

需要删除快速访问工具栏上的命令时，只需右键单击命令按钮，在扩展菜单中单击【从快速访问工具栏删除】即可，如图 1-10 所示。

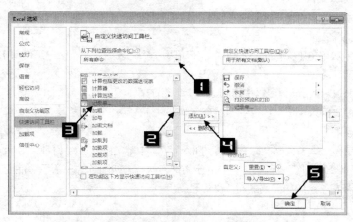

图 1-9　在快速访问工具栏上添加命令

图 1-10　删除快速访问工具栏上的命令

1.3　创建与保存工作簿

用来储存用户数据的 Excel 文件叫作工作簿。每个工作簿包含一个或多个工作表。在 Excel 2016 中，每个工作簿可容纳的最大工作表数与可用内存有关。

当新建一个工作簿进行保存时，在【另存为】对话框的【保存类型】下拉菜单中可以选择所需要的 Excel 文件格式，如图 1-11 所示。

其中的".xlsx"是 Excel 2016 默认的普通工作簿格式。".xlsm"是启用宏的工作簿，当工作簿中包含宏代码时，需要使用这种格式保存。

图 1-11　Excel 2016 可选择的文件格式

1.3.1　创建工作簿

使用以下两种方法可以创建新工作簿。

1．在 Excel 工作窗口中创建工作簿文件

从系统【开始】按钮或是桌面快捷方式启动 Excel，启动后的 Excel 就会自动创建一个名为"工作簿 1"的空白工作簿。如果重复启动 Excel，工作簿名称中的编号会依次增加。

也可以在已经打开的 Excel 窗口中，依次单击【文件】→【新建】，在可用模板列表中双击【空白工作簿】的图标创建一个新工作簿，如图 1-12 所示。

在已经打开的 Excel 窗口中，按<Ctrl+N>组合键，可以快速创建一个新工作簿。

以上方法创建的工作簿在用户没有保存之前只存在于内存中，没有实体文件存在。

2．在系统中创建工作簿文件

在 Windows 桌面或是文件夹窗口的空白处单击数据右键，在弹出的快捷菜单中单击【新建】→【Microsoft Excel 工作表】，可在当前位置创建一个新的 Excel 工作簿文件，并处于重命名状态，如图 1-13 所示。使用该命令创建的新 Excel 工作簿文件是一个存在于系统磁盘内的实体文件。

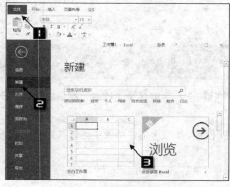

图 1-12　创建新工作簿

图 1-13　通过快捷菜单创建工作簿

1.3.2 保存工作簿

用户新建工作簿或是对已有工作簿文件重新编辑后，要经过保存才能存储到磁盘空间，用于以后的编辑和读取。在使用 Excel 过程中，必须要养成良好的保存文件习惯。经常性的保存可以避免系统崩溃或是突然断电造成的损失，对于新建工作簿，一定要先保存，再进行数据编辑录入。

保存工作簿的方法有以下几种。

（1）单击快速访问工具栏的【保存】按钮 🔲 。

（2）依次单击功能区的【文件】→【保存】或【另存为】。

（3）按<Ctrl+S>组合键，或是按<Shift+F12>组合键。

当工作簿编辑修改后未经保存就被关闭时，Excel 会弹出提示信息，询问用户是否进行保存，单击【保存】按钮就可以保存该工作簿，如图 1-14 所示。

图 1-14　Excel 提示对话框

对新建工作簿第一次保存时，会进入【另存为】界面。在该界面的右侧提供了最近使用的位置，在左侧有"OneDrive""这台电脑""添加位置"以及"浏览"，如图 1-15 所示。用户可以根据需要选择存放的位置。

图 1-15　【另存为】界面

以单击【浏览】按钮为例，会弹出【另存为】对话框，在左侧列表框中可以选择文件存放的路径。单击【新建文件夹】按钮，可以在当前路径中创建一个新的文件夹。用户可以在【文件名】文本框中为工作簿命名，在【保存类型】对话框中选择文件保存的类型，默认为"Excel 工作簿"，即以".xlsx"为扩展名的文件，单击【保存】按钮关闭【另存为】对话框，如图 1-16 所示。

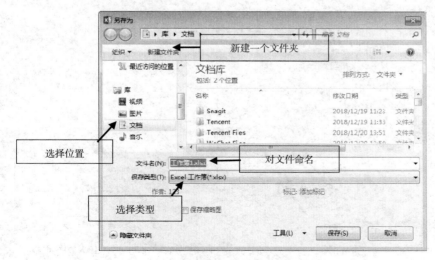

图 1-16　【另存为】对话框

提示

　　【保存】和【另存为】的名字和作用接近，但在实际使用时有一定的区别。对于新建工作簿的首次保存，【保存】和【另存为】命令的作用完全相同。对于之前已经保存过的现有工作簿，再次执行保存操作时，【保存】命令直接将编辑修改后的内容保存到当前工作簿中，工作簿的文件名和保存路径不会有任何变化。【另存为】命令则会打开【另存为】对话框，允许用户对文件名和保存路径重新进行设置，得到当前工作簿的副本。

1.4 工作簿保护

　　如果 Excel 工作簿中包含某些重要的信息，用户可以为 Excel 文件设置打开密码，保护信息不会泄露或是被其他人修改。

　　在【另存为】对话框底部的工具栏上依次单击【工具】→【常规选项】，将弹出【常规选项】对话框，用户可以为工作簿设置打开权限密码或是修改权限密码等选项，如图1-17 所示。

工作簿保护和工作表
保护

　　勾选【生成备份文件】复选框，则每次重新打开编辑后，再次保存工作簿时会自动创建备份文件。Excel 将上一次保存过的同名文件重命名为"xxx 的备份.xlk"，同时将当前窗口中的工作簿保存为与原文件同名的工作簿文件。每次保存时，磁盘空间上会同时存在新旧两个版本的文件，用户可以在需要时打开备份文件，使表格恢复到上一次保存的状态。备份文件只会在保存时生成，用户也只能从备份文件中获取前一次保存的文件，不能恢复到更久之前的状态。

　　在【打开权限密码】编辑框中输入密码，可以为当前工作簿设置打开文件的密码保护，如果没有正确的密码，则无法打开所保存的工作簿文件。

　　在【修改权限密码】编辑框中设置的密码可以保护工作簿能不被意外修改。当打开设置了修改权限密码的工作簿时，会弹出对话框要求用户输入修改密码或是以只读方式打开文件，如图 1-18 所示。在只读方式下，用户对工作簿所做的修改无法保存到原文件，只能保存到其他副本中。

图 1-17　【常规选项】对话框

图 1-18　输入密码对话框

如果在【常规选项】对话框中勾选【建议只读】复选框，当再次打开此工作簿时，会弹出如图 1-19 所示的对话框，建议用户以只读方式打开工作簿。

图 1-19　建议只读

除此之外，还可以单击【文件】选项卡，在信息命令组中依次单击【保护工作簿】→【用密码进行加密】，在弹出的【加密文档】对话框中输入密码，单击【确定】按钮，Excel 会要求再次输入密码进行确认，如图 1-20 所示。

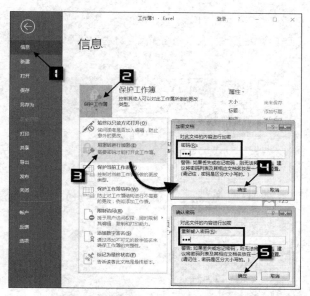

图 1-20　用密码加密文档

设置密码后，此工作簿下次再被打开时将提示输入密码，如果不能提供正确的密码，将无法打开此工作簿。如需要解除工作簿的打开密码，可以按上述步骤再次打开【加密文档】对话框，删除现有密码即可。

1.5　文件格式与兼容性

目前 Excel 有多个版本并存，从 Excel 2003、Excel 2007、Excel 2010，到 Excel 2013、Excel 2016 和 Excel 2019 都有用户使用。

从 Excel 2007 开始，微软引入了全新的文件格式，如果用户只为 Excel 2007 以上版本的使用者创建工作簿，这种情况下不必考虑兼容性问题。但如果为那些使用 Excel 2003 版本的用户创建工作簿，则需要理解兼容性的相关知识。

1.5.1　Excel 2016 文件格式

Excel 2016 常用的文件格式如表 1-1 所示。

表 1-1　　　　　　　　　　　　　　Excel 2016 常用文件格式

后缀名	说明
.xlsx	默认工作簿文件
.xlsm	包含宏的工作簿文件
.xltx	不含宏的工作簿模板文件

续表

后缀名	说明
.xltm	包含宏的工作簿模板文件
.xlsa	加载项文件
.xlk	备份文件

1.5.2 检查兼容性

如果将工作簿保存为 Excel 2007 之前的版本，默认格式为".xls"，Excel 会自动对其运行兼容性检查器。兼容性检查器能够检查当前工作簿中的元素，在以此格式保存时是否会丢失功能或外观上发生变化，如图 1-21 所示。

图 1-21　兼容性检查器

【兼容性检查器】对话框的下方列出了所有的兼容性问题。如果单击【复制到新表】按钮，Excel 会自动插入一个名为"兼容性报表"的工作表，并将其中的内容以更便于阅读的方式列出。

虽然 Excel 2007 以上版本默认文件格式都是.xlsx 格式，但兼容性问题也会发生在这些版本之间，部分 Excel 2016 保存的文件无法完美地用于 Excel 2013 等之前版本中。

例如，工作表中包含有切片器的数据透视表，当将其发送给使用 Excel 2007 的用户时，工作表中的切片器组件将无法显示。另外，所有使用了高版本中新增函数的公式都无法正常使用，并在函数名称前自动添加 "_xlfn."的前缀，如图 1-22 所示。

如果使用 Excel 2016 打开由 Excel 2003 创建的文件，则会开启"兼容模式"，并在标题栏中显示"兼容模式"字样，如图 1-23 所示。

图 1-22　在 Excel 2007 中打开的公式无法计算　　　图 1-23　兼容模式提示

在"兼容模式"下，Excel 2016 仅可以使用与早期版本相兼容的功能进行编辑操作。使用以下两种方法，可以根据需要将早期版本的工作簿文件转换为当前版本。

方法 1　打开待转换格式的工作簿，单击【文件】选项卡下的【信息】按钮，再单击【转换】按钮完成格式转换，如图 1-24 所示。

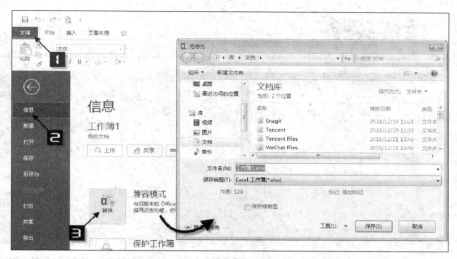

图 1-24　兼容模式转换

　打开待转换格式的工作簿，按<F12>键，将工作簿另存为高版本默认格式的文件。

如果早期版本的工作簿文件中包含宏代码或是其他启用宏的内容，在另存为高版本时，需要选择"启用宏的工作簿"，即".xlsm"格式的文件。

 本章小结

　　本章主要介绍了 Excel 2016 的界面以及定制 Excel 功能区和快速访问工具栏的方法、创建与保存工作簿，同时对工作簿保护、文件格式与兼容性进行了介绍。Excel 建立的表格文件叫作工作簿，一个工作簿由一个或是多个工作表组成，工作表的最小组成元素是单元格。

　　Excel 2016 可以为工作簿设置打开或修改权限的密码，也可以将低版本创建的 Excel 工作簿转换为高版本的默认格式。

练习题

1. Excel 2016 默认工作簿文件类型是＿＿＿，启用宏的工作簿需要保存为＿＿格式。

2. 在 Excel 2016 功能区中，包括＿＿选项卡、＿＿选项卡、＿＿选项卡、＿＿选项卡、＿＿选项卡、＿＿选项卡、＿＿选项卡和＿＿选项卡。

3. 以下说法正确的是（　　）：

　A. 双击桌面快捷方式启动 Excel 新建的工作簿是保存在系统磁盘上的实体文件。

　B. 在桌面或文件夹窗口中，通过快捷菜单新建的工作簿是保存在系统磁盘上的实体文件。

4. 保存工作簿的方法有以下几种：

（1）＿＿＿＿＿＿＿＿

（2）＿＿＿＿＿＿＿＿

（3）＿＿＿＿＿＿＿＿

1. 在快速访问工具栏中添加"数据透视表和数据透视图向导"命令。

2. 在功能区中新建一个选项卡，并命名为"我的选项卡"。在新建选项卡下添加命令组，并命名为"常用命令"，在命令组中添加【另存为】和【格式刷】命令按钮，如图1-25所示。

图1-25　自定义选项卡

3. 新建一个名为"我的第一个工作簿"的工作簿，为该工作簿设置修改权限密码为12345。

第 2 章

数据输入

　　合理输入和编辑数据，对后续的数据处理与分析具有非常重要的意义。本章主要介绍 Excel 中的各种数据类型，以及在 Excel 中输入和编辑不同类型数据的常用方法和技巧。

2.1 认识 Excel 中的数据类型

当用户向工作表的单元格输入信息时，Excel 会自动对输入的数据类型进行判断。Excel 可识别的数据类型有数值、日期和时间、文本、公式、逻辑值和错误值等。

2.1.1 数值

数值是指所有代表数量的数字形式，例如，企业的产值和利润、学生的成绩、个人的身高体重等。数值可以是正数，也可以是负数，能够用于数学计算，例如，加、减、求平均值等。除了普通的数字以外，还有一些带有特殊符号的数字也被 Excel 理解为数值。

（1）负号。如果在输入数值前面带有一个负号（-），Excel 识别为负数。

（2）正号。如果在输入数值前面带有一个正号（+）或不加任何符号，Excel 都将识别为正数，但不显示正号。

（3）百分比符号。在输入数值后面加一个百分比符号（%），Excel 将识别为百分数，并且自动应用百分比格式。

（4）货币符号。在输入数值前面加一个系统可识别的货币符号，例如，"￥"，Excel 会识别为货币值，并且自动应用相应的货币格式。

另外，如果在输入的数值中包含半角逗号或者字母 E，且位置放置正确，Excel 会将其识别为千位分隔符和科学计数符号。例如，8,600 和 "5E+5"，Excel 会分别识别为 8600 和 5×10^5，并且自动应用货币格式和科学计数格式，而对于 86,00 和 E55 等则不会识别为数值。

在现实中，数字的大小可以无穷无尽，但是在 Excel 中，软件系统自身的限制，对所使用的数值也存在着一些规范和限制。

Excel 可以表示和存储的数字最大精确到 15 位有效数字。超过 15 位的整数数字，Excel 会自动将 15 位以后的数字变为零，例如 123 456 789 123 456 789（18 位），会显示为 123 456 789 123 456 000。大于 15 位有效数字的小数，Excel 则会将超出的部分直接舍去。

对于超过 15 位有效数字限制的数据，用户可以通过文本形式来保存处理。例如，在单元格中输入身份证号码之前，先输入半角单引号 "'" 或者先将单元格格式设置为文本格式后再输入身份证号码，均可使输入的身份证号码正常显示。

2.1.2 日期和时间

在 Excel 中，日期和时间是以一种特殊的数值形式储存的，这种数值形式被称为"序列值"。

在 Windows 操作系统上所使用的 Excel 版本中，日期系统默认为"1900 日期系统"，即以 1900 年 1 月 1 日作为序列值的基准日，当日的序列值计为 1，这之后的日期均以距基准日期的天数作为其序列值，例如，1900 年 1 月 15 日的序列值为 15，2016 年 9 月 1 日的序列值为 42 614。在 Excel 中，可表示的最大日期是 9999 年 12 月 31 日，它的序列值是 2 958 465。

由于日期存储为数值的形式，因此它继承着数值的所有运算功能，可以参与加减乘除等数值运算。日期运算的实质就是序列值的数值运算，例如，要计算两个日期之间的相距天数，可以直接在单元格中输入两个日期，再用减法运算的公式进行求值。

日期系统的序列值是一个整数数值，一天的数值单位就是 1，那么 1 小时就可以表述为 1/24 天，1 分钟就可以表述为 1/（24×60）天等。一天中的每一个时刻都可以由小数形式的序列值来表示。例如，正午 12：00：00 的序列值为 0.5（一天的一半），12：01：00 的序列值近似 0.500 694。

用户在输入日期和时间时，需要用正确的格式输入。

在默认的中文 Windows 操作系统下，使用短杠（-）、斜杠（/）和中文"年月日"等间隔格式为有效的日期格式，例如，"2016-9-1"是能被 Excel 识别的有效日期。不同日期输入方式与识别结果如表 2-1 所示。

表 2-1　　　　　　　　　　　　　　　　　日期输入的几种格式

单元格输入（-）	单元格输入（/）	单元格输入（中文年月日）	Excel 识别为
2016-9-13	2016/9/13	2016 年 9 月 13 日	2016 年 9 月 13 日
16-9-13	16/9/13	16 年 9 月 13 日	2016 年 9 月 13 日
79-3-2	79/3/2	79 年 3 月 2 日	1979 年 3 月 2 日
2016-9	2016/9	2016 年 9 月	2016 年 9 月 1 日
9-13	9/13	9 月 13 日	当前系统年份下的 9 月 13 日

以上几种输入日期的方式都能被 Excel 识别，但需要注意以下几点。

（1）输入年份可以使用 4 位年份（比如 2016），也可以使用两位年份（比如 16）。但在 Excel 2016 中，系统默认将 0～29 之间的数字识别为 2000～2029 年，将 30～99 之间的数字识别为 1930～1999 年,如表 2-1 所示。

（2）当输入的日期数据只包含 4 位年份和月份时，Excel 会自动将该月的 1 日作为它的日期值。例如，输入"2016-10"，显示结果为"2016-10-1"。

（3）当输入的日期只包含月份和天数时，Excel 会识别为系统当前年份的日期。

 注意

很多用户在输入日期时习惯用点号"."作为日期分隔符，这种输入形式不符合日期格式规范，Excel 不能正确识别为日期。例如，输入 2013.5.9 和 5.1，将分别被识别为文本和数值。

Excel 所能识别的时间格式如表 2-2 所示。

表 2-2　　　　　　　　　　　　　　　Excel 可识别的时间格式

单元格输入	Excel 识别为
11:30	上午 11:30
13:30:02	下午 1:30:02
11:30 上午	上午 11:30
11:30 AM	上午 11:30
11:30 下午	晚上 11:30
11:30 PM	晚上 11:30

此外，用户也可以按照表 2-3 所示，将日期和时间结合输入，即在日期和时间之间使用空格作为分隔符。

表 2-3　　　　　　　　　　　　　　　Excel 可识别的日期时间格式

单元格输入	Excel 识别为
2013/5/17 11:30	2013 年 5 月 17 日 11:30
13/5/17 11:30	2013 年 5 月 17 日 11:30
07/7/17 0:30	2007 年 7 月 17 日 0:30
03-07-17 10:30	2003 年 7 月 17 日 10:30

2.1.3　文本

文本通常是指非数值的文字、符号等，例如，企业的部门名称、学生的考试科目、个人的姓名等。除此之外，许多不代表数量的、不需要进行数值计算的数字也可以保存为文本形式，例如，电话号码、身份证号码等，所以文本并没有严格意义上的概念。

2.1.4 | 公式

公式是 Excel 中一种非常重要的数据。Excel 作为电子数据表格，许多强大的计算功能都是通过公式来实现的。

用户在单元格中输入公式，通常以等号"="开头，公式的内容可以是简单的数学公式，也可以包括 Excel 的内嵌函数，甚至是用户自定义函数。

2.1.5 | 逻辑值

逻辑值包括 TRUE（真）和 FALSE（假）两种类型。

例如，公式"=3>2"，返回逻辑值 TRUE。而公式"=3<2"，返回逻辑值 FALSE。

2.1.6 | 错误值

用户在使用 Excel 过程中，可能会遇到一些错误值信息，例如#N/A!，#VALUE!等。出现这些错误的原因有很多种，通常是公式无法计算正确结果造成的。例如，在需要数字的公式中使用了文本、删除了被公式引用的单元格等。

2.2 认识自动填充

Excel 中的自动填充功能十分强大，是数据处理的必备技能之一。

2.2.1 | 数值的自动填充

如果要在工作表中输入一列数字，例如，在 A 列中输入数字 1 到 10，最简单的方法就是自动填充，有以下两种方法可以实现。

方法 1 在 A1 和 A2 单元格中分别输入数字 1 和 2，选中 A1:A2 单元格区域，把光标移动到 A2 单元格的右下角填充柄的位置，此时光标会变成一个黑色的十字型。按住鼠标左键不放，向下拖曳，此时右下方会显示一个数字，代表鼠标当前位置产生的数值，当显示为 10 时释放鼠标左键即可，如图 2-1 所示。

方法 2 在 A1 单元格中输入数字"1"。选中 A1 单元格并指向其右下角的填充柄，按住<Ctrl>键的同时向下拖曳鼠标至 A10 单元格，释放鼠标左键和<Ctrl>键，如图 2-2 所示。

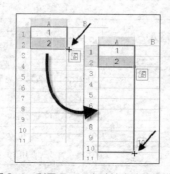

图 2-1 利用 Excel 自动填充功能填充

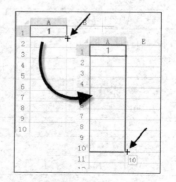

图 2-2 使用填充柄自动填充

在使用填充柄进行数据的填充过程中按下<Ctrl>键，可以改变默认的填充方式。

　　如果单元格的值是数值型数据，在默认的情况下，直接拖曳是复制填充模式，而按住<Ctrl>键再进行拖曳则更改为序列填充模式，且步长为 1。如果单元格中的内容是包含数值的文本型数据，默认情况下直接拖曳为序列填充模式，且步长为 1，而按住<Ctrl>键再进行拖曳则为复制填充模式。

　　在拖曳结束后，单元格区域的右下角会出现"填充选项"显示框，将鼠标移至显示框上，可以选择更多填充选项，如图 2-3 所示。

　　在使用方法 1 时，如果 A1 和 A2 单元格之差不是 1，那么在进行序列填充时，Excel 会自动计算它们的差，并以此作为步长值来填充后面的序列值。

2.2.2　日期的自动填充

　　Excel 的自动填充功能会随着填充数据类型的不同而自动调整。当起始单元格内容是日期时，填充的选项会变得更为丰富，如图 2-4 所示。用户可以在"填充选项"里对其做进一步的选择。

图 2-3　填充选项

图 2-4　丰富的日期填充选项

　　（1）以天数填充：填充时以天数作为日期数据递增变化的单位。

　　（2）填充工作日：填充时同样以天数作为日期数据递增变化的单位，但是其中不包含周末。

　　（3）以月填充：填充时以月份作为日期数据递增变化的单位。

　　（4）以年填充：填充时以年份作为日期数据递增变化的单位。

2.2.3　文本的自动填充

　　普通文本的自动填充，只需输入需要填充的文本，选中单元格区域拖曳填充柄即可。除了复制单元格内容外，用户还可以选择是否填充格式等，如图 2-5 所示。

2.2.4　特殊文本的自动填充

　　Excel 内置了一些常用的特殊文本序列，其使用非常简单，用户只需要在起始单元格输入所需要的序列的某一元素，然后选中单元格，拖曳填充柄下拉填充即可。图 2-6 所示为 Excel 自动填充中文星期。

图 2-5　文本的自动填充

图 2-6　Excel 内置系列的使用

此外，Excel 还允许用户定义自己的序列。使用自定义序列填充的步骤和内置序列完全一致。

2.2.5 自定义序列

假如用户经常需要使用一些特殊要求的序列，例如，职务序列"总经理、副总经理、经理、主管、领班"，可以将其添加为自定义序列，以便重复使用。

添加自定义序列的方法如下。

在工作表的 A1:A5 单元格分别输入"总经理""副总经理""经理""主管""领班"，然后选中 A1:A5 单元格区域，依次单击【文件】→【选项】命令，弹出【Excel 选项】对话框。在【高级】选项卡中单击【常规】区域的【编辑自定义列表】按钮，打开【自定义序列】对话框。在【从单元格中导入序列】编辑框中可以看到被选中的单元格区域已经自动添加，单击【导入】按钮，最后单击【确定】按钮关闭对话框，如图 2-7 所示。

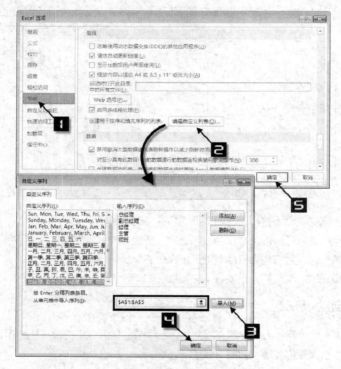

图 2-7　自定义序列

设置完成后，即可像使用内置序列一样来使用自定义序列进行自动填充或是排序。

2.2.6 填充公式

Excel 的自动填充功能使公式的复制变得非常简单，提高了公式的输入速度和准确性。只要选中输入了公式的起始单元格，拖曳单元格填充柄，即可实现公式快速填充。

2.2.7 巧用右键和双击填充

1. 右键菜单

如需使用右键菜单填充的方法在 A 列快速填充 1 到 10 的序列，则操作步骤如下。

在 A1 单元格输入起始值 1，选中 A1 单元格，按住鼠标右键不放拖曳至 A10 单元格，松开鼠标右键，此时 Excel 会自动弹出快捷菜单。在快捷菜单中单击【填充序列】命令，如图 2-8 所示。

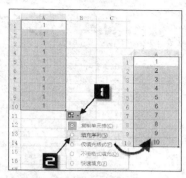

图 2-8　使用右键菜单进行填充

此外，也可以在 A1 单元格输入起始数值 1，依次单击【开始】→【填充】，在下拉菜单中单击【序列】，打开【序列】对话框进行更多的设置，如图 2-9 所示。

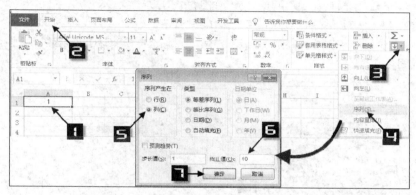

图 2-9　【序列】对话框

2. 双击填充柄

双击 Excel 的填充柄可以更加快捷地启用自动填充功能。同样，在填充动作结束时，单元格区域右下角会出现【填充选项】按钮，单击该按钮选择需要的填充选项即可。

双击填充柄对于公式的填充尤为方便，但是该方法的不足之处在于：填充动作所能填充到的最后一个单元格，取决于当前连续区域中其他列的数据情况。图 2-10 所示的数据，由于 A8 单元格是空白单元格，因此，B 列的填充将止步于 B7 单元格。

图 2-10　双击填充的局限性

2.2.8　快速填充

快速填充能够让一些复杂的字符串处理工作变得极其简单，例如，日期的拆分、字符串的分列和合并等。需要注意的是，快速填充只能在数据区域的相邻列做纵向填充时才能使用，在横向填充时不起作用。在处理缺乏规律性的数据时，快速填充会无法得到准确的结果。

示例 2-1　按位置或分隔符拆分数据

素材所在位置为：

素材\第 2 章 数据输入\示例 2-1 按位置或分隔符拆分数据.xlsx

如图 2-11 所示，A 列是某公司产品的编码信息。

	A	B
1	产品编码	日期
2	DF20181011-济南-001	
3	DF20181012-济南-002	
4	DF20181018-济南-003	
5	DF20180521-济南-004	
6	DF20181011-济南-005	
7	DF20181011-北京-001	
8	DF20181215-北京-002	
9	DF20190102-北京-003	
10	DF20190211-北京-004	

图 2-11　产品编码

如果需要在 B 列提取产品编码中的日期信息，操作步骤如下。

首先，在 B2 单元格输入 A2 单元格产品编码的日期信息，也就是"20181011"，然后双击 B2 单元格右下角填充柄，当填充动作完成时，再单击 B2:B10 单元格区域右下角的"填充选项"显示框，选择【快速填充】。此时，Excel 会自动计算并提取编码中的日期信息，如图 2-12 所示。

如果需要在 C 列提取产品编码中的城市信息，操作步骤如下。

首先在 C2 单元格输入 A2 单元格的城市信息"济南"，然后选中 C2:C10 单元格区域，按<Ctrl+E>组合键即可，结果如图 2-13 所示。

图 2-12　提取产品编码的日期信息

	A	B	C
1	产品编码	日期	城市
2	DF20181011-济南-001	20181011	济南
3	DF20181012-济南-002	20181012	济南
4	DF20181018-济南-003	20181018	济南
5	DF20180521-济南-004	20180521	济南
6	DF20181011-济南-005	20181011	济南
7	DF20181011-北京-001	20181011	北京
8	DF20181215-北京-002	20181215	北京
9	DF20190102-北京-003	20190102	北京
10	DF20190211-北京-004	20190211	北京

图 2-13　提取产品编码地址信息

示例结束

快速填充不但可以根据字符串的位置或分隔符拆分数据，而且可以根据字符串的数据特征拆分数据。

示例 2-2　按数据特征拆分数据

素材所在位置为：

素材\第 2 章 数据输入\示例 2-2 按数据特征拆分数据.xlsx

如图 2-14 所示，A 列是某公司员工联系信息，包含了员工的姓名、手机号码以及籍贯。

如果在 B 列提取员工手机号码，那么，操作步骤如下。

	A	B
1	联系人信息	电话
2	孙武可13721677052籍贯山东济南	13721677052
3	廖东说13770448745籍贯山东济南	13770448745
4	郑可心13844257034籍贯山东济南	13844257034
5	安吉13699589333籍贯山东济南	13699589333
6	马文静13657482456籍贯山东济南	13657482456
7	李晓峰13805853018籍贯福建福州	13805853018
8	王文杰13627374544籍贯福建福州	13627374544
9	陈嘉上13837525231籍贯福建福州	13837525231
10	古礼13733382295籍贯福建福州	13733382295

图 2-14　提取联系人电话

首先在 B2 单元格输入 A2 单元格的手机号码"13721677052"，然后选中 B2:B10 单元格区域，按<Ctrl+E>组合键。

示例结束

2.3 快速分析

使用快速分析工具，能够快速选择条件格式、图表、数据透视表等常用的 Excel 工具，快速方便地分析数据。如果用户在工作表中使用鼠标选取了部分单元格区域，所选区域的右下角会显示"快速分析"显示框。单击该显示框，Excel 会根据用户所选取的数据类型和数据结构，智能地给出快速分析的参考，其中包括格式化、图表、汇总、表格以及迷你图等，如图 2-15 所示。

单击顶部的分析工具标题，可选择不同的快速分析建议按钮，当光标在按钮上移动时，Excel 会自动显示对应的预览效果，单击某种预览效果，即可在工作表中快速得到使用此工具的数据分析结果，如图 2-16 所示。

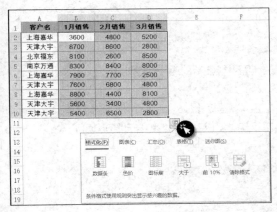

图 2-15　快速分析

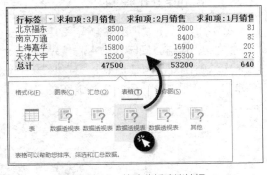

图 2-16　快速分析建议按钮

2.4 数据输入常用技巧

在 Excel 工作表中输入数据是一项频率很高但效率较低的工作，掌握一些数据输入的常用技巧，可以简化数据输入操作，提高工作效率。以下介绍几种数据输入的常用技巧。

2.4.1 单元格内容换行

当单元格输入的文本内容超过单元格宽度时，Excel 会默认显示全部文本。但是，如果其右侧单元格有其他内容，则部分数据会被遮挡，如图 2-17 所示，单元格区域 A2:A4

数据输入技巧

的长文本数据，被表格 B 列数据所遮挡。

为了能在宽度有限的单元格中显示所有的内容，可以使用单元格的自动换行功能。

1. 文本自动换行

选中包含长文本内容的 A1:A2 单元格区域，在【开始】选项卡中单击【自动换行】切换按钮，如图 2-18 所示。

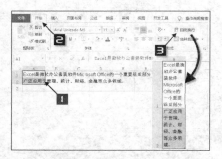

图 2-17 长文本单元格的显示方式　　　　图 2-18 自动换行

此时，Excel 会自动增加单元格的高度，使长文本自动换行，以便完整地显示出来。假如调整了单元格宽度时，长文本也会自适应列宽以完整显示所有文本内容。

2. 插入换行符

如果想自由控制文本换行的位置，插入换行符无疑是最佳的选择。

选中单元格，把光标定位到文本中需要强制换行的位置，例如在"微软"之后，按<Alt+Enter>组合键插入换行符，再适当调整列宽，就能够实现如图 2-19 所示的换行效果。

图 2-19 使用换行符强制换行

2.4.2 自动更正的使用

Excel 的自动更正功能不但能够帮助用户更正拼写错误，而且能够帮助用户快速输入一些特殊的字符。

例如，当需要输入图标符"®"时，只需在单元格中输入"(R)"即可。

依次单击【文件】→【选项】，打开【Excel 选项】对话框。选择【校对】选项卡，在【自动更正】选项区域单击【自动更正】选项按钮，在打开的【自动更正】对话框中可以看到内置的自动更正项目，如图 2-20 所示。

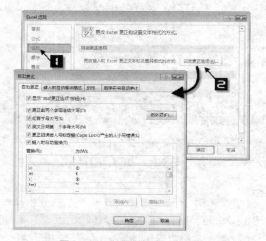

图 2-20 内置的自动更正项目

"自动更正"功能允许自定义规则，用户可以根据自己的需求添加或删除自动更正的项目。

示例 2-3　添加和删除自动更正项目

素材所在位置为：

素材\第 2 章 数据输入\示例 2-3 添加和删除自动更正项目.xlsx

如需将"EH"自动更正为"ExcelHome"，依次按下<Alt><T><A>键，打开【自动更正】对话框，在【替换】文本框中输入"EH"（注意字母大写），在【为】文本框中输入"ExcelHome"，最后单击【确定】按钮，如图 2-21 所示。

图 2-21　添加自动更正项目

此时，在工作表中输入"EH"，Excel 会自动将其替换为"ExcelHome"。

而若要删除所添加的自动更正项目，只需在【自动更正】对话框项目列表中选中相关项目，单击【删除】按钮即可。

示例结束

 提示

　　在 Excel 中创建的自动更正项目也适用于其他 Office 程序，例如 Word、PowerPoint 等。同样地，在其他 Office 程序中创建的自动更正项目也适用于 Excel 程序。

2.4.3　正确输入分数

虽然小数完全可以代替分数来进行运算，但有些类型的数据依然需要使用分数来显示，以便更加直观。例如，表示工作量完成了多少，小数 0.3333 就没有分数 1/3 看起来更加直观。

在 Excel 单元格中输入分数，如果直接输入 1/3，Excel 会识别为日期"1 月 3 日"。正确输入分数的方法是，在分数部分和整数部分之间添加一个空格。

例如，在单元格中输入 1/3，其步骤是先输入 0，然后输入一个空格，再输入 1/3，最后按回车键确认。

2.4.4　在多个单元格同时输入数据

当需要在多个不连续的单元格中同时输入相同数据时，有两种方法。一种方法是将数据输入到其中一个单元格，然后把该单元格数据复制到其他所有单元格中。

另一种方法更加方便快捷。首先选中需要输入相同数据的多个单元格（如果多个单元格为非连续单元格区域，可以按住<Ctrl>键的同时再依次选取其他单元格区域），然后在编辑栏中输入内容，按<Ctrl+Enter>组合键确认输入，此时，在选中的所有单元格中就会出现相同的输入内容，如图 2-22 所示。

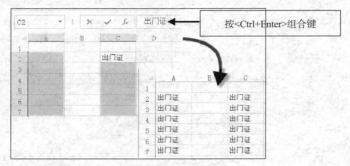

图 2-22　在多个单元格同时输入数据

本章小结

　　本章主要介绍了 Excel 中的数据类型、不同数据类型的输入规则、自动填充功能以及常用的数据输入技巧。在使用 Excel 对数据进行分析与处理时，应首先对 Excel 所能识别的主要数据类型有所了解，不同的数据类型有不同的输入规则。掌握常用 Excel 数据输入技巧，例如，自动填充、批量填充等。

练习题

1. Excel 所能识别的主要数据类型有＿＿、＿＿、＿＿、＿＿、＿＿、＿＿等。
2. 逻辑值有＿＿和＿＿两种。
3. 以下说法正确的是（　　　）。
（1）在 Excel 中，"2013.8.9"是一个正确的日期值。
（2）身份证号码的数据类型属于文本，而非数值。

上机实验

1. 在一个单元格内输入一个长文本，并在需要处强制换行。
2. 在 Excel 中输入一个分数和您的身份证号码。
3. 在单元格中输入"女排"，并使其自动更正为"中国女排"。

第 3 章

工作表日常操作

本章主要介绍 Excel 工作表日常操作的相关内容，包括单元格和单元格区域的复制、粘贴、移动，工作窗口的视图控制以及工作表打印的常见问题和解决方法。

3.1 行和列的基本操作

在 Excel 工作表中，由横线分隔出来的区域被称为"行"，由竖线分隔出来的区域被称为"列"，用于划分不同行列的横线和竖线被称为"网格线"，而行列互相交叉所形成的一个个格子，则被称为"单元格"。

图 3-1 所示为一组垂直的数字标签标识了 Excel 的行标题，而另一组水平的英文字母标签则标识了 Excel 的列标题。在 Excel 2016 中，工作表的最大行标题为 1 048 576，最大列标题为 XFD（即 16 384 列）。

图 3-1　行标题和列标题

3.1.1 | 选择行和列

单击某一行的行标签，可以选中整行。

单击某一行的行标签，按住鼠标左键不放，向上或向下拖动可以选中多行区域。

此外，鼠标单击某行的行标签选中整行后，按住<Shift>键，单击目标行标签，可以快速选中两行之间所有的行，如图 3-2 所示。

图 3-2　使用<Shift>键选中连续多行

选中连续多列的方法与此类似。

提示

单击工作表左上角的"▟"全选按钮，可以同时选中工作表中所有的行和所有的列，即选中整个工作表区域，如图 3-3 所示。

图 3-3　同时选中工作表中所有行和列

当需要选中的表格范围是不相邻的多行或者多列时，可以通过以下操作实现。

首先选中单行，然后按住<Ctrl>键不放，继续单击多个行标签，直至选完所有需要选择的行，释放<Ctrl>键，即可完成不相邻的多行选择。

选中不相邻的多列的方法与此类似。

3.1.2 设置行高和列宽

用户可以根据需要调整单元格的行高或列宽，主要有以下三种方法。

1. 精确设置行高和列宽

鼠标选取目标行的整行或者某个单元格，在【开始】选项卡上依次单击【格式】→【行高】命令，在弹出的【行高】对话框中输入所需要设定的行高的具体数值，最后单击【确定】按钮，即可按指定的值设置行高，如图 3-4 所示。

设置列宽的方法与此类似。

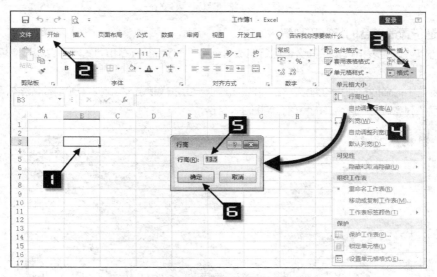

图 3-4 使用菜单方式设置行高

此外，通过快捷菜单也可精确设置行高和列宽。选中目标行或者列后，单击鼠标右键，在弹出的快捷菜单中选择【行高】（或者【列宽】）命令，然后进行相应的操作，如图 3-5 所示。

图 3-5 快捷菜单设置行高

2. 直接改变行高和列宽

在工作表中选中单列或者多列，鼠标指针放置在选中列和相邻列的标签之间，此时，鼠标指针会显示为一个黑色的十字箭头。按住鼠标左键不放，向左或向右拖动鼠标，在列标签上方会显示当前的列宽，如图 3-6 所示。调整到所需要的列宽时，释放鼠标左键，即可完成列宽的设置。

设置行高的方法与此类似。

图 3-6　拖动鼠标设置列宽

3. 快速设置最适合的行高和列宽

Excel 可以快速为表格设置较为合适的行高或者列宽，设置后的行高和列宽能够自动适应表格中的字符长度。

拖动鼠标选中需要调整列宽的列标，在【开始】选项卡上依次单击【格式】→【自动调整列宽】命令，即可以将选中列的列宽调整到最合适的宽度，如图 3-7 所示。

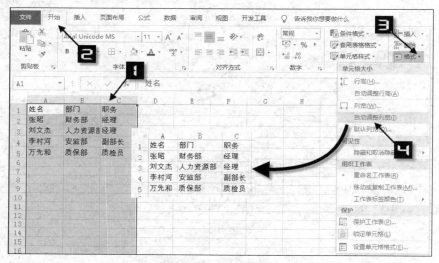

图 3-7　菜单设置最合适的列宽

与此类似，使用菜单中的【自动调整行高】命令，则可以设置最适合的行高。

除了使用菜单操作外，还有一种更加快捷的方法也可以为数据区域设置适合的行高或列宽。

首先，选取需要调整列宽的多列，将鼠标指针放置在列标签之间，此时鼠标箭头显示为一个黑色双向箭头的图形，如图 3-8 所示。其次，双击鼠标左键，即可完成设置"自动调整列宽"的操作。"自动调整行高"的方法与此类似。

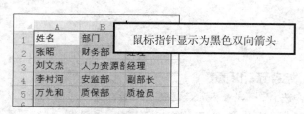

图 3-8　双击鼠标实现"自动调整列宽"

3.1.3 插入行和列

当需要增加数据记录时，可以通过"插入"行或列的操作来实现。

1. 插入单行和单列

鼠标单击行标签选中整行，再单击鼠标右键，在弹出的快捷菜单中选择【插入】命令；或者在键盘上按 <Ctrl+Shift+=>组合键，即可插入一行空行，如图 3-9 所示。

如果当前选中的范围是某个单元格，则在选择【插入】命令后会弹出【插入】对话框，在对话框中选择【整行】单选按钮，然后单击【确定】按钮，如图 3-10 所示。

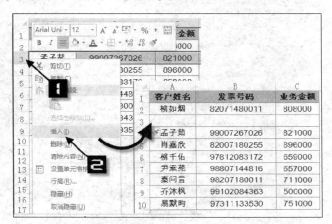

图 3-9 插入空行

图 3-10 插入对话框

插入列的方法和插入行的方法类似。

2. 插入多行和多列

如果在"插入"操作之前，所选中的是连续多行、多列或者多个单元格，则执行"插入"操作后，在选中的位置前会插入与选中的行、列数目相同的行或者列。

例如，当选中连续 3 行后，再执行"插入行"操作，在选中行之前的位置会插入 3 个空行，如图 3-11 所示。

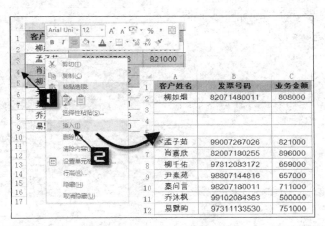

图 3-11 同时插入连续多行

如果在插入操作之前，选中的是非连续的多行或者多列，则新插入的空白行或者列，也是非连续的，数目与选中的行列数目相同。

注意

  由于 Excel 2016 中行和列的数目都有最大限制，当执行插入行或插入列的操作时，Excel 本身的行、列数并没有增加，而是将位于表格最末位的空行或空列移除。因此，如果表格最后一行或最后一列不为空，则不能执行插入新行或者新列的操作，且会弹出如图 3-12 所示的警告框，提示用户只有清空或者删除最末的行或列后，才能在表格中插入新的行或者列。

图 3-12 最后的行列不为空时不得执行插入行或者列的操作

3.1.4 | 移动与复制行和列

  当需要改变行列内容的放置位置或顺序时，可以通过"移动"行或列的操作来实现。

1. 移动行和列

  选中需要移动的行或列，单击右键，在弹出的右键菜单中选择【剪切】命令，或在键盘上按<Ctrl+X>组合键。

  选中目标位置行或列，单击右键，在弹出的快捷菜单中选择【插入剪切的单元格】命令，即可完成移动行的操作。

  完成操作后，移动行或列的原有位置会被自动清除。

  此外，使用鼠标拖动的方法，也可以完成行或列的移动，而且操作更加直接方便。

  首先，选中需要移动的行，将鼠标移动至选中行的边框线上，当鼠标指针显示为黑色十字箭头时，按住鼠标左键，同时按住<Shift>键，拖动鼠标移动到目标位置，松开左键，释放<Shift>键，即可完成行的移动，如图 3-13 所示。

  移动列的操作方法与此类似。

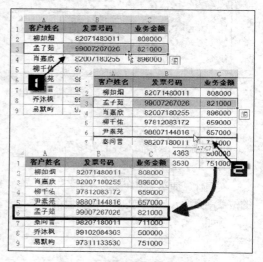

图 3-13 通过拖动鼠标移动行

注意

  非连续的区域无法同时执行剪切操作，系统会弹出如图 3-14 所示的提示框。

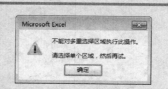

图 3-14 非连续区域无法同时执行剪切操作

2. 复制行和列

  复制行列与移动行列的操作方式十分相似，两者的区别在于，复制行列保留了原有对象，而移动行列则清除了原有对象。"复制"允许选择非连续的多行多列范围进行操作，而"移动"则禁止此类操作。

  选中需要复制的行，单击鼠标右键，在弹出的快捷菜单中选择【复制】命令，或者按<Ctrl+C>组合键。

选中目标位置行,单击鼠标右键,在弹出的快捷菜单中选择【粘贴】按钮,或者按<Ctrl+V>组合键,即可完成复制行的操作,如图 3-15 所示。

另外也可以使用拖动鼠标的方式进行复制行的操作。首先选中需要复制的行,将鼠标移动至选中行的边框线上,当鼠标指针显示为黑色十字箭头时,按住<Ctrl>键,按下鼠标左键拖动到目标位置,松开左键,释放<Ctrl>键,即可完成行的复制,结果如图 3-16 所示。

复制列的操作过程与之类似。

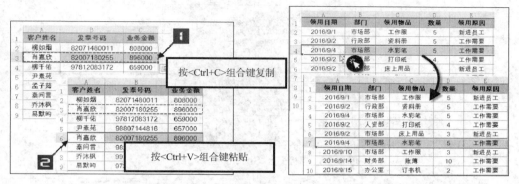

图 3-15　复制行　　　　　　　　　　图 3-16　鼠标拖动实现复制替换行

3.2　单元格和区域

单元格是构成工作表的最基础元素。Excel 以列标签和行标签组成行列坐标的方式表示单元格的地址,通常形式为"字母+数字"。例如"A1",就是表示位于 A 列第一行的单元格。

多个单元格所构成的单元格群组被称为单元格区域,以下介绍常用的选取单元格和单元格区域的方法。

3.2.1　定位首末单元格

无论当前活动单元格在什么位置,只要按<Ctrl+Home>组合键就可以快速定位到 A1 单元格。

按<Ctrl+End>组合键,可以快速定位到已使用区域的右下角单元格,如图 3-17 所示。

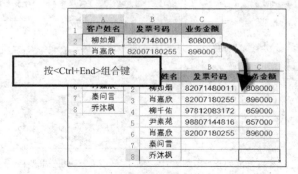

图 3-17　快速定位到已使用区域的右下角单元格

3.2.2　水平、垂直方向定位

使用<Ctrl+←>或者<Ctrl+→>组合键,可以在同一行中快速定位到与空单元格相邻的非空单元格,如果没有非空单元格,则直接定位到此行中的第一个或最后一个有数据的单元格。

使用<Ctrl+↑>或者<Ctrl+↓>组合键，可以在同一列中快速定位到与空单元格相邻的非空单元格，如果没有非空单元格，则直接定位到此列中的第一个或最后一个有数据的单元格。

3.2.3 选取矩形区域

先选中矩形区域中任意一个单元格，如 A3，再按住<Shift>键，单击当前活动单元格的对角单元格，如 F5，可以选中由这两个单元格为左上角和右下角的矩形区域，如图 3-18 所示（A3:F5 单元格区域）。

图 3-18　鼠标配合<Shift>键选择矩形区域

此外，在名称框中直接输入单元格区域地址，例如"A3:C6"，按<Enter>键确认后，也可选取并定位到目标区域，如图 3-19 所示。

3.2.4 选取当前行或列的数据区域

使用<Ctrl+Shift+方向键>组合键，可以在活动单元格所处的连续数据区域中，选取从活动单元格到本行（或列）最后一个单元格所组成的单元格区域。

图 3-19　使用名称框定位目标区域

图 3-20 所示为选中 A2 单元格，按<Ctrl+Shift+↓>组合键，可以快速选取 A2:A9 单元格区域。

图 3-21 所示为选中 A2:C2 区域，按<Ctrl+Shift+↓>组合键，可以快速选取 A2:C9 单元格区域。

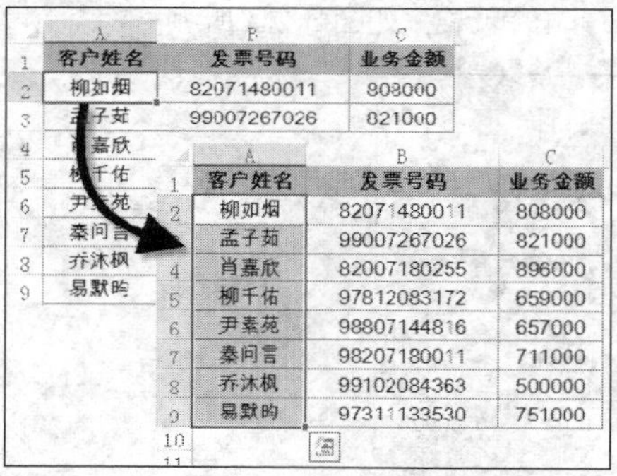

图 3-20　按<Ctrl+Shift+↓>组合键选取当前列连续范围 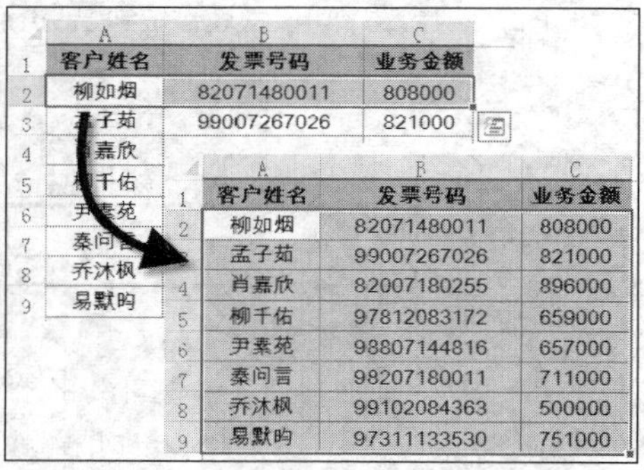　　图 3-21　快捷方式选中多列连续范围

3.2.5 选取与当前单元格相邻的连续区域和非连续区域

选中数据区域的任意单元格，按<Ctrl+A>组合键可以快速选取与活动单元格相邻的连续区域。

鼠标选中一个数据区域，然后按下<Ctrl>键，再选取另外的数据区域，直至选完所有目标区域，最后释放<Ctrl>键，可以同时选取多个非连续的数据区域，如图 3-22 所示。

此外，也可以使用<Shift+F8>组合键选择非连续单元格区域。首先按<Shift+F8>组合键开启【添加或删除所选内容】模式，然后选取目标单元格或区域，直至选中所有目标，最后按<Esc>键退出【添加或删除所选内容】模式，如图 3-23 所示。

图 3-22　使用<Ctrl>键选取不连续区域　　　　　图 3-23　【添加或删除所选内容】模式

3.2.6 | 选取多个工作表的相同区域

如果需要选中多张工作表中的相同区域，可以按住<Ctrl>键，依次单击需要选中的工作表的标签，最后释放<Ctrl>键，此时所有被选中的工作表会形成一个"组"，Excel 的标题栏也会显示"[组]"的字样，如图 3-24 所示。

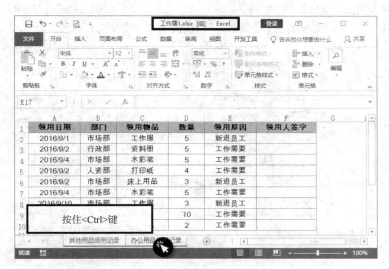

图 3-24　选中多张工作表

提示

如果需要选取的多个工作表的位置相连，可以先单击最左侧工作表标签，按住<Shift>键，再单击需要选取的最右侧的工作表标签，然后释放<Shift>键。此时两个工作表以及之间的所有工作表均为选中状态，形成一个"组"。

当处于"组"状态时，在当前工作表中执行设置单元格格式或输入字符等操作，将同时作用于"组"中所有工作表的相同单元格或区域。如果要取消"组"状态，可以右键单击工作表标签，在快捷菜单中选择"取消组合工作表"命令，如图 3-25 所示。

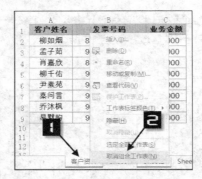

图 3-25　取消组合工作表

3.2.7　选取特殊的区域

Excel 中的定位功能是一种选中单元格的特殊方式，可以快速选中符合指定条件规则的单元格或区域，提高数据处理准确性。

单击【开始】→【查找和选择】下拉按钮，在下拉菜单中单击【定位条件】按钮，在弹出的【定位条件】对话框中，可以根据自身需求勾选批注、常量、公式、空值、对象、可见单元格等选项，最后单击【确定】按钮，即可选中工作表中所有符合指定规则的单元格或区域，如图 3-26 所示。

除了在选项卡中打开【定位条件】对话框，也可以按<Ctrl+G>组合键或是按<F5>键，在打开的【定位】对话框中，单击【定位条件】按钮，打开【定位条件】对话框，如图 3-27 所示。

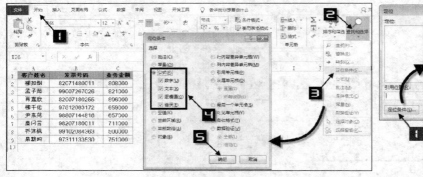

图 3-26　【定位条件】对话框　　　　　　　　　　图 3-27　使用组合键打开【定位条件】
对话框

示例 3-1　快速删除工作表内的空行

素材所在位置为：

素材\第 3 章　工作表日常操作\示例 3-1　快速删除工作表内的空行.xlsx

图 3-28 所示的员工信息表包含不规则的空行，为了使工作表更加美观，需要将工作表内的空行批量删除。操作步骤如下。

首先，选中 B1:F17 单元格区域，按<F5>键，在弹出的【定位】对话框中单击【定位条件】按钮，打开【定位条件】对话框。选择【空值】单选钮，单击【确定】按钮，选中数据区域中的全部空白单元格，如图 3-29 所示。

其次，在活动单元格上单击鼠标右键，在弹出的快捷菜单中选择【删除】命令，弹出【删除】对话框。选择【整行】单选钮，最后单击【确定】按钮，所有包含空值的行将被全部删除，如图 3-30 所示。

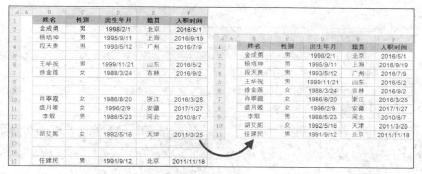

图 3-28 删除员工信息表中的空行

图 3-29 定位空值

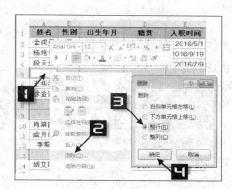

图 3-30 删除整行

示例结束

【定位条件】对话框中各选项的含义如表 3-1 所示。

表 3-1 　　　　　　　　　　　　　　　　　　　【定位条件】各选项的含义

选项	含义
批注	所有包含批注的单元格
常量	所有不含公式的非空单元格，可在【公式】下方的复选框中进一步筛选常量的数据类型，包括数字、文本、逻辑值和错误值
公式	所有包含公式的单元格。可在【公式】下方的复选框中进一步筛选常量的数据类型，包括数字、文本、逻辑值和错误值
空值	所有空单元格
当前区域	当前单元格周围矩形区域内的单元格，这个区域的范围由周围非空的行列所决定
当前数组	选中数组中的一个单元格，使用此定位条件可以选中这个数组的所有单元格
对象	当前工作表中的所有对象，包括图片、图表、自选图形等
行内容差异单元格	选中区域每一行的数据均以活动单元格所在行作为此行的参照数据、横向比较数据，选中与参照数据不同的单元格
列内容差异单元格	选中区域每一列的数据均以活动单元格所在列作为此列的参照数据，纵向比较数据，选中与参照数据不同的单元格
引用单元格	当前单元格中公式引用到的所有单元格，可在【从属单元格】下方的复选框中进一步筛选引用的级别，包括【直属】和【所有级别】
最后一个的单元格	选择工作表中含有数据或格式的区域范围中最右下角的单元格
可见单元格	当前工作表选中区域所有的单元格

续表

选项	含义
条件格式	工作表中所有运用了条件格式的单元格。在【数据有效性】下方的选项组中可选择定位的范围，包括【相同】（与当前单元格使用相同的条件格式规则）或【全部】
数据有效性	工作表中所有运用了数据有效性的单元格。在【数据有效性】下方的选项组中可选择定位的范围，包括【相同】（与当前单元格使用相同的条件格式规则）或【全部】

3.3 工作窗口的视图控制

在使用 Excel 进行较为复杂的数据处理时，为了能够在有限的屏幕区域显示更多信息，以便对表格内容进行查询和编辑，用户可以通过工作窗口的视图选项改变窗口显示。

3.3.1 工作簿的多窗口显示

1. 创建新窗口

在 Excel 工作窗口中打开多个工作簿时，每个工作簿通常只有一个独立的工作簿窗口，通过单击【视图】选项卡下的【新建窗口】按钮，可以为当前工作簿创建多个窗口。原有的工作簿窗口和新建的工作簿窗口都会相应更改标题栏上的名称，在原有工作簿名称后面显示"：1"和"：2"等表示不同的窗口如图 3-31 所示。此方法便于同时查看一个工作簿内不同工作表的数据。

2. 窗口切换

在默认情况下，每一个工作簿窗口总是以最大化的形式出现在 Excel 工作窗口中。用户如果打开了多个工作簿，需要把其他工作簿窗口作为当前工作簿窗口，可以使用以下方式。

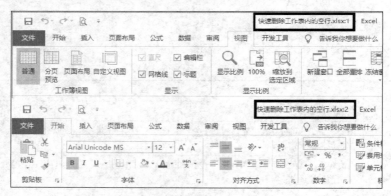

图 3-31　新建窗口

在【视图】选项卡上单击【切换窗口】下拉按钮，下拉列表中显示了当前所有打开的工作簿窗口的名称，单击相应的名称项即可将其切换为当前工作簿，如图 3-32 所示。

图 3-32　多窗口切换

除了通过菜单操作方式以外，在 Excel 工作窗口中按<Ctrl+F6>组合键或者<Ctrl+Tab>组合键，也可以切换到上一个工作簿窗口。

3. 重排窗口

如果需要同时查看多个不同的工作簿内容，可以使用【重排窗口】功能。

在【视图】选项卡中单击【全部重排】按钮，在弹出的【重排窗口】对话框中选择一种排列方式，例如【平铺】，单击【确定】按钮，如图 3-33 所示。

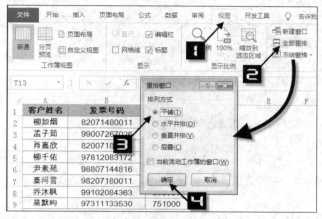

图 3-33　全部重排窗口

此时，所有打开的工作簿会"平铺"显示在工作窗口中，如图 3-34 所示。

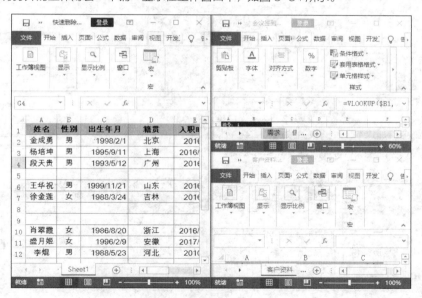

图 3-34　平铺显示窗口

3.3.2　冻结窗格

在规范的数据表中，第一行通常是描述性的标题行，当数据量较大，向下滚动工作表查看数据时，标题行会被移出屏幕，对数据的查阅处理造成不便。

通过 Excel 的【冻结窗格】功能，可以固定标题行、列，使其始终可见。

1. 标题行（第一行）始终可见

在【视图】选项卡中依次单击【冻结窗格】→【冻结首行】，如图 3-35 所示。

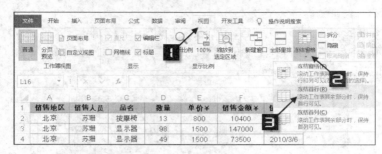

图 3-35　冻结首行

2. 标题列（第一列）始终可见

在【视图】选项卡中依次单击【冻结窗格】→【冻结首列】。

3. 行或者多列始终可见

如图 3-36 所示，如需标题行（第一行）和第一列（A 列）始终可见，首先将光标定位在需冻结的列右侧和需冻结的行下方交汇处，即 B2 单元格，然后在【视图】选项卡中依次单击【冻结窗格】→【冻结窗格】命令，如图 3-36 所示。

执行【冻结窗格】命令后，如果再次单击【冻结窗格】按钮，在下拉菜单中会出现【取消冻结窗格】命令，单击该命令，即可解除行和列的锁定，如图 3-37 所示。

图 3-36　使用冻结窗格功能查看标题行列

图 3-37　取消冻结窗格

3.4 工作表打印

尽管无纸化办公已成为未来发展的一种趋势，但很多情况下，Excel 表格中的数据内容仍需要转换为纸质文件归类存档，打印输出依然是 Excel 表格的目标之一。

工作表打印

3.4.1 快速打印

如果需要快速打印电子表格，最简捷的方法是使用【快速打印】命令。这一命令位于【快速访问工具栏】中，但默认状态下并未显示。单击【快速访问工具栏】右侧的下拉箭头，在弹出的下拉列表中单击【快速打印】命令，即可将其添加到【快速访问工具栏】，如图 3-38 所示。

所谓"快速打印"是指不需要用户进一步确认即直接输出打印任务到打印机中。如果当前工作表没有进行过任何打印选项的设置，则 Excel 会自动以默认的打印方式对其进行处理。这些默认设置包括打印份数为一份、打印范围为当前工作表包含数据和格式的区域、无缩放、无页眉页脚等。

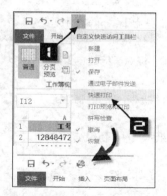

图 3-38　将【快速打印】添加到【快速访问工具栏】

如果用户对打印设置进行了更改，则按用户的设置打印输出。

3.4.2　打印预览

在最终打印前，用户可以通过【打印预览】来观察当前的打印设置是否符合要求。

依次单击【文件】→【打印】，或按<Ctrl+P>组合键，打开打印预览窗口。在此窗口中，可以进行更个性化的打印设置，如打印份数、页数、纸张方向和纸张大小等。窗口右侧会显示打印的预览效果，如图 3-39 所示。

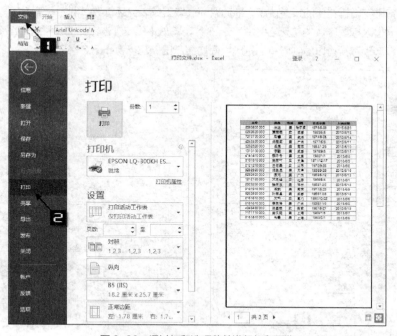

图 3-39　通过打印选项菜单进行打印预览

除此之外，在自定义【快速访问工具栏】中添加【打印预览和打印】命令，单击该命令，也可以进入打印预览窗口。

3.4.3　调整页面设置

如果需要对打印的方向、纸张大小、页眉页脚等进行设置，可以通过以下操作完成。首先在【页面布局】

选项卡中单击页面设置的命令扩展按钮，弹出【页面设置】对话框，在此对话框中设置调整即可，如图 3-40 所示。

Excel 默认的打印方向为纵向打印，但对于行数较少但列数跨度较大的表格，使用横向打印的效果更为理想。

用户可以调整打印时的缩放比例，缩放比例的可调范围为 10%～400%。

在【纸张大小】下拉列表中可选择纸张尺寸，可供选择的纸张尺寸与当前选中的打印机有关。

在【打印质量】下拉列表中可以选择打印的精度。需要显示图片细节内容的，可以选择高质量的打印方式。

【起始页码】默认设置为【自动】，即以数字 1 开始为页码标号，用户可在此文本框内填入需要打印的页码起始数字。

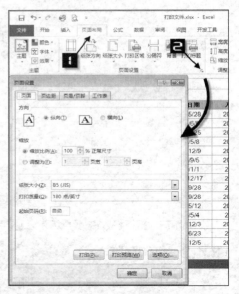

图 3-40　页面设置

3.4.4　让每一页都打印出标题行

在实际工作中，当数据表中的数据较多时，不能在一页纸上将数据完全打印出来，而打印多页时又只有第一张的页面上有标题栏，给阅读者带来不便。如需每页都打印标题栏，可以按如下方法操作。

依次单击【页面布局】→【打印标题】命令，弹出【页面设置】对话框并自动切换到【工作表】选项卡下。单击【顶端标题行】编辑框右侧的折叠按钮，拖动鼠标选取工作表标题行数。例如，第一行，此时【顶端标题行】文本框会自动输入标题区域的单元格地址"$1:$1"，单击【确定】按钮完成设置，如图 3-41 所示。

再次执行"打印预览"可以看到所有的打印页面均显示出标题行，如图 3-42 所示。

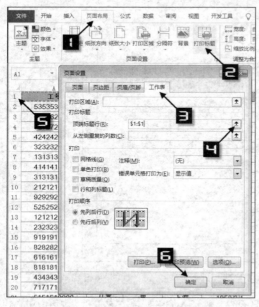

图 3-41　设置顶端标题行

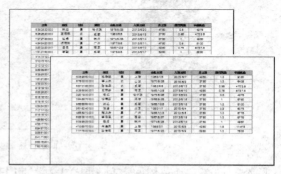

图 3-42　设置顶端标题行后的打印预览效果

3.4.5　单色打印

素材所在位置为：

素材\第 3 章 工作表日常操作\ 3.4.5 单色打印.xlsx

有时为了标识数据表中的某些特殊数据，用户会将这些数据的单元格填充背景色或改变字体的颜色等，如图 3-43 所示。

虽然这些标识有利于制表者区分其特殊性，但如果将这样的表格打印出来，会影响阅读体验。此时可以使用"单色打印"功能，不打印这些颜色标识。

在【页面布局】选项卡中单击【打印标题】命令，弹出【页面设置】对话框。在【工作表】选项卡下勾选【单色打印】复选框，最后单击【确定】按钮完成设置，如图 3-44 所示。

图 3-43　标识特殊数据的数据表　　　　图 3-44　单色打印

此时，表格中的颜色将不再被打印，如图 3-45 所示。

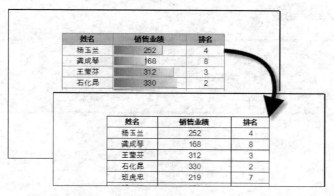

图 3-45　设置单色打印前后对比

3.4.6　一次打印多个工作表

当需要打印一个工作簿中的多个工作表时，可以使用以下操作方式。

首先选择需要打印的工作表。如果需要打印的工作表是位置连续的工作表，则先选择最左侧的工作表，然后按<Shift>键，再选择最右侧的工作表，此时就可以选取需要打印的多个工作表。如果需要打印的工作表位置不连续，可以按住<Ctrl>键，然后依次单击需要打印的工作表。

按<Ctrl+P>组合键打开打印预览窗口，单击【打印】按钮。即可完成多张工作表的打印。

另外，如果需要打印整个工作簿的所有工作表，可以在打印窗口中单击【设置】下拉按钮，在弹出的下拉列表框中选择【打印整个工作簿】命令，最后单击【打印】按钮即可。

在打印窗口中，也可以进行设置打印机、指定打印份数、设置打印页数范围等操作。

本章小结

本章主要介绍了工作表日常操作的有关内容和技巧。使用单元格和区域常用的快捷选取方式，可以极大提高数据收集整理的效率。通过工作窗口的视图控制，能够在有限的屏幕区域中显示更多信息，避免在切换工作簿、查找浏览工作表等操作上浪费过多的精力。通过学习表格打印技巧，可以提高工作效率，避免纸张浪费。

练习题

1. 在 Excel 工作表中，由横线所分隔出来的区域被称为____，由竖线分隔出来的区域被称为____，而行列互相交叉所形成的一个个格子，则被称为____。

2. 以下说法正确的是：（　　　　）。

    A. 非连续的区域可以同时执行剪切操作

    B. 非连续的区域可以同时执行复制操作

3. 如果需要选取不连续的多个单元格区域，需要按住键盘上的____键，再依次选取目标区域。

上机实验

1. 快速在一个工作簿中的任意三个工作表的 A1 单元格内输入数据"中国蓝"。

2. 将【快速打印】按钮添加到【快速访问工具栏】。

3. 通过打印设置，在【打印预览】中将每一页都显示顶端标题行。

第4章

数据格式化

在工作表中输入基础数据后，还需要对数据格式加以规范，或者进行必要的美化。Excel 中包含丰富的格式化命令和方法，利用这些命令和方法，能够对工作表布局和数据进行格式化，使得表格更加美观、数据更加清晰易于阅读。

4.1 数字格式化

素材所在位置为：

素材\第 4 章 数据格式化\ 4.1 数字格式化.xlsx

为了提高数据的可读性，Excel 提供了多种对数字格式化的功能，用户可以根据数据的表达和意义来调整外观，以完成准确的展示效果。

例如，在图 4-1 所示的表格中，A 列是原始数据，B 列是格式化后的数据，设置恰当的数字格式可以提高数据的可读性。

	A	B	C
1	原始数据	格式化后显示	格式类型
2	43457	2016年9月9日	日期
3	-16580.2586	-16580.26	数值
4	0.505648149	12:08 PM	时间
5	0.0456	4.56%	百分比
6	0.6125	49/80	分数
7	5431231.35	￥5,431,231.35	货币
8	12345	壹万贰仟叁佰肆拾伍	特殊-中文大写
9	226	2米26	自定义（身高）
10	271180	27.1万	自定义（以万为单位）
11	三	第三生产线	自定义（部门）

图 4-1 设置数字格式提高数据可读性

提示

设置数字格式仅改变数据的显示外观，不会影响数据的实际值。

4.1.1 快速应用数字格式

如果需要快速设置恰当的数字格式，通常有三种方法：使用功能区命令、使用【设置单元格格式】对话框以及使用组合键。

1. 使用功能区命令

选中需要设置格式的单元格区域，然后在 Excel【开始】选项卡的【数字】命令组中，单击【数字格式】下拉按钮，可以在下拉菜单中选择 11 种不同的数字格式，如图 4-2 所示。

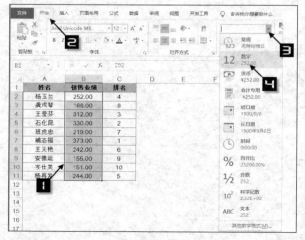

图 4-2 【数字格式】下拉列表

另外,在【数字】命令组中,Excel 还预置了 5 个常用的数字格式按钮,包括【会计专用格式】【百分比样式】【千位分隔样式】【增加小数位数】和【减少小数位数】,如图 4-3 所示。

会计专用格式及其下拉选项

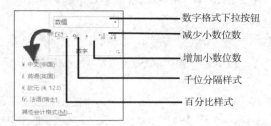

图 4-3 【数字】命令组各按钮功能

2. 使用【设置单元格格式】对话框

鼠标选取需要设置格式的数据区域,按<Ctrl+1>组合键或者单击鼠标右键,在弹出的快捷菜单中单击【设置单元格格式】命令,打开【设置单元格格式】对话框。在【数字】选项卡的"分类"列表中,可以选择更多的数字格式分类,每一种分类包含多种子分类,如图 4-4 所示。

图 4-4 【设置单元格格式】对话框

3. 使用组合键

通过键盘上的组合键也可以快速地对目标单元格和区域设定数字格式,如表 4-1 所示。

表 4-1   设置数字格式组合键

组合键	作用
Ctrl+Shift+~	设置为常规格式,即默认格式
Ctrl+Shift+%	设置为百分数格式,无小数部分
Ctrl+Shift+^	设置为科学记数法格式,含两位小数
Ctrl+Shift+#	设置为短日期格式
Ctrl+Shift+@	设置为日期加时间格式,包含日期、小时和分钟
Ctrl+Shift+!	设置为不带小数的货币显示格式

4.1.2 Excel 内置的数字格式

Excel 内置的数字格式种类十分丰富,在【设置单元格格式】对话框的【数字】选项卡下选中其中一种格式类型后，对话框右侧会显示相应的设置选项，并根据用户所做的选择将预览效果显示在"示例"区域中。

示例 4-1　通过【设置单元格格式】对话框设置数字格式

素材所在位置为：

素材\第 4 章 数据格式化\示例 4-1 通过【设置单元格格式】对话框设置数字格式.xlsx

如果要将图 4-5 所示的表格中的数值设置为人民币格式，显示两位小数，且负数显示为带括号的红色字体，可按以下步骤操作。

首先，选中 A2:A8 单元格区域，按<Ctrl+1>组合键打开【设置单元格格式】对话框，单击【数字】选项卡，在【分类】列表框中选择"货币"，其次，在对话框右侧的【小数位数】微调框中设置数值为"2"，在【货币符号】下拉列表中选择"¥"，在【负数】下拉列表中选择带括号的红色字体样式，最后，单击【确定】按钮，如图 4-6 所示。

图 4-5　待格式化的数值　　　　　　　　图 4-6　设置货币格式

示例结束

不同数字格式的含义如表 4-2 所示。

表 4-2　　　　　　　　　　　　各类数字类型的特点和用途

数字格式类型	特点与用途
常规	数据的默认格式，即未进行任何特殊设置的格式
数值	可以设置小数位数、选择是否添加千位分隔符，负数可以设置特殊样式（包括显示负号、显示括号、红色字体等几种样式）
货币	可以设置小数位数、货币符号、负数可以设置特殊样式（包括显示负号、显示括号、红色字体等几种样式）。数字显示自动包含千位分隔符
会计专用	可以设置小数位数、货币符号，数字显示自动包含千位分隔符。与货币格式不同的是，本格式将货币符号置于单元格最左侧进行显示
日期	可以选择多种日期显示模式，其中包括同时显示日期和时间的模式
时间	可以选择多种时间显示模式
百分比	可以选择小数位数。数字以百分数形式显示
分数	可以设置多种分数显示模式，包括显示一位数分母、两位数分母等
科学记数	以包含指数符号（E）的科学记数形式显示数字，可以设置显示的小数位数

数字格式类型	特点与用途
文本	将数值作为文本处理
特殊	包含了几种以系统区域设置为基础的特殊格式。在区域设置为"中文（中国）"的情况下，包含了三种中国特有的数字格式：邮政编码、中文小写数字和中文大写数字
自定义	允许用户使用自定义的格式

4.1.3 自定义数字格式

自定义数字格式

数字格式中的"自定义"类型包含了多种数字格式，并且允许用户创建自定义的数字格式。

1. 内置的自定义格式

在【设置单元格格式】对话框的【分类】列表框中单击【自定义】类型，对话框的右侧会显示活动单元格的数字格式代码，如图 4-7 所示。

图 4-7 内置的自定义格式代码

通过这样的操作方式，用户可以了解现有数字格式代码的编写方式，并可据此设置更符合自己需求的数字格式代码。自定义的格式代码可以在不需要时删除，而内置的格式代码则不允许被删除。

2. 创建新的数字格式

自定义格式的完整代码如下：

正数;负数;零值;文本

以半角分号";"间隔的 4 个区段构成了一个完整结构的自定义格式代码，每个区段中的代码对不同类型的内容起作用。例如，在第 1 区段"正数"中的代码只会在单元格中的数据为正数时起作用，而第 4 区段"文本"中的代码只会在单元格中的数据为文本时才起作用。

示例 4-2 设置 4 个区段的数字格式

素材所在位置为：

素材\第 4 章 数据格式化\示例 4-2 设置 4 个区段的数字格式.xlsx

如需设置 4 个区段的数字格式，即正数显示为"盈利"+数字、负数显示为"亏损"+数字、零值不显示、文本显示为"ERR!"。格式代码可设置为：

盈利 G/通用格式;亏损 G/通用格式;;"ERR!"

格式代码分为 4 个区段，分别对应"正数;负数;零值;文本"。其中"G/通用格式"表示按常规格式显示，"盈利"作为格式前缀，数值为正数时，在数字前显示"盈利"字样。第三区段为空，表示零值不显示。第 4 区段"ERR!"，表示文本显示为"ERR!"，效果如图 4-8 所示。

	A	B
1	**原始数值**	**显示为**
2	97233.1	盈利97233.1
3	0	
4	-500.23	亏损500.23
5	未统计	ERR!
6	-29151.93	亏损29151.93
7	0	
8	8123.08	盈利8123.08

图 4-8　正数、负数、零值、文本不同显示方式

示例结束

在实际应用中，用户不必每次都严格按照 4 个区段的结构来编写格式代码。表 4-3 列出了少于 4 个区段的代码结构含义。

表 4-3　　　　　　　　　　　　　　少于 4 个区段的自定义代码结构含义

区段数	代码结构含义
1	格式代码作用于所有类型的数值
2	第 1 区段作用于正数和零值，第 2 区段作用于负数
3	第 1 区段作用于正数，第 2 区段作用于负数，第 3 区段作用于零值

示例 4-3　设置数值以万为单位显示

素材所在位置为：

素材\第 4 章 数据格式化\示例 4-3 设置数值以万为单位显示.xlsx

在部分英语国家中，习惯以"千"作为数值单位，千位分隔符就是其中的一种表现形式。而在中文环境中，常以"万"作为数值单位。如果需要设置数值以"万"为单位显示，格式代码可设置为：

0!.0,

代码利用自定义的"小数点"将原数值缩小为万分之一显示。在数学上，数值缩小为万分之一后，原数值小数点需要向左移 4 位，利用添加自定义的"小数点"则可以将数值显示为缩小后的效果。实际上，这里的小数点并非真实意义上的小数点，而是用户自己创建的一个符号。

为了和真正的小数点以示区别，需要在"."之前加上"!"或者"\"，表示后面"小数点"的字符性质。代码末尾的"0,"表示被缩去的 4 位数字，其中","代表千位分隔符。缩去的 4 位数字只显示千位所在数字，其余部分四舍五入进位到千位显示。

该格式代码只有一个区段，将作用于所有类型的数值，如图 4-9 所示。

示例结束

除了以数值正负作为格式区段分隔依据以外，用户也可以为区段设置自己所需的特定条件：

大于条件值;小于条件值;等于条件值;文本

对于包含条件值的格式代码，区段可以少于 4 个，但最少不能少于两个。相关的代码结构含义如表 4-4 所示。

表 4-4　　少于 4 个区段的包含条件值格式代码结构含义

区段数	代码结构含义
2	第 1 区段作用于满足数值，第 2 区段作用于其他情况
3	第 1 区段作用于满足条件值 1，第 2 区段作用于满足条件值 2，第 3 区段作用于其他情况

示例 4-4　简化输入操作

素材所在位置为：

素材\第 4 章 数据格式化\示例 4-4 简化输入操作.xlsx

在某些情况下，使用带有条件判断的自定义格式可以简化用户的输入操作，起到类似“自动更正”功能的效果。例如，用数字 0 和 1 分别代替“×”“√”的输入，格式代码可设置为：

```
[=1]"√";[=0]"×";;
```

当用户输入“1”时，Excel 自动以“√”显示，输入“0”时，自动以“×”显示，如果输入的数值既不是“1”，也不是“0”，则不显示，如图 4-10 所示。

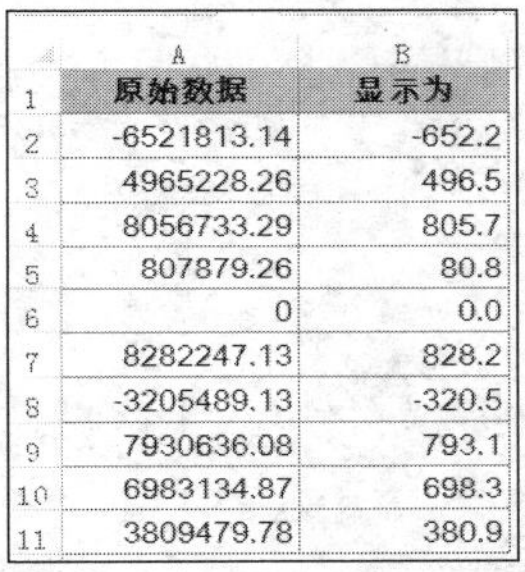

	A	B
1	原始数据	显示为
2	-6521813.14	-652.2
3	4965228.26	496.5
4	8056733.29	805.7
5	807879.26	80.8
6	0	0.0
7	8282247.13	828.2
8	-3205489.13	-320.5
9	7930636.08	793.1
10	6983134.87	698.3
11	3809479.78	380.9

图 4-9　数值以万为单位显示

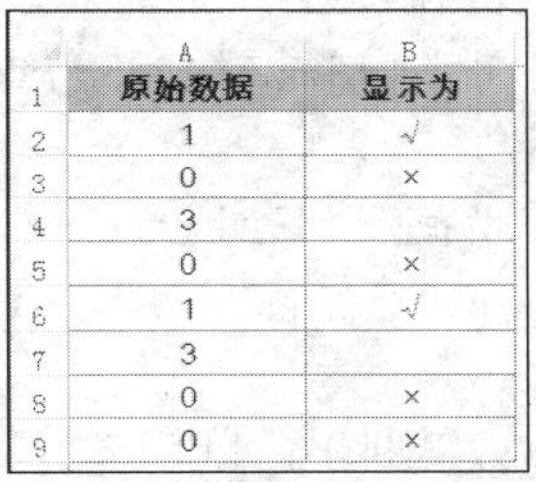

	A	B
1	原始数据	显示为
2	1	√
3	0	×
4	3	
5	0	×
6	1	√
7	3	
8	0	×
9	0	×

图 4-10　用数字 0 和 1 代替“×”“√”的输入

示例结束

日期和时间类型的数据比较常见，不同的报表也会要求使用不同的格式，Excel 为此提供了丰富的格式代码。常用格式代码如表 4-5 所示。

表 4-5　　与日期时间格式相关的常用代码符号

日期时间代码符	日期时间代码符号含义及作用
aaa	使用中文简称显示星期几（一～日）
aaaa	使用中文全称显示星期几（星期一～星期日）
d	使用没有前导零的数字来显示日期（1～31）
dd	使用有前导零的数字来显示日期（01～31）
ddd	使用英文缩写显示星期几（Sun～Sat）
dddd	使用英文全拼显示星期几（Sunday～Saturday）
m	使用没有前导零的数字来显示月份或分钟（1～12）或（0～59）
mm	使用有前导零的数字来显示月份或分钟（01～12）或（00～59）
mmm	使用英文缩写显示月份（Jan～Dec）
mmmm	使用英文全拼显示月份（January～December）
yy	使用两位数字显示公历年份（00～99）
yyyy	使用四位数字显示公历年份（1900～9999）
h	使用没有前导零的数字来显示小时（0～23）

续表

日期时间代码符	日期时间代码符号含义及作用
hh	使用有前导零的数字来显示小时（00~23）
s	使用没有前导零的数字来显示秒（0~59）
ss	使用有前导零的数字来显示秒（00~59）
[h]、[m]、[s]	显示超出进制的小时数、分数、秒数
AM/PM	使用英文上下午显示 12 进制时间

示例 4-5　多种方式显示日期

素材所在位置为：

素材\第 4 章　数据格式化\示例 4-5 多种方式显示日期.xlsx

以下为部分适用于日期数据显示的格式代码。

yyyy"年"m"月"d"日" aaaa

以中文"年月日"以及"星期"来显示日期。

[DBNum1]yyyy"年"m"月"d"日"aaaa

以中文小写数字形式来显示日期中的数值。

yyyy.m.d

以"."号分隔符为间隔的日期显示。

aaaa

仅显示星期几。

以上自定义格式效果如图 4-11 所示。

	A 原始数据	B 显示为	C 格式代码
1	原始数据	显示为	格式代码
2	2020/6/10	2020年6月10日 星期三	yyyy"年"m"月"d"日" aaaa
3	2016/11/1	2016.11.1	yyyy.m.d
4	2021/7/19	星期一	aaaa
5	2018/5/22	二〇一八年五月二十二日星期二	[DBNum1]yyyy"年"m"月"d"日"aaaa

图 4-11　多种方式显示日期

示例结束

4.1.4　将数字格式转化为实际值

应用自定义格式的单元格只改变显示方式，并不会改变其本身的内容。使用剪贴板的方法，可以将自定义格式转换为单元格中的实际值。

示例 4-6　自定义格式转换为单元格中的实际值

素材所在位置为：

素材\第 4 章　数据格式化\示例 4-6 自定义格式转换为单元格中的实际值.xlsx

在图 4-12 所示的信息表中，A 列是设置了自定义格式的部门名称，需要将这些自定义格式的显示效果转换为单元格中的实际值。

操作步骤如下。

步骤 1　选中 A1:A8 单元格区域，按<Ctrl+C>组合键复制。

步骤 2　在【开始】选项卡下，单击【剪贴板】命令组右下角的【对话框启动器】按钮，打开剪贴板任务窗格，单击剪贴板中的【全部粘贴】按钮，将剪贴板中的内容粘贴到 A1:A8 单元格区域，如图 4-13 所示。

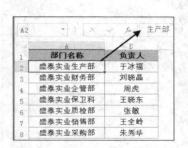

图 4-12　自定义格式

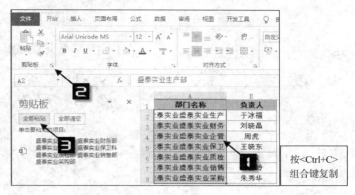

图 4-13　粘贴项目

步骤 3 保持 A1:A8 单元格区域的选中状态，依次单击【开始】→【数字格式】下拉按钮，在格式列表中选择【常规】，最后关闭剪贴板窗格，如图 4-14 所示。

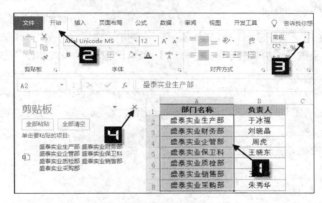

图 4-14　设置为常规格式

示例结束

4.2 单元格样式

单元格样式是指一组特定单元格格式的组合。使用单元格样式可以快速对应用相同样式的单元格或单元格区域进行格式化，从而提高工作效率并使工作表格式规范统一。

4.2.1 应用内置样式

Excel 2016 预置了一些典型的单元格样式，用户可以直接套用这些样式来快速设置单元格格式。

选中需要设置样式的单元格或单元格区域，在【开始】选项卡中单击【单元格样式】按钮，弹出单元格样式列表库。将鼠标移至列表库中的某个样式，选中的单元格会显示应用此样式的效果，选中合适的样式后，单击鼠标左键即可应用此样式，如图 4-15 所示。

如果用户希望修改某个内置的样式，可以选中该项样式，单击鼠标右键，在弹出的快捷菜单中单击【修改】命令。在打开的【样式】对话框中，根据需要对相应样式的"数字""对齐""字体""边框""填充"等效果进行修改，如图 4-16 所示。

图 4-15 为当前单元格区域应用样式　　　　　图 4-16 修改内置样式

4.2.2 创建新样式

当内置样式不能满足用户需要时，用户可以创建自定义的单元格样式，操作步骤如下。

步骤 1 在【开始】选项卡中单击【单元格样式】按钮，在弹出的样式库中单击【新建单元格样式】命令，打开【样式】对话框。

步骤 2 在【样式】对话框中的【样式名】文本框中输入样式的名称，例如"我的样式"，单击【格式】按钮，打开【设置单元格格式】对话框，按需求设置单元格格式，最后依次单击【确定】按钮关闭对话框，如图 4-17 所示。

新创建的自定义样式显示在样式库上方的【自定义】样式区，如图 4-18 所示。

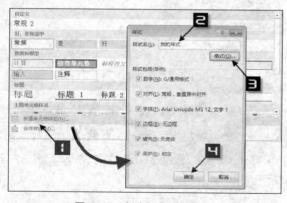

图 4-17 创建自定义样式

图 4-18 样式库中的自定义样式

4.3 表格格式

Excel 的"表格"是包含结构化数据的矩形区域，它能够使一些常见的计算任务变得更加简单，外观也显得更加友好。

4.3.1 创建表格

选中数据区域内的任一单元格，在【插入】选项卡中单击【表格】命令，在弹出的【创建表】对话框中保留【表包含标题】的复选框，最后单击【确定】按钮，如图 4-19 所示。

提示

除了使用菜单操作，单击数据列表中的任意单元格，按<Ctrl+T>或<Ctrl+L>组合键也可以调出【创建表】对话框。

如果需要将"表格"转换为普通的数据区域，可以单击选中"表格"中的任意单元格，在【设计】选项卡中单击【转换为区域】按钮，然后在弹出的对话框中单击【是】按钮，如图 4-20 所示。

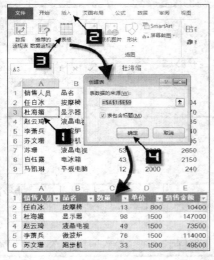

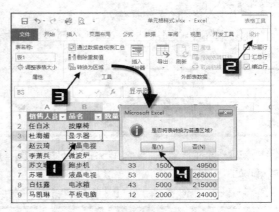

图 4-19 将数据区域转化为"表格"　　　　　　图 4-20 将"表格"转换为区域

4.3.2 使用"套用表格格式"功能

套用 Excel 内置的表格格式，可以选择更多样式效果。单击数据区域的任意单元格，在【开始】选项卡下单击【套用表格格式】下拉按钮，在弹出的格式库中单击选择一种表格格式，然后在弹出的【套用表格式】对话框中单击【确定】按钮，如图 4-21 所示。

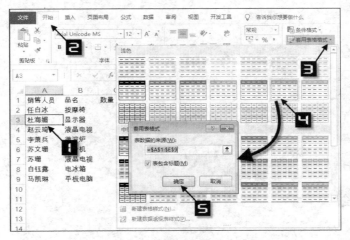

图 4-21 自动套用表格格式

本章小结

本章主要介绍了数据格式化应用的有关内容。对数字进行格式化，能够在不影响原数据的基础上改变显示效果。应用单元格样式和表格格式，则能够快速对工作表进行外观样式的美化。

 **练习题**

1. 以____间隔的 4 个区段构成了一个完整结构的自定义格式代码，每个区段中的代码对不同类型的内容起作用。

2. 如果输入"1"时，Excel 自动以"√"显示，输入"0"时，自动以"×"显示，格式代码应为_____。

3. 除了使用菜单操作，单击数据列表中的任意单元格，按____或____组合键也可以调出【创建表】对话框。

上机实验

1. 新建一个工作簿，在 A1 单元格输入你的班级，再设置自定义格式，使其显示为"学校名+班级名"的效果，如"某某学校 2019 级 3 班"。

2. 新建一个工作簿，在 A~B 列输入部分同学的姓名，然后应用【表格】样式。

第 5 章

数据整理

本章主要介绍数据整理过程中的常用基础技巧，例如，查找与替换、选择性粘贴、分列以及删除重复项等，掌握这些技巧有助于对数据进行快速整理，便于后续的分析汇总。

5.1 查找与替换功能

查找与替换是常用的表格操作技巧，用户可以在一份数据表中根据某些内容特征快速查找到对应的数据并进行相应的处理。

查找和替换

5.1.1 利用查找功能快速查询数据

Excel 中的查找功能可以帮助用户在工作表中快速查询数据。单击任意单元格，如A3，然后依次单击【开始】→【查找和选择】，在下拉菜单中单击【查找】按钮，也可以按<Ctrl+F>组合键调出【查找和替换】对话框。

在【查找内容】编辑框中输入要查询的内容，单击【查找下一个】按钮，可快速定位到活动单元格之后的查询数据所在单元格，如图 5-1 所示。

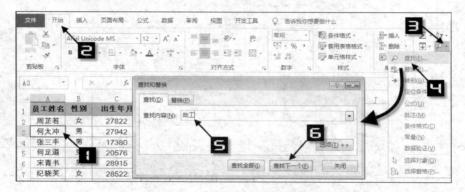

图 5-1 【查找和替换】对话框

如果在【查找和替换】对话框中单击【查找全部】按钮，会在对话框下方显示出所有符合条件的列表，单击其中一项，可定位到该数据所在的单元格，如图 5-2 所示。

单击【查找和替换】对话框中的【选项】按钮，能够展开更多与查找有关的选项，除了可以选择区分大小写、单元格匹配、区分全/半角等，还可以选择范围、搜索顺序和查找的类型等，如图 5-3 所示。

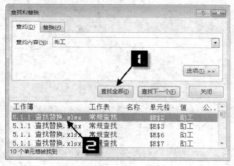

图 5-2 查找全部

图 5-3 更多查找选项

如果勾选了"区分大小写"复选框，在查找字符串"Excel"时，不会在结果中出现内容为"excel"的单元格。

如果勾选了"单元格匹配"复选框，在查找字符串"Excel"时，不会在结果中出现内容为"ExcelHome"的单元格。

如果勾选了"区分全/半角"复选框，在查找字符串"Excel"时，不会在结果中出现内容为"Excel"的单元格。

除了以上选项外，还可以单击【查找和替换】对话框中的【格式】下拉按钮，在下拉菜单中单击【格式】按钮，对查找对象的格式进行设定。或是单击【从单元格选择格式】按钮，以现有单元格的格式作为查找条件，在查找时将只返回包含特定格式的单元格，如图 5-4 所示。

图 5-4　查找指定格式的内容

提示

如果使用过格式查找，在 Excel 程序关闭前再次执行查找功能时，需要注意从【格式】下拉按钮下单击【清除查找格式】命令，否则可能会无法查找到需要的内容。

5.1.2　使用替换功能快速更改数据内容

使用替换功能可以快速更改表格中符合指定条件的内容。依次单击【开始】→【查找和选择】下拉按钮，在下拉菜单中单击【替换】按钮，或是按<Ctrl+H>组合键调出【查找和替换】对话框。在【查找内容】编辑框中输入要查询的内容，在【替换为】编辑框中输入要替换的内容，单击【全部替换】按钮，可快速将所有符合查找条件的单元格替换为指定的内容，如图 5-5 所示。

与查找功能类似，替换功能也有多种选项供用户选择，并且可以指定查找内容和替换内容的格式。

图 5-5　全部替换为指定内容

5.1.3　使用通配符实现模糊查找

Excel 支持的通配符包括星号"*"和半角问号"?"，星号"*"可替代任意个数的字符，半角问号"?"可替代任意单个字符。

使用包含通配符的模糊查找方式，可以完成更为复杂的查找需求。

例如，要查找以字母"E"开头，并且以字母"l"结尾的内容，可以在【查找内容】编辑框中输入"E*l"，此时，表格中包含"Excel""Email""Eternal"等单词的单元格都会被查找到。假如需要查找以"E"开头、以"l"结尾的 5 个字母的单词，则可以在【查找内容】编辑框中输入"E???l"，3 个问号"?"表示任意 3 个字符，此时的查找结果就会在以上 3 个单词中仅返回"Excel"和"Email"。

提示

如果要查找星号"*"和半角问号"?"本身，而不是它代表的通配符，则需要在字符前加上波浪线符号"～"，例如，"～*"和"～?"。如果要查找字符"～"，需要使用两个连续的波浪线"～～"表示。

示例 5-1 使用通配符整理数据

素材所在位置为：

素材\第 5 章 数据整理\示例 5-1 使用通配符整理数据.xlsx

图 5-6 所示为某公司员工名单表，B 列的部分员工姓名后包含兴趣特长等信息，现在需要清除括号和括号内的内容。

操作步骤如下。

选中 B2:B8 单元格区域，按<Ctrl+H>组合键打开【查找和替换】对话框，在【查找内容】编辑框中输入"(*"，单击【全部替换】按钮，在弹出的 Excel 提示对话框中单击【确定】按钮，最后单击【关闭】按钮，关闭【查找和替换】对话框，如图 5-7 所示。

图 5-6 使用通配符整理数据

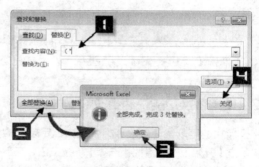

图 5-7 【查找和替换】对话框

提示

默认情况下，使用查找替换功能时，如果事先选中了一个单元格区域，则查找或替换仅对所选范围内有效，否则将针对整个工作表有效。

示例结束

5.2 选择性粘贴

使用"选择性粘贴"功能，可以只粘贴所复制内容的部分元素。执行复制操作之后，使用以下两种操作方式都可以打开【选择性粘贴】对话框。

方法 1 在目标单元格上单击鼠标右键，在弹出的快捷菜单中单击【选择性粘贴】命令。

方法 2 在【开始】选项卡中依次单击【粘贴】→【选择性粘贴】命令，弹出【选择性粘贴】对话框，如图 5-8 所示。

如果复制的数据来源于其他程序，例如记事本，Excel 会打开另一种样式的【选择性粘贴】对话框，如图 5-9 所示。根据用户复制数据类型的不同，在对话框的【方式】列表框中会显示不同的粘贴方式以供选择。

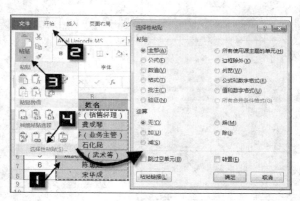

图 5-8 【选择性粘贴】对话框 1

图 5-9 【选择性粘贴】对话框 2

5.2.1 粘贴选项

【选择性粘贴】对话框中各个粘贴选项的具体含义如表 5-1 所示。

表 5-1 　　　　　　　　　　　　　　【选择性粘贴】对话框中各粘贴选项的含义

选项	含义
全部	粘贴源单元格及区域的全部复制内容，即默认的常规粘贴方式
公式	粘贴所有数据（包含公式），不保留格式、批注等内容
数值	粘贴数值、文本及公式运算结果，不保留公式、格式、批注、数据验证等内容
格式	只粘贴单元格和区域的所有格式（包括条件格式）
批注	只粘贴批注，不保留其他任何数据内容和格式
验证	只粘贴单元格和区域的数据有效性设置
所有使用源主题的单元	粘贴所有内容，并且使用源区域的主题。一般在跨工作簿复制数据时，如果两个工作簿使用的主题不同时使用
边框除外	粘贴源单元格和区域除了边框以外的所有内容
列宽	仅将粘贴目标单元格区域的列宽设置为与源单元格列宽相同
公式和数字格式	只粘贴源单元格及区域的公式和数字格式
值和数字格式	粘贴源单元格及区域中所有的数值和数字格式，但不保留公式

5.2.2 运算功能

在图 5-8 所示的【选择性粘贴】对话框中，【运算】区域包含了【加】【减】【乘】【除】等选项按钮，在粘贴的同时可以完成简单的数学运算。

> **示例 5-2　快速将数值缩小万分之一**

素材所在位置为：

素材\第 5 章 数据整理\示例 5-2 快速将数值缩小万分之一.xlsx

如图 5-10 所示，B2:B7 单元格区域的金额计量单位为元，需要更改为万元。复制 D2 单元格的数值 "10000" 后，选中 B2:B7 单元格区域，单击鼠标右键，在弹出的快捷菜单中选择【选择性粘贴】命令，弹出

【选择性粘贴】对话框。单击选中"粘贴"区域的【数值】和"运算"区域的【除】单选钮，最后单击【确定】按钮，即可快速将目标区域数值缩小万分之一。

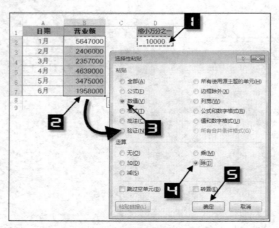

图 5-10　快速将数值缩小万分之一

示例结束

5.2.3 跳过空单元格

　　【选择性粘贴】对话框中的【跳过空单元】选项，可以防止用户使用包含空单元格的源数据区域粘贴覆盖目标区域中的单元格内容。

　　如图 5-11 所示，复制 D2:E9 单元格区域后，使用选择性粘贴功能粘贴到 A2:B9 区域，选择【跳过空单元】选项，会自动跳过空白行，而不会覆盖目标区域对应行中的数据。

5.2.4 转置

　　素材所在位置为：

　　素材\第 5 章 数据整理\ 5.2.4 转置.xlsx

　　除了选择性粘贴对话框之外，当执行复制操作之后，在右键菜单中也可以快速选择常用的粘贴选项。例如，使用【粘贴选项】的【转置】功能，可以将源数据区域的行列相对位置互换后粘贴到目标区域。

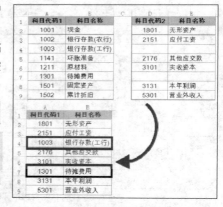

图 5-11　跳过空单元粘贴

　　如图 5-12 所示，复制 A1:C5 单元格区域，在 E1 单元格上单击鼠标右键，在弹出的菜单的【粘贴选项】中单击转置按钮，会转置为 3 行 5 列的单元格区域。

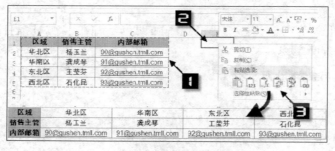

图 5-12　转置粘贴示意

5.2.5 | 粘贴链接

使用【选择性粘贴】的【粘贴链接】功能，在复制粘贴时，将自动生成引用数据源区域的公式。如果数据源发生变化时，粘贴区域中的数据会实时更新。

5.3 分列功能

Excel 中的分列功能可以根据分隔符号或固定宽度将目标列数据拆分成多列，也可以一次性转换目标列的数据类型。

5.3.1 | 按"分隔符号"提取目标字段

素材所在位置为：

素材\第 5 章 数据整理\ 5.3.1 按"分隔符号"提取目标字段.xlsx

认识分列功能

如图 5-13 所示，A 列数据包含多种信息，各信息之间以空格为间隔。现在需要从中提取出各项信息，具体操作步骤如下。

产品货号	原价	折扣率	销售价	App价	库存	总销量	总销售额
LR0001	718	0.5	359	359	896	104001	37336359
LR0002	159	0.9874	157	157	936	89911	14116027
LR0003	198	0.5	99	99	2473	31808	3148992
LR0004	394	0.9898	390	390	1582	30218	11785020
LR0005	298	0.5	149	149	3259	24290	3619210
LR0006	798	0.5	399	399	544	15177	6055623
LR0007	199	0.995	198	198	1287	13804	2733192
LR0008	344	0.9884	340	340	856	13212	4492080
LR0009	129	1	129	129	808	9646	1244334
LR0010	219	1	219	219	310	7726	1691994
LR0011	599	1	599	599	960	6596	3951004
LR0012	99	1	99	99	2	6532	646668

图 5-13 利用【分列】提取目标字段

步骤1 单击 A 列列标，在【数据】选项卡下单击【分列】按钮，在弹出的【文本分列向导-第 1 步，共 3 步】对话框中保留默认选项，单击【下一步】按钮，如图 5-14 所示。

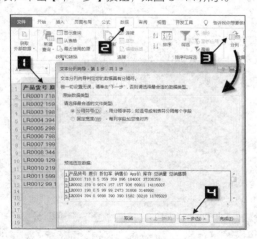

图 5-14 文本分列向导-第 1 步

步骤 2 在【文本分列向导-第 2 步，共 3 步】对话框的【分隔符号】列表框中，勾选【空格】复选框，单击【下一步】按钮，如图 5-15 所示。

步骤 3 在弹出的【文本分列向导-第 3 步，共 3 步】对话框中，在【目标区域】编辑框中输入"$B$1"，单击【完成】按钮，如图 5-16 所示。

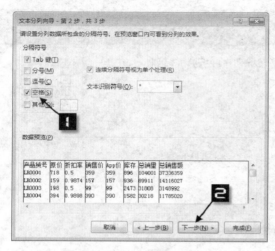
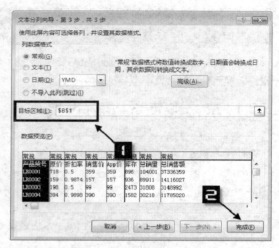

图 5-15　文本分列向导-第 2 步　　　　　　图 5-16　文本分列向导-第 3 步

此时得到拆分后的数据，为其设置相应的格式即可。

5.3.2　快速将文本型数字转换为数值型数据

文本型数字是 Excel 中一种比较特殊的数据类型，它的内容是数值，但作为文本类型进行存储，具有和文本类型数据相同的特征。一般情况下，文本型数字所在单元格的左上角会显示绿色三角形符号。由于文本型数字无法直接应用于统计运算，通常需要转换为数值型数据。

示例 5-3　文本型数字转换为数值

素材所在位置为：

素材\第 5 章　数据整理\示例 5-3　文本型数字转换为数值.xlsx

如图 5-17 所示，现在需要将 A2:A10 单元格区域中的文本型数字转换为数值型数据，操作步骤如下。

选中 A 列，依次单击【数据】→【分列】按钮，在弹出的【文本分列向导-第 1 步，共 3 步】对话框中，直接单击【完成】按钮即可。

图 5-17　文本型数字转换为数值型数据

示例结束

5.3.3　转换日期数据

素材所在位置为：

素材\第 5 章　数据整理\ 5.3.3　转换日期数据.xlsx

在使用 Excel 进行数据分析处理过程中，用户会接触大量的日期型数据。部分输入不规范的数据并不属于真正的日期数据，因此，不能用于日期计算，也无法通过设置单元格格式对其进行日期格式转换。

如图 5-18 所示，A2 单元格日期结构为"m/d/yyyy"，以"8/23/16"表示 2016 年 8 月 23 日。现在需要将其转换为"yyyy/m/d"格式的日期。

操作步骤如下。

步骤 1 单击 A 列列标，再依次单击【数据】→【分列】命令按钮，在弹出的【文本分列向导-第 1 步，共 3 步】对话框中，单击【下一步】按钮，弹出【文本分列向导-第 2 步，共 3 步】对话框，再次单击【下一步】按钮。

步骤 2 在【文本分列向导-第 3 步，共 3 步】的【列数据格式】区域中选择【日期】项，并在【日期】下拉列表中选择"MDY"项，单击【完成】按钮，关闭对话框，如图 5-19 所示。

图 5-18 转换日期数据

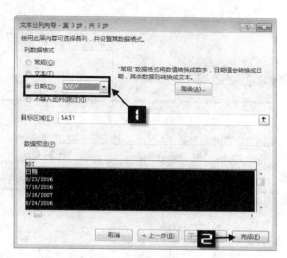

图 5-19 选择相应的"日期"项

5.4 删除重复值

素材所在位置为：
素材\第 5 章 数据整理\5.4 删除重复值.xlsx

"数据去重"是用户在数据整理过程中经常面临的问题，使用【删除重复值】功能可以快速提取出一组数据中的唯一值。

图 5-20 所示为包含重复信息的客户代表名单，现在希望删除其中重复的数据。

操作步骤如下。

步骤 1 单击数据区域中任一单元格，如 A3，在【数据】选项卡下单击【删除重复值】按钮，在弹出的【删除重复值】对话框中直接单击【确定】按钮，如图 5-21 所示。

	A	B
1	区域	客户代表
2	西北区	杨玉兰
3	东北区	龚成琴
4	西南区	王莹芬
5	华北区	石化昆
6	华南区	班虎忠
7	西南区	王莹芬

图 5-20 客户代表名单

步骤 2 如图 5-22 所示，Excel 弹出提示对话框，显示了重复值和唯一值的数量信息，此时，单击【确定】按钮关闭对话框，即可完成删除重复行的操作。

 提示

【删除重复值】对话框的列表框列出了单元格区域中所有的字段标题，用户可以勾选其中各字段的复选框，指定为哪些字段执行删除重复项的操作。

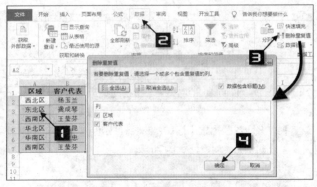

图 5-21　删除重复项　　　　　　　　　　　　　图 5-22　删除重复项结果对话框

 本章小结

　　本章主要介绍了常用的数据整理基础技巧。"查找与替换"功能可以根据查找内容的特征快速找到对应的数据并做出相应的处理。"选择性粘贴"功能使 Excel 的粘贴功能变得格外丰富。"分列"功能可以快速从一列数据中提取所需的目标信息，也可以更改数值的类型，甚至可以修正不规范的日期数据。"删除重复项"功能则提高了"数据去重"的工作效率。掌握这些技巧，有助于保证数据整理的准确性和高效性。

 练习题

　　1．Excel 支持的通配符包括＿＿＿和＿＿＿两种。
　　2．需要调出【查找】对话框时，可以使用＿＿＿组合键。需要调出【替换】对话框时，可以使用＿＿＿组合键。
　　3．以下说法正确的是：＿＿＿
　　（1）"*"作为通配符，可以代替任意多个字符，甚至零个字符。
　　（2）【删除重复值】按钮位于【公式】选项卡下。
　　4．在工作表中任意输入一组数值型数据，使用选择性粘贴功能，为该组数据增加 100。

 上机实验

　　1．根据"素材\第 5 章　数据整理\作业 1.xlsx"中提供的数据，使用【查找与替换】功能，将数据中的零值替换为空白，如图 5-23 所示。
　　2．根据"素材\第 5 章　数据整理\作业 2.xlsx"中提供的数据，使用【分列】功能提取数据中的证件号，结果放置于B 列。注意所提取的证件号码需保存为"文本"类型，否则将产生错误。

	A	B
1	数字1	数字2
2	106	104
3	0	95
4	70	0
5	0	0
6	78	31
7	115	0
8	119	130

图 5-23　使用【替换】功能将 0 替换为空白

第 6 章

数据排序

本章主要介绍 Excel 数据排序技巧，例如，多关键字排序、自定义排序、按单元格背景颜色排序等。数据排序便于数据归类，有助于对数据的进一步整理，使数据更加清晰易于阅读。

6.1 简单排序

Excel 提供了多种方法对数据列表进行排序，用户可以根据需要按行或列、按升序或降序进行排序，也可以使用自定义排序命令。Excel 2016 的【排序】对话框能够指定多达 64 个排序条件，可以按照单元格内的背景颜色和字体颜色进行排序，也可以按单元格内显示的图标进行排序。

示例 6-1　一个简单排序的例子

素材所在位置为：

素材\第 6 章 数据排序\示例 6-1 一个简单排序的例子.xlsx

未经排序的表格数据看上去杂乱无章，不利于用户查找及分析数据，而排序后的表格数据则一目了然，如图 6-1 所示。

如果要对图 6-1 所示的表格按"补贴"字段的金额进行降序排序，可选中 C 列中的任意一个单元格，如 C3，在【数据】选项卡中单击【降序】按钮，就可以对"补贴"字段的金额进行降序排序，如图 6-2 所示。

图 6-1　一个简单排序的例子

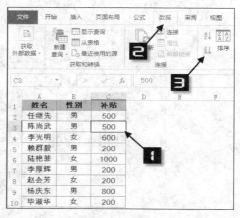

图 6-2　按"补贴"为关键字进行降序排序

示例结束

6.2 以当前选中的区域排序

素材所在位置为：

素材\第 6 章 数据排序\ 6.2 以当前选中的区域排序.xlsx

当用户执行排序时，Excel 默认的排序区域为整个数据区域。如果用户仅仅需要对数据列表中的某一个特定的列进行排序，例如，只对如图 6-3 所示的"姓名"字段进行降序排序，操作步骤如下。

选择 B2:B10 单元格区域，单击【数据】→【降序】按钮，在弹出的【排序提醒】对话框中，单击【以当前选定区域排序】单选按钮，最后单击【排序】命令，即可完成对当前选中区域的排序如图 6-4 所示。此时，A 列的"序号"字段保持原来的排列不变，但 B 列的"姓名"字段已经按降序排列。

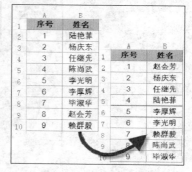

图 6-3　只对部分区域排序

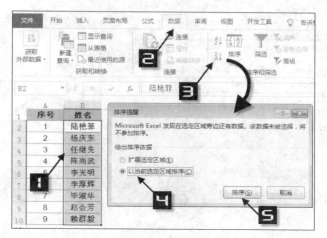

图 6-4 只对选中区域降序排序

6.3 按多个关键字排序

素材所在位置为：

素材\第 6 章 数据排序\6.3 按多个关键字排序.xlsx

如图 6-5 所示，在员工考核数据表中，需要依次按关键字"总分""专业技能""协调能力"和"客户评价"，对员工考核得分进行排序。

操作步骤如下。

步骤 1 选中数据区域中的任意一个单元格，如 A2，在【数据】选项卡中单击【排序】按钮，在弹出的【排序】对话框中，【主要关键字】设置为"总分"，如图 6-6 所示。

	A	B	C	D	E
1	姓名	专业技能	协调能力	客户评价	总分
2	潘文杰	85	84	92	261
3	白如雪	82	75	90	247
4	蓝天阔	84	77	76	237
5	阮君茹	84	65	80	229
6	厚圆萍	85	68	71	224
7	丁志军	73	68	74	215
8	贾长龙	80	86	68	234
9	何文娟	86	76	76	238
10	鲍文龙	93	83	94	270

图 6-5 需要进行排序的表格

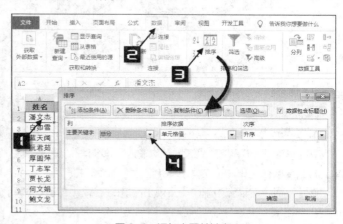

图 6-6 添加主要关键字

步骤 2 在【排序】对话框中继续设置条件，单击【添加条件】按钮，将【次要关键字】依次设置为"专业技能""协调能力"和"客户评价"，次序保留默认的升序选项，最后单击【确定】按钮，即可完成对数据列表中多关键字的排序，如图 6-7 所示。

排序后，数据将先按照总分高低排序，如果总分相同，则再按照专业技能的分数高低排序，如果专业技能得分仍然相同，则继续按协调能力得分高低排序，以此类推，效果如图 6-8 所示。

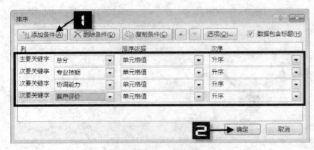

图 6-7　添加多个次要关键字　　　　　　　　图 6-8　多关键字排序后的表格

6.4　自定义序列排列

> 素材所在位置为：
>
> 素材\第 6 章　数据排序\ 6.4　自定义序列排列.xlsx

Excel 默认的排序依据包括数字的大小、英文或拼音字母顺序等，但在某些时候，用户需要按照某些特定次序来排序。例如，公司内部职务包括"总经理""副总经理""经理"等，如果需要按照职务高低的顺序来排序，可以通过"自定义排序"的方法进行排序。

图 6-9 所示为某公司职工的补贴数据，其中，B 列记录了所有职工的职务信息，现在需要按照职务的高低对数据列表进行降序排列。操作步骤如下。

自定义序列排序

图 6-9　员工职务津贴表

步骤 1　添加自定义序列。

在工作表 E2:E5 单元格区域依次输入"总经理""副总经理""经理""组长"和"员工"，然后选中 E2:E5 单元格区域，依次单击【文件】→【选项】命令，打开【Excel 选项】对话框。

在【高级】选项卡中单击【常规】区域的【编辑自定义列表】按钮，再单击【确定】按钮，打开【自定义序列】对话框，如图 6-10 所示。

在【自定义序列】对话框中，之前选中的单元格地址会自动添加到【从单元格中导入序列】编辑框内，单击【导入】按钮，最后单击【确定】按钮关闭对话框，如图 6-11 所示。

步骤 2　使用自定义序列对数据区域排序。

选中数据区域中的任一单元格，如 A1，在【数据】选项卡下单击【排序】按钮，弹出【排序】对话框。在【主要关键字】列表框中选择"职务"，【次序】选择"自定义序列"，弹出【自定义序列】对话框。在【自定义序列】列表中，选择相应的职务序列。最后依次单击【确定】按钮关闭对话框，即可完成自定义排序，如图 6-12 所示。

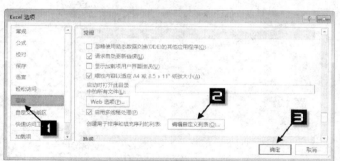

图 6-10　打开编辑自定义列表对话框

图 6-11　添加自定义序列

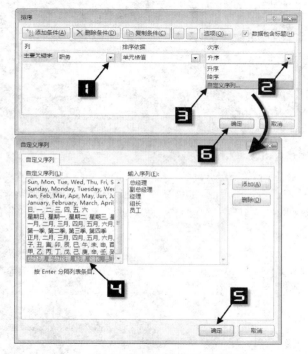

图 6-12　使用自定义序列对数据列表排序

6.5　按颜色排序

在实际工作中，用户经常会通过为单元格设置背景颜色或字体颜色来标注比较特殊的数据。Excel 2016
能够根据单元格背景颜色和字体颜色进行排序，从而帮助用户更加灵活地进行数据整理操作。

素材所在位置为：

素材\第 6 章　数据排序\ 6.5 按单元格背景颜色排序.xlsx

在图 6-13 所示的数据列表中，部分员工姓名所在单元格被设置成了黄色的背景，用户如果希望将这些数
据排列到表格的前面，可以按以下步骤操作。

选中数据区域中的任意一个黄色背景的单元格，如 B2。单击鼠标右键，在弹出的快捷菜单中依次单击【排
序】→【将所选单元格颜色放在最前面】命令，即可将所有的黄色背景单元格排列到数据区域的顶端，如图
6-14 所示。

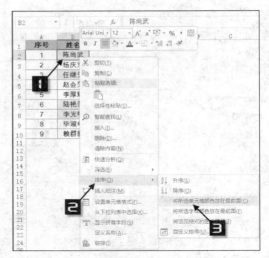

图 6-13　添加了填充颜色的表格　　　　图 6-14　所有黄色的单元格排列到表格顶端

6.6　按笔画排序

素材所在位置为：
素材\第 6 章　数据排序\6.6 按笔画排序.xlsx

默认情况下，Excel 对中文字符是按照拼音字母的顺序进行排序的。如图 6-15 所示，A 列姓名即按拼音字母的顺序排列。如果用户需要对其按笔画顺序进行升序排列，可以按以下步骤操作。

步骤 1　选择数据区域的任一单元格，例如 B2，依次单击【数据】→【排序】命令按钮，打开【排序】对话框。

步骤 2　在【排序】对话框中，【主要关键字】选择"姓名"，右侧的【次序】保持默认的"升序"。单击【选项】按钮，弹出【排序选项】对话框，选择【笔画排序】单选按钮。最后依次单击【确定】按钮关闭对话框，即可完成按笔画排序，如图 6-16 所示。

图 6-15　按笔画排序

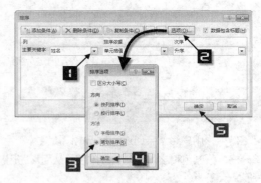

图 6-16　设置按笔画排序

提示

　　Excel 的【笔画排序】规则是首先按字的笔画数多少排列，在笔画数相同的情况下，按照其内码顺序，而非笔画书写顺序进行排列。

6.7 按行排序

素材所在位置为:

素材\第 6 章 数据排序\ 6.7 按行排序.xlsx

Excel 不仅能够按照列的方向进行纵向排序,还可以按行的方向进行横向排序。

如图 6-17 所示,第一行是用来表示月份的列标题,现在需要按"销售额"来对表格排序,操作步骤如下。

图 6-17 按列排序前后的表格

步骤 1 首先选中 B1:M2 单元格区域,依次单击【数据】→【排序】按钮,在弹出的【排序】对话框中,单击【选项】按钮;然后,在弹出的【排序选项】对话框中,单击【方向】区域中的【按行排序】单选按钮;最后单击【确定】按钮关闭对话框,如图 6-18 所示。

步骤 2 此时在【排序】对话框中,关键字列表框的内容都发生了改变。选择【主要关键字】为"行2",【排序依据】为单元格值,次序为升序,单击【确定】按钮关闭对话框,如图 6-19 所示。

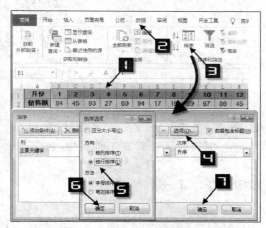

图 6-18 设置排序选项为按行排序

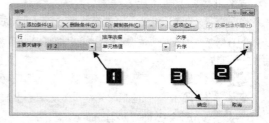

图 6-19 设置主要关键字为"行 2"

 注意

使用按行排序时,不能像按列排序时一样选中整个目标区域。这是因为 Excel 的排序功能中没有"行标题"的概念,如果选中全部数据区域再进行按行排序,包括行标题的数据列也会参与排序。

6.8 返回排序前的状态

素材所在位置为:

素材\第 6 章 数据排序\ 6.8 返回排序前的状态.xlsx

当数据列表进行多次排序后，如果需要将其恢复到排序前的初始状态，仅仅依靠撤销功能会变得非常烦琐，可以通过在排序前预先设置序列号的方法来解决这个问题。

在数据列表的任意相邻列之间插入一列空白列作为辅助列，输入标题，例如"NO."，然后输入连续的序号，如图 6-20 所示。

合同编号	客户姓名	产品分类	金额	出借日	到期日	NO.
TZ00001	吕方	创新类	330	2017/11/2	2018/11/1	1
TZ00002	穆弘	固收类	85	2017/11/2	2018/11/1	2
TZ00101	雷横	固收类	45	2017/11/3	2017/12/2	3
TZ00102	卢俊义	创新类	850	2017/11/3	2020/11/2	4
TZ00103	焦挺	固收类	275	2017/11/3	2018/5/2	5
TZ00401	鲁智深	固收类	160	2017/11/3	2018/5/2	6
TZ00301	扈三娘	固收类	235	2017/11/3	2018/11/2	7
TZ00302	鲍旭	创新类	540	2017/11/3	2018/11/2	8
TZ00104	刘唐	固收类	45	2017/11/3	2018/5/2	9
TZ00303	李立	创新类	160	2017/11/6	2019/11/5	10

图 6-20　添加辅助列

此时，无论对表格如何排序（按行方向排序除外），只要以 A 列为关键字做一次升序排序，即可将数据列表恢复到初始次序。

6.9　利用排序功能制作工资条

素材所在位置为：

素材\第 6 章 数据排序\6.9 利用排序功能制作工资条.xlsx

图 6-21 展示了某公司工资表的部分内容，其中包含 7 名员工的工资明细记录，现在需要根据这张工资表制作工资条。

序号	姓名	职务工资	工龄津贴	合计	签名
1	赵会芳	200	50	250	
2	李厚辉	200	50	250	
3	毕淑华	200	50	250	
4	赖群毅	200	100	300	
5	陈尚武	500	150	650	
6	任继先	500	150	650	
7	李光明	600	200	800	

图 6-21　工资表

用排序功能制作
工资条

操作步骤如下。

步骤 1 在 G2:G8 区域填充数字 1 到 7，然后将该区域的数字复制到 G9:G15 单元格区域。

步骤 2 选中 A1:F1 单元格的列标题区域，按<Ctrl+C>组合键复制，然后单击 A9 单元格，按<Ctrl+V>组合键粘贴。

步骤 3 选中 A8:F8 单元格区域，拖动填充柄向下复制，效果如图 6-22 所示。

步骤 4 单击 G 列任意单元格，依次单击【数据】→【升序】按钮。

步骤 5 删除 G 列辅助列的序号和最后一行多余的行标题，美化格式后即可得到一张合适打印的工资条列表，如图 6-23 所示。

序号	姓名	职务工资	工龄津贴	合计	签名	G
1	赵会芳	200	50	250		1
2	李厚辉	200	50	250		2
3	毕淑华	200	50	250		3
4	赖群毅	200	100	300		4
5	陈尚武	500	150	650		5
6	任继先	500	150	650		6
7	李光明	600	200	800		7
序号	姓名	职务工资	工龄津贴	合计	签名	1
序号	姓名	职务工资	工龄津贴	合计	签名	2
序号	姓名	职务工资	工龄津贴	合计	签名	3
序号	姓名	职务工资	工龄津贴	合计	签名	4
序号	姓名	职务工资	工龄津贴	合计	签名	5
序号	姓名	职务工资	工龄津贴	合计	签名	6
序号	姓名	职务工资	工龄津贴	合计	签名	7

图 6-22　粘贴标题后的效果

序号	姓名	职务工资	工龄津贴	合计	签名
1	赵会芳	200	50	250	
序号	姓名	职务工资	工龄津贴	合计	签名
2	李厚辉	200	50	250	
序号	姓名	职务工资	工龄津贴	合计	签名
3	毕淑华	200	50	250	
序号	姓名	职务工资	工龄津贴	合计	签名
4	赖群毅	200	100	300	
序号	姓名	职务工资	工龄津贴	合计	签名
5	陈尚武	500	150	650	
序号	姓名	职务工资	工龄津贴	合计	签名
6	任继先	500	150	650	
7	李光明	600	200	800	

图 6-23　美化后的工资条列表

 **本章小结**

本章主要介绍了 Excel 2016 的排序功能，用户可以根据需要按行或列、按升序或降序进行排序，也可以使用自定义排序命令。此外，还可以按照单元格内的背景颜色和字体颜色进行排序。

 练习题

1. Excel 在对中文字符进行排序时，默认是按（　　）进行排序的。
   A. 拼音字母　　　　　　　　　　　　　　B. 笔画多少
2. 以下说法正确的是（　　）。
   A. Excel 既能按行排序，也能按列排序　　B. Excel 不能按单元格字体颜色排序

 **上机实验**

新建一个工作簿，输入本班级同学姓名和班级职务，然后添加一组班级职务的自定义序列，再使用排序功能，将其进行升序排列。

第 7 章

数据筛选

本章主要学习 Excel 筛选和高级筛选功能的应用。筛选后的数据列表可以只显示特定条件的行，使用高级筛选功能可以处理条件更为复杂的数据列表筛选。

7.1 筛选

在管理数据列表时，根据某种条件筛选出匹配的数据是一项常见的需求。Excel 内置的"筛选"功能专门用于解决这类问题。

7.1.1 认识筛选

工作表中的普通数据列表，可以使用以下两种方式进入筛选状态。

1. 功能区操作

以图 7-1 所示的数据列表为例，选中列表中任意的一个单元格，单击【数据】选项卡中的【筛选】按钮，即可启用筛选功能。此时，功能区中的【筛选】按钮呈现高亮显示状态，数据列表中所有字段的标题单元格中也出现筛选按钮。

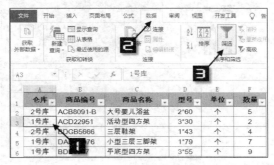

图 7-1 启用筛选功能

数据列表进入筛选状态后，单击每个字段的标题单元格中的下拉箭头，都将弹出下拉菜单，提供有关"排序"和"筛选"的详细选项，不同数据类型的字段所能够使用的筛选选项也不相同，如图 7-2 所示。

在筛选下拉菜单中，通过简单勾选，即可完成筛选。例如，先取消"全选"的勾选，然后勾选"1 号库"，单击【确定】按钮，即可完成以"1 号库"为条件的筛选操作，如图 7-3 所示。

图 7-2 筛选下拉菜单

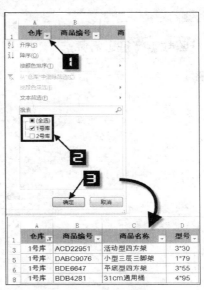

图 7-3 按条件筛选

2. 鼠标快捷菜单

在数据列表中，用鼠标选中某个单元格，可以通过快捷菜单，直接以所选单元格的内容或颜色属性作为筛选条件进行快速筛选。

示例 7-1　按所选单元格背景色进行筛选

素材所在位置为：

素材\第 7 章　数据筛选\示例 7-1　按所选单元格背景色进行筛选.xlsx

以图 7-4 所示的数据列表为例，"评级"字段部分单元格背景色填充为黄色。如果希望在该字段筛选出单元格背景色填充为黄色的所有单元格，可以选中任意一个背景色填充为黄色的单元格，单击鼠标右键，在弹出的快捷菜单中，依次单击【筛选】→【按所选单元格的颜色筛选】命令即可。

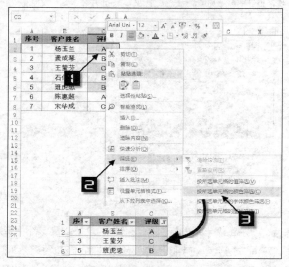

图 7-4　使用右键菜单进行快速筛选

示例结束

7.1.2 | 按照数字特征进行筛选

对于数值型数据字段，筛选下拉菜单中会显示【数字筛选】的相关选项，如图 7-5 所示。

图 7-5　数字筛选相关选项

示例 7-2　快速筛选涨幅前 6 名的股票

素材所在位置为：

素材\第 7 章　数据筛选\示例 7-2　快速筛选涨幅前 6 名的股票.xlsx

图 7-6 所示是一份股票行情表的部分数据，目前已处于筛选状态。现在要求筛选出涨幅前三名的股票信息。操作步骤如下。

单击 E1 单元格的下拉箭头，在弹出的下拉菜单中依次单击【数字筛选】→【前 10 项】命令，弹出【自动筛选前 10 个】对话框。分别设置为"最大""3""项"，单击【确定】按钮关闭对话框，即可筛选出涨幅最高的前三名的股票信息，如图 7-7 所示。

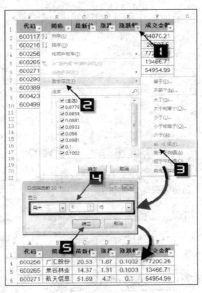

	A	B	C	D	E	F
1	代码	简称	最新价	涨幅	涨跌幅	成交金额
2	600117	西宁特钢	23.53	2.1	0.098	64070.21
3	600216	浙江医药	15.31	1.21	0.0858	26597.5
4	600256	广汇股份	20.53	1.87	0.1002	77200.26
5	600265	景谷林业	14.37	1.31	0.1003	13466.71
6	600271	航天信息	51.69	4.7	0.1	54954.99
7	600290	华仪电气	38.6	2.78	0.0776	12026.27
8	600389	江山股份	22.49	2.01	0.0981	17526.6
9	600423	柳化股份	25.08	2.14	0.0933	25908.08
10	600499	科达机电	22.49	1.82	0.0881	25507.63

图 7-6　股票行情数据表　　　　　图 7-7　设置【自动筛选前 10 个】对话框

示例结束

7.1.3　按照日期特征进行筛选

日期型数据字段的筛选下拉菜单会显示【日期筛选】的相关选项，如图 7-8 所示。

日期筛选有以下特点。

（1）默认状态下，日期分组列表并没有直接显示具体的日期，而是以年、月、日分组后的分层形式显示。

（2）Excel 提供了大量的预置动态筛选条件，将数据列表中的日期和当前日期的比较结果作为筛选条件。

（3）【期间所有日期】菜单下面的命令只按时间段进行筛选，而不考虑年。例如【第 4 季度】表示数据列表中任何年度的第 4 季度。

除了以上的日期筛选选项以外，Excel 还提供了【自定义筛选】的选项。

遗憾的是，虽然 Excel 2016 提供了大量有关日期特征的筛选条件，但仅能用于日期，而不能用于时间。因此，也就没有提供类似于"上午""下午"这样的筛选条件，Excel 筛选功能将时间仅视为数字来处理。

如果希望取消筛选菜单中的日期分组状态，以便按照具体的日期值进行筛选，可以在【文件】选项卡中单击【选项】按钮，在弹出的【Excel 选项】对话框中，切换到【高级】选项卡，在【此工作簿的显示选项】命令组中取消勾选【使用"自动筛选"菜单分组日期】的复选框，单击【确定】按钮，如图 7-9 所示。

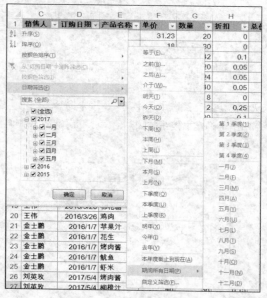

图 7-8　日期型字段的筛选菜单

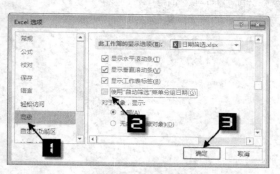

图 7-9　取消筛选菜单中默认的日期分组状态

7.1.4　筛选多列数据

用户可以对数据列表中的任意多列同时指定"筛选"条件。操作方法是，先对数据列表中的某一列设置条件进行筛选，然后在筛选出的记录中对另一列设置条件进行筛选，以此类推。在对多列同时应用筛选时，筛选条件之间是"与"的关系。

示例 7-3　筛选多列数据

素材所在位置为：

素材\第 7 章 数据筛选\示例 7-3　筛选多列数据.xlsx

图 7-10 所示的数据列表已经处于筛选状态，现要求筛选出职务为"销售代表"，工作津贴等于 500 的所有数据。

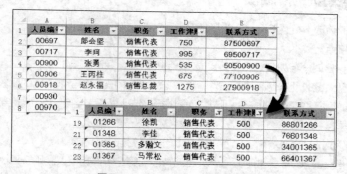

图 7-10　某公司职员工作津贴表

操作步骤如下。

首先筛选出"职务"字段条件为"销售代表"的记录，在筛选出的记录中，再筛选出"工作津贴"字段条件等于 500 的记录即可，如图 7-11 所示。

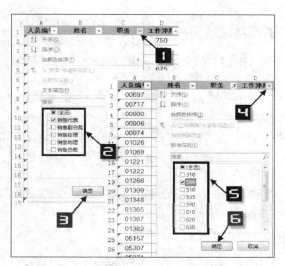

图 7-11　筛选多列数据

7.1.5 取消筛选

如果需要取消对某一列的筛选，例如字段名为"职务"列，可以在该列的筛选列表中选择【（全选）】或单击【从"职务"中清除筛选】按钮，如图 7-12 所示。

如果需要取消数据列表中的所有筛选，可以单击【数据】选项卡中的【清除】按钮，如图 7-13 所示。

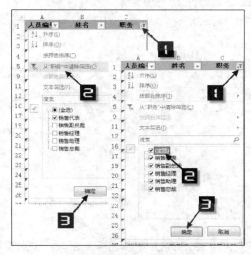

图 7-12　取消指定列的筛选条件

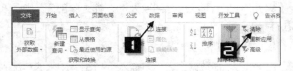

图 7-13　取消工作表中的所有筛选

7.2 高级筛选

Excel 高级筛选功能是筛选功能的升级，它不但包含了筛选的所有功能，而且还可以设置更多更复杂的筛选条件，同时可以将筛选出的结果输出到数据列表外指定的位置。

高级筛选

7.2.1 设置高级筛选的条件区域

单击数据区域的任意单元格，在【数据】选项卡下单击【高级】按钮，可以打开【高级筛选】对话框，如图 7-14 所示。

高级筛选和筛选不同，它要求在一个工作表区域内单独指定筛选条件，并与数据列表的数据分开放置。

一个高级筛选的条件区域至少需要包含两行。

第一行是列标题，通常情况下，列标题应和数据列表中的标题匹配，建议采用复制、粘贴的命令将数据列表中的标题粘贴到条件区域的首行。条件区域并不需要含有数据列表中的所有列的标题，与筛选过程无关的列标题可以不使用。

第二行是筛选条件。筛选条件通常包含具体数据或与数据相连接的比较运算符和通配符。另外，某些包含单元格引用的公式也可以作为筛选条件使用。

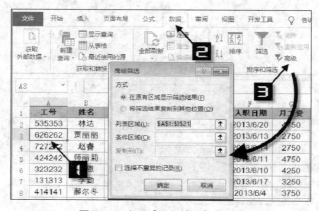

图 7-14　打开【高级筛选】对话框

 提示

当使用【在原有区域显示筛选结果】的筛选方式时，未被筛选的数据行将会被隐藏起来。因此，条件区域的放置位置应该避免与数据区域处于相同的行。

7.2.2 简单条件的高级筛选

以图 7-15 所示数据列表为例，筛选"部门"为财务部的员工名单，并将结果放置于 G～K 列的单元格区域。

操作步骤如下。

步骤 1　在数据列表上方插入 3 行空行用来放置高级筛选的条件，将 A1:A2 单元格区域作为筛选的条件区域。其中，A1 单元格为列标题，需要和数据列表区域的标题一致，A2 单元格为筛选的条件。设置完成后如图 7-16 所示。

步骤 2　单击数据区域中的任意单元格，例如 B6，依次单击【数据】→【高级】命令按钮，弹出【高级筛选】对话框。

步骤 3　在【高级筛选】对话框中，单击【将筛选结果复制到其他位置】单选按钮，再单击【条件区域】右侧的折叠按钮，选择 A1:A2 单元格区域，单击【复制到】编辑框右侧的折叠按钮，然后单击目标起始单元格，如 G4，最后单击【确定】按钮，完成筛选操作，如图 7-17 所示。

图 7-15 员工名单

图 7-16 设置条件区域

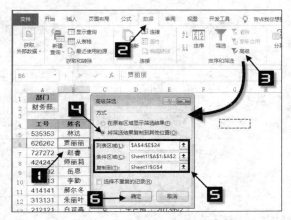

图 7-17 设置【高级筛选】选项

7.2.3 "关系与"条件的高级筛选

"关系与"条件是指条件之间必须是同时满足的并列关系，即各条件之间是"并且"的关系。在使用高级筛选时，条件区域内同一行方向上的多个条件即为"关系与"的条件。

示例 7-4 "关系与"条件的高级筛选

素材所在位置为：

素材\第 7 章 数据筛选\示例 7-4 "关系与"条件的高级筛选.xlsx

以图 7-18 所示的数据列表为例，筛选出"部门"字段为"财务部"且"年终奖金"字段大于 7000 的记录。

	A	B	C	D	E	F
1	姓名	性别	部门	入职日期	月工资	年终奖金
2	林达	男	采购部	2013/6/20	4750	4275
3	贾丽丽	女	财务部	2013/6/13	2750	4702.5
4	赵睿	男	生产部	2013/6/14	2750	4950
5	师丽莉	男	采购部	2013/6/11	4750	5130
6	岳恩	男	生产部	2013/6/10	4250	5737.5
7	李勤	男	生产部	2013/6/17	3250	5850
8	郝尔冬	男	生产部	2013/6/4	3750	6075

图 7-18 年终奖金表

操作步骤如下。

步骤 1 在数据表右侧的 H1:I2 单元格区域分别写入标题名称和用于描述条件的文本和表达式，如图 7-19 所示。

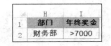

	H	I
1	部门	年终奖金
2	财务部	>7000

图 7-19 设置条件区域

步骤2 单击数据列表中的任意单元格，例如 C5。依次单击【数据】→【高级】命令按钮，弹出【高级筛选】对话框。

单击【将筛选结果复制到其他位置】单选按钮。再单击【条件区域】右侧的折叠按钮，选择 H1:I2 单元格区域。单击【复制到】右侧的折叠按钮，选择 H4 单元格。最后单击【确定】按钮，即可得到筛选结果，如图7-20 所示。

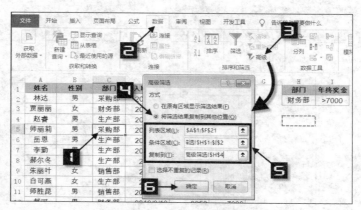

图 7-20 "关系与"条件的高级筛选

示例结束

7.2.4 "关系或"条件的高级筛选

"关系或"条件是指条件和条件之间只需要满足其中之一即可的平行关系，即条件之间是"或"的关系。在使用高级筛选时，条件区域内不在同一行上的条件即为"关系或"条件。

示例 7-5 "关系或"条件的高级筛选

素材所在位置为：
素材\第 7 章 数据筛选\示例 7-5 "关系或"条件的高级筛选.xlsx

以图 7-21 所示的数据列表为例，如果需要筛选出"部门"字段为"财务部"，或是"年终奖金"字段大于 7000 的所有记录。那么，在 H1:I3 单元格输入筛选条件，注意部门和年终奖金两个条件需要存放在不同行内。筛选步骤可参照示例 7-4。

	A	B	C	D	E	F	G	H	I
1	姓名	性别	部门	入职日期	月工资	年终奖金		部门	年终奖金
2	林达	男	采购部	2013/6/20	4750	4275		财务部	
3	贾丽丽	女	财务部	2013/6/13	2750	4702.5			>7000
4	赵睿	男	生产部	2013/6/14	2750	4950			
5	师丽莉	男	采购部	2013/6/11	4750	5130			
6	岳恩	男	生产部	2013/6/10	4250	5737.5			

图 7-21 "关系或"条件的高级筛选

示例结束

7.2.5 使用计算条件的高级筛选

高级筛选的条件区域中，允许使用公式作为自定义的筛选条件。

示例7-6　使用计算条件的高级筛选

素材所在位置为：

素材\第 7 章 数据筛选\示例 7-6 使用计算条件的高级筛选.xlsx

图 7-22 所示的表格是一张员工考核表，现在需要筛选出理论和业务平均成绩大于等于 60 的记录。

设置筛选条件区域时，需要留出一个空白的条件标题行，然后在第二行内输入公式：

`=AVERAGE(理论,业务)>=60`

设置效果及筛选结果如图 7-23 所示。

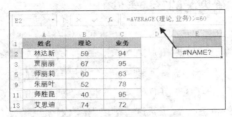

图 7-22　员工考核表　　　　图 7-23　使用计算条件的高级筛选

当条件公式需要对数据列表中的字段进行引用时，可以直接引用字段标题，如上面公式中的"理论"和"业务"，也可以引用字段名称下方第 1 条记录的单元格地址，如下面公式中的 B2 和 C2 单元格。

`=AVERAGE(B2,C2)>=60`

注意

（1）当筛选条件的公式返回逻辑值 TRUE 时，即满足筛选条件。

（2）条件公式的作用只是为了指明字段中的筛选条件，它的引用方式不同于真正的函数公式的引用方式，因此其计算结果没有实际意义，即便返回错误值也不影响筛选结果。

（3）使用公式作为筛选条件，所对应的条件区域的首行不能使用字段名称，可以输入其他内容或者为空白单元格。

示例结束

7.2.6　筛选不重复值

素材所在位置为：

素材\第 7 章 数据筛选\ 7.2.6 筛选不重复值.xlsx

删除重复值是用户在处理数据时经常碰到的问题，Excel 提供了多种方法来解决这类问题。其中，使用"高级筛选"功能来得到数据列表中的不重复值记录也是一个很好的选择。

以图 7-24 所示的数据列表为例，筛选出表中不重复的数据并复制到 G～K 列单元格区域中。

操作步骤如下。

步骤 1　单击数据列表中的任意一个单元格，依次单击【数据】→【高级】命令按钮，弹出【高级筛选】对话框。

步骤 2　在【高级筛选】对话框中，选中【将筛选结果复制到其他位置】单选按钮，单击【复制到】折叠按钮，选择 G1 单元格，勾选【选择不重复的记录】复选框，最后单击【确定】按钮，如图 7-25 所示。

货主名称	货主地址	货主城市	货主地区	货主邮政编码
陈先生	长江老路 30 号	天津	华北	
陈先生	长江老路 30 号	天津	华北	
陈先生	长江老路 30 号	天津	华北	
李小姐	广安南街 82 号	大连	东北	
李小姐	广安南街 82 号	大连	东北	
张小姐	广惠东路 38 号	厦门	华南	
张小姐	广惠东路 38 号	厦门	华南	
张小姐	广渠北路 82 号	石家庄	华北	
张小姐	广渠北路 82 号	石家庄	华北	
陈先生	和安路 82 号	大连	东北	
陈先生	和安路 82 号	大连	东北	

货主名称	货主地址	货主城市	货主地区	货主邮政编码
陈先生	长江老路 30 号	天津	华北	
李小姐	广安南街 82 号	大连	东北	
张小姐	广惠东路 38 号	厦门	华东	
张小姐	广渠北路 82 号	石家庄	华北	
陈先生	和安路 82 号	大连	东北	
余小姐	和平路 382 号	长春	东北	
余小姐	淮河路 348 号	南京	华东	
杜先生	黄石岗路 240 号	天津	华北	

图 7-24　筛选不重复记录

图 7-25　设置【高级
筛选】对话框

7.2.7 精确匹配的筛选条件

素材所在位置为：

素材\第 7 章 数据筛选\7.2.7 精确匹配的筛选条件.xlsx

在图 7-26 所示的数据列表中筛选"款式号"字段为"A00580807"的记录，如果直接在条件区域内的条件单元格输入"A00580807"，并不能得到所希望的筛选结果。

这样设置条件进行"高级筛选"后的结果不仅包含了"款式号"为"A00580807"的记录，也包含了"款式号"为"A00580807LL""A00580807-B"等记录，如图 7-27 所示。

款式号			
A00580807			
款式号	**数量**	**单价**	**金额**
A00580807	47	61.97	2912.42
A00580807LL	78	55.58	4335.22
A00580807-A	121	13.92	1684.38
A00580807	74	61.97	4585.51
A00580807-B	62	59.59	3694.73
A00580807	83	61.97	5143.21
A00580807	19	61.97	1177.36
A00573202	77	39.76	3061.54
A00573202-A	37	90.41	3344.99
A00573202-B	138	66.81	9219.44

图 7-26　产品销售表

款式号			
A00580807			
款式号	**数量**	**单价**	**金额**
A00580807	47	61.97	2912.42
A00580807LL	78	55.58	4335.22
A00580807-A	121	13.92	1684.38
A00580807	74	61.97	4585.51
A00580807-B	62	59.59	3694.73
A00580807	83	61.97	5143.21
A00580807	19	61.97	1177.36

图 7-27　错误的筛选结果

要设置精确匹配的筛选条件，可以先把筛选条件所在单元格的格式设置为文本，再输入"=A00580807"。此外，也可以直接输入公式：

="=A00580807"

正确设置后，再次进行高级筛选即可，结果如图 7-28 所示。

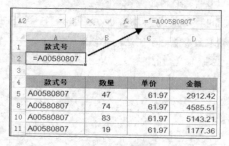

款式号			
=A00580807			
款式号	**数量**	**单价**	**金额**
A00580807	47	61.97	2912.42
A00580807	74	61.97	4585.51
A00580807	83	61.97	5143.21
A00580807	19	61.97	1177.36

图 7-28　正确的条件设置和筛选结果

7.2.8 将筛选结果输出到其他工作表

素材所在位置为:

素材\第 7 章 数据筛选\ 7.2.8 将筛选结果输出到其他工作表.xlsx

高级筛选允许将数据列表的筛选结果复制到其他工作表,但需要在目标工作表中执行高级筛选操作。

如图 7-29 所示,当前工作簿包含了"数据表"和"结果表"两张工作表,数据源区域位于"数据表"工作表中,需要筛选"账户 2"的所有记录存放到"结果表"工作表。

操作步骤如下。

步骤 1 切换到"结果表"工作表,依次单击【数据】→【高级】命令按钮,打开【高级筛选】对话框,如图 7-30 所示。

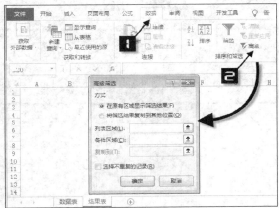

图 7-29 包含了两张工作表的工作簿　　　　图 7-30 激活"结果表"后打开【高级筛选】对话框

步骤 2 在【高级筛选】对话框中,单击【将筛选结果复制到其他位置】单选按钮。单击【列表区域】编辑框右侧的折叠按钮,选中"数据表"工作表的 A4:F24 单元格区域。单击【条件区域】编辑框右侧的折叠按钮,选中"数据表"工作表的 A1:A2 单元格区域。单击【复制到】编辑框右侧的折叠按钮,选择当前工作表的 A1 单元格,最后单击【确定】按钮,完成筛选操作,如图 7-31 所示。

图 7-31 【高级筛选】对话框

 注意

如果要将高级筛选的结果存放到其他工作表中,必须要在存放筛选结果的目标工作表中执行高级筛选操作。

 本章小结

本章主要介绍了 Excel 筛选和高级筛选功能的应用。筛选数据列表可以只显示特定条件的行。通过设置条件区域,高级筛选可以处理复杂条件的数据列表筛选,可以处理"关系或""关系与"等多种筛选条件,也支持使用公式构建条件表达式,以完成更为复杂的条件筛选。除此之外,高级筛选还可以将筛选结果输出到指定区域,方便数据的提取和再加工。

练习题

1. 【筛选】命令按钮位于____选项卡下。

2. 【筛选】和【高级筛选】支持通配符____和____的使用。

3. 以下说法正确的是（　　）。

    A.【筛选】不能针对单元格背景色进行筛选

    B.【高级筛选】可以将筛选结果输出到数据列表所在工作表以外的其他工作表

上机实验

1. 根据"素材\第7章　数据筛选\作业1.xlsx"提供的数据列表，筛选出不重复的客户名单，并放置于C列。

2. 根据"素材\第7章　数据筛选\作业2.xlsx"提供的数据列表，筛选出财务部的男性人员记录。

第 8 章

公式和函数

　　公式与函数是 Excel 功能的核心组成部分之一，在使用 Excel 进行数据处理与分析过程中具有非常重要的作用。本章将详细介绍 Excel 公式与函数在数据处理与分析中的应用，包括数据整理、分析与统计以及预测等方面的常用知识和技巧。

8.1 公式和函数基础

理解并掌握公式与函数的基础知识，例如公式与函数的定义、单元格引用、公式中的运算符、数组概念等，有助于快速、高效地学习和运用公式与函数解决实际问题。

8.1.1 什么是公式和函数

在 Excel 中，公式是以"="为引导，通过运算符按照一定的顺序组合进行数据运算处理的等式，函数则是 Excel 内部预先定义并按照特定的顺序和结构来执行计算、分析等数据处理任务的功能模块。Excel 函数可以看作是一种特殊的公式。从广义角度讲，函数也是一种公式。

使用公式能够有目的地计算结果或根据计算结果改变所作用单元格的条件格式、设置规划求解模型等。输入到单元格中的公式包含以下 5 种元素。

（1）运算符：是指一些运算符号，例如，加、减、乘、除等。

（2）单元格引用：包括命名的单元格和范围，可以是当前工作表或其他工作簿所属工作表的单元格。

（3）值或字符串：例如，数字 8 或字符"A"。

（4）工作表函数和参数：例如，SUM 函数以及它的参数。

（5）括号：控制着公式中各表达式的计算顺序。

8.1.2 公式中的运算符

运算符是构成公式的基本要素之一，每个运算符分别代表一种运算。Excel 包含 4 种类型的运算符，分别是：算术运算符、比较运算符、文本运算符和引用运算符。

算术运算符：主要包括加、减、乘、除、百分比以及乘幂等各种常规的算术运算。

比较运算符：用于比较数据的大小，包括对文本和数值的比较。

文本运算符：文本运算符&，主要用于将多个字符或字符串进行连接合并。

引用运算符：这是 Excel 特有的运算符，主要用于产生单元格引用。

与常规的数学计算式运算相似，Excel 所有的运算符也有运算优先级。当公式中同时用到多个运算符时，Excel 将按表 8-1 所示的顺序进行运算。

表 8-1　　　　　　　　　　　　　公式中运算符的优先顺序

优先顺序	符号	说明
1	:（空格）,	引用运算符：冒号、单个空格和逗号
2	–	算术运算符：负号（取得与原值正负号相反的值，注意和减法区别）
3	%	算术运算符：百分比
4	^	算术运算符：乘幂
5	*和/	算术运算符：乘和除
6	+和–	算术运算符：加和减
7	&	文本运算符：连接文本
8	=,<,>,<=,>=,<>	比较运算符：比较两个值的大小

在默认情况下，Excel 中的公式将依照上述的顺序进行运算，例如以下公式：

=9--2^4

该公式的结果并不等于公式：

=9+2^4

根据优先级，最先进行的是代表负号的 "–" 与 "2" 进行负数运算，然后是 "^" 与 "4" 进行乘幂运算，最后才是与代表减号的 "–" 与 "9" 进行减法运算。事实上，该公式等价于以下公式：

```
=9-(-2^4)
```

计算结果为-7。

如果需要人为改变公式的运算顺序，可以使用小括号提高运算的优先级。如果在公式中使用多组括号进行嵌套，其计算顺序是由最内层的括号逐级向外进行运算。

8.1.3　公式中的数据类型

在 Excel 公式中，数据可以分为文本、数值、逻辑值和错误值等几种类型。

（1）文本在公式中使用时需用一种半角双引号（""）所包含的内容表示。例如，在单元格中以公式的形式输入 "ExcelHome 技术论坛"：

```
="ExcelHome 技术论坛"
```

（2）日期和时间是数值的特殊表示形式，可以直接用于数学运算，例如，计算今天距离本年最后一天还有多少天，可以使用公式：

```
="12-31"-TODAY()
```

（3）逻辑值只有 TRUE 和 FALSE 两种。在 Excel 公式运算中，逻辑值和数值的关系如下。

① 在数学运算中，TRUE 等同于 1，FALSE 等同于 0。例如，公式：=TRUE+1，结果为 2；公式：=FALSE+1，结果为 1。

② 在逻辑判断中，0 等同于 FALSE，所有非 0 的数值都等同于 TRUE。

（4）错误值主要有#VALUE!、#DIV/0!、#NAME?、#N/A、#REF!、#NUM!、#NULL!等类型，其含义如表 8-2 所示。

表 8-2　　　　　　　　　　　　　　　　　8 种错误值及其含义

错误值类型	含义
#####	当列宽不够显示数字或使用了负的日期或负的时间时出现错误
#VALUE!	当使用的参数或操作数类型错误时出现错误
#DIV/0!	当数字被零（0）除时出现错误
#NAME?	当函数或公式中使用了不能识别的自定义名称时出现错误
#N/A	当查询类函数无法查询到正确的结果时出现错误
#REF!	当单元格引用无效时出现错误
#NUM!	公式或函数中使用无效数字值时出现错误
#NULL	当用交叉运算符（空格）表示两个引用单元格或区域的交叉区域时，被计算的两个区域并不存在交叉的交点，出现错误

除了错误值以外，文本、数值与逻辑值比较时大小顺序为：

……-2、-1、0、1、2……文本、逻辑值 FALSE、逻辑值 TRUE，错误值不参与排序。

 注意

数字与数值是两个不同的概念，数字允许以数值和文本两种形式储存。事先设置了单元格格式为 "文本" 再输入数字或先输入撇号再输入数值，以及用文本类函数得出的数字，都将作为文本形式储存。

8.1.4 认识单元格引用

单元格是工作表的最小组成元素，以左上角第一个单元格为原点，向下向右分别为行、列坐标的正方向，由此构成单元格在工作表上所处位置的坐标集合。在公式中使用坐标的方式表示单元格在工作表中的"地址"，实现对存储于单元格中数据的调用，这种方法称为单元格引用。

1. A1 引用样式和 R1C1 引用样式

（1）A1 引用样式

在默认情况下，Excel 使用 A1 引用样式，即使用字母 A～XFD 表示列标，用数字 1～1048576 表示行号，单元格地址由列标和行号组合而成。例如，C5 单元格，即是指位于第 C 列和第 5 行交叉处的单元格。

（2）R1C1 引用样式

如图 8-1 所示，单击【文件】选项卡中的【选项】按钮，切换到【公式】选项卡，在【使用公式】区域中勾选【R1C1 引用样式】复选框，单击【确定】按钮可以启用 R1C1 引用样式。

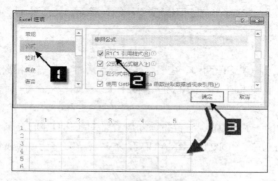

图 8-1　启用 R1C1 引用样式

在 R1C1 引用样式中，Excel 的行号和列号都使用数字表示。例如，R2C3 单元格，即是指第 2 行和第 3 列交叉处的单元格。其中字母"R""C"分别是英文"ROW"（行）、"COLUMN"（列）的首字母。R2C3 也就是 A1 引用样式中的 C2 单元格。

2. 相对引用、绝对引用和混合引用

在公式中，引用具有以下关系，例如，在 A1 单元格输入公式"=B1"，那么 B1 就是 A1 的引用单元格，A1 就是 B1 的从属单元格。

从属单元格和引用单元格之间的位置关系被称为单元格引用的相对性，分为 3 种不同的引用方式，即相对引用、绝对引用和混合引用。

（1）相对引用

图 8-2 所示的表格为某公司员工销售数据，现在需要统计每个员工的销售总额。

在 D2 单元格输入公式：

=B2+C2

该公式可以得出 A2 单元格中员工的销售总额。选中 D2 单元格，鼠标移至单元格右下角，双击十字形填充柄，即可将该公式填充到 D2:D10 单元格区域，得出每一位员工的销售总额。

由上例可以发现，D 列的单元格公式在复制或填充的过程中，公式的内容发生了改变，公式中的两个单元格引用地址 B2 和 C2 随着公式所在位置的不同而自动改变，例如，B3+C3、B4+C4、B5+C5 等。

这种随着公式所在位置不同而改变单元格引用地址的方式被称为"相对引用"，相对引用的从属单元格与引用单元格的相对位置（行列距离）是保持不变的，这种特性极大地方便了公式在不同区域范围内的重复利用。

（2）绝对引用

当复制或填充公式到其他单元格时，Excel 保持公式所引用的单元格绝对位置不变，称为绝对引用。

例如，在 B2 单元格输入公式：=$A$2，则无论公式向右还是向下复制，都始终保持=$A$2 不变。

示例 8-1　使用相对引用和绝对引用调整商品售价

素材所在位置为：

素材\第 8 章 公式和函数\示例 8-1 使用相对引用和绝对引用调整商品售价.xlsx

图 8-3 所示是某企业商品售价表的部分内容，由于原材料上涨,需要在现有售价基础上，根据 G2 单元格中的上调金额，计算调整后的售价。

	A	B	C	D
1	姓名	1月份	2月份	总金额
2	林可达	4675	5455	10130
3	贾丽丽	5863	3216	9079
4	赵立睿	5280	4802	10082
5	师丽莉	4455	5480	9935
6	岳同恩	4199	5011	9210
7	李休勤	4998	3597	8595
8	郝尔冬	3184	5627	8811
9	朱丽叶	5604	3388	8992
10	白可燕	4733	5071	9804

图 8-2　员工销售数据

	A	B	C	D	E	F	G
1	产品名称	规格型号	颜色	售价			上调金额
2	CCD色选机	CCS-192	绿色	69000			100
3	CCD色选机	CCS-160	黑色	38200			
4	CCD色选机	CCS-192	绿色	68000			
5	CCD色选机	CCS-256	黑色	63000			
6	CCD色选机	CCS-256	黑色	62100			
7	CCD色选机	CCS-160	黑色	39000			
8	光电色选机	MMS-94A4	黑色	16900			
9	光电色选机	MMS-120A4	白色	29000			
10	光电色选机	MMS-168A4	绿色	67200			
11	光电色选机	MMS-94A4	黑色	19000			

图 8-3　上调商品售价

操作步骤如下。

在 E2 单元格输入以下公式，向下复制到 E11 单元格。

=D2+$G$2

由于每种产品的原有售价不同，所以 D 列数据使用相对引用，而上调金额标准所在单元格 G2 是固定的，因而使用绝对引用$G$2。

示例结束

（3）混合引用

当复制公式到其他单元格时，Excel 仅保持所引用单元格的行或者列方向之一的绝对位置不变，而另一个方向的位置发生改变，被称为混合引用。混合引用又分为行相对、列绝对引用，以及行绝对、列相对引用。

例如，在 B2 单元格输入公式：=$A2，则公式向右复制时始终保持为=$A2 不变，向下复制时行号发生改变，例如$A3、$A4……等，即为行相对、列绝对引用。

为了便于理解，可以将符号"$"看成一把锁，列号 A 之前加上了"$"，相当于把列标"A"锁住，向右复制时，列号不会改变；向下复制时，由于行号之前没有使用绝对引用符号"$"，因而行号会变化递增为 3、4……

（4）快速切换不同的引用类型

虽然使用不同的引用方式可以通过手工输入"$"来进行设置，但较为烦琐。使用<F4>功能键，可以在 4 种引用类型中循环切换，其顺序如下：

绝对引用→行绝对列相对引用→行相对列绝对引用→相对引用

在 A1 单元格输入公式：=B2，依次按<F4>键后，引用方式变为：

$B$2→B$2→$B2→B2

3.　多单元格和区域的引用

如果需要对多个单元格或区域进行引用，通常会用到引用运算符。Excel 中所定义的引用运算符有以下三类：

（1）区域运算符（冒号）：通过冒号连接前后两个单元格地址，表示引用一个矩形区域。冒号两端的两个单元格分别是引用区域的左上角和右下角单元格。

例如，B2:C6 的引用区域为图 8-4 所示的矩形区域。

（2）联合运算符（逗号）：在函数参数中使用逗号连接前后多个单元格或区域，即表示引用多个区域共同所组成的联合区域。多个单元格或区域之间可以是连续的，也可以是相对独立的非连续区域。

如图 8-5 所示，在 F1 单元格输入以下公式：

`=SUM(B2:B10,D2:D10)`

即表示对 B2:B10 与 D2:D10 两个区域所组成的联合区域进行求和运算。

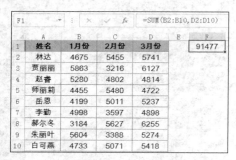

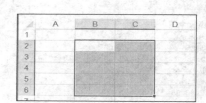

图 8-4　B2:C6 的引用区域　　　　　　　　图 8-5　联合区域

（3）交叉运算符（空格）：通过空格连接前后两个单元格区域，表示引用这两个区域的重合部分。

如图 8-6 所示，在 D1 单元格输入以下公式：

`=SUM(B1:B9 A5:C6)`

即表示对 B1:B9 和 A5:C6 的交叉区域，也就是 B5:B6 单元格进行求和运算。此方法在实际应用中并不多见，仅作了解即可。

图 8-6　交叉引用

8.2　Excel 函数的概念和结构

Excel 的工作表函数是由 Excel 内部预先定义并按照特定的顺序和结构来执行计算、分析等数据处理任务的功能模块。Excel 函数具有唯一的名称且不区分大小写，每个函数都有特定的功能和用途。

8.2.1　函数的结构

完整的函数通常由表示公式开始的等号、函数名称、左括号、以半角逗号相间隔的参数和右括号构成。

部分函数允许多个参数，如 SUM(A1:A10,C1:C10)使用了两个参数。另外也有一些函数没有参数或可省略参数，例如，NOW 函数、RAND 函数、PI 函数等没有参数，仅由等号、函数名称和一对括号组成。

ROW 函数、COLUMN 函数用于返回参数单元格的行号或列号，如果参数省略，则返回公式所在单元格的行号、列标数字。

函数的参数由数值、日期和文本等元素组成，可以使用常量、数组、单元格引用或其他函数。当使用函数作为另一个函数的参数时，称为嵌套函数。

图 8-7 所示是常见的使用 IF 函数判断正数、负数和零的公式，其中，第 2 个 IF 函数是第 1 个 IF 函数的嵌套函数。

图 8-7　函数的结构

8.2.2　可选参数与必需参数

一些函数可以仅使用其部分参数，例如，SUM 函数可支持 255 个参数，其中，第 1 个参数为必需参数，不能省略，而第 2 个至 255 个参数都可以根据需要选择是否省略。在函数语法中，可选参数一般用一对方括号 "[ ]" 包含起来，当函数有多个可选参数时，可从右向左依次省略参数，如图 8-8 所示。

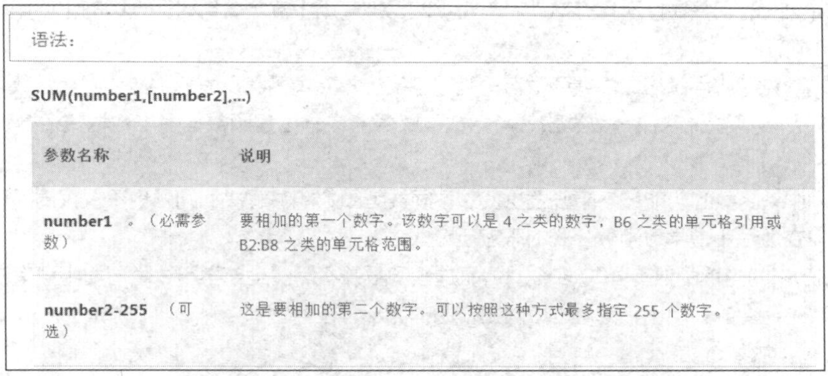

语法：	
SUM(number1,[number2],...)	
参数名称	**说明**
number1 。（必需参数）	要相加的第一个数字。该数字可以是 4 之类的数字，B6 之类的单元格引用或 B2:B8 之类的单元格范围。
number2-255 （可选）	这是要相加的第二个数字。可以按照这种方式最多指定 255 个数字。

图 8-8　SUM 函数的帮助文件

此外，在公式中有些参数可以省略参数的值，仅在前一参数后使用逗号来保留参数的位置，这种方式称为 "省略参数的值" 或 "简写"，常用于代替逻辑值 FALSE、数值 0 或空文本等参数值。

8.2.3　函数的作用与分类

函数具有简化公式、提高编辑效率的特点，可以执行使用其他方式无法实现的数据汇总任务。

某些简单的计算可以通过自行设计的公式完成，例如，可以使用以下公式对 A1:A3 单元格求和：

=A1+A2+A3

但如果要对 A1～A100 或者更大范围的单元格区域求和，逐个单元格相加的做法将变得无比繁杂、低效而且容易出错。使用 SUM 函数则可以大大简化这些公式，使之更易于输入、查错和修改。以下公式可以得到 A1～A100 单元格的和。

=SUM(A1:A100)

其中，SUM 是求和函数，A1:A100 是需要求和的区域，表示对 A1:A100 单元格区域执行求和计算。用户可以根据实际数据情况，将求和区域写成多行多列的单元格区域引用。

此外，有些函数的功能是自编公式无法完成的，例如，使用 RAND 函数，可以产生大于等于 0 并且小于 1 的随机值。

使用函数公式对数据汇总，相当于在数据之间搭建了一个关系模型，当数据源中的数据发生变化时，无需对函数公式再次编辑，即可实时得到最新的计算结果。同时，可以将已有的函数公式快速应用到具有相同数据结构和运算规则的新数据源中。

在 Excel 函数中，函数根据来源的不同可分为以下 4 类。

（1）内置函数

内置函数是只要启动了 Excel 就可以使用的函数，是使用最为广泛的一类函数，也是本章重点学习的内容。

（2）扩展函数

扩展函数是指必须通过加载宏才能正常使用的函数。例如，EDATE 函数、EOMONTH 函数等在 Excel 2003 版本中使用时必须先加载"分析工具库"，自 Excel 2007 版本开始已转为内置函数，可以直接调用。

（3）自定义函数

自定义函数是指使用 VBA 代码进行编制并实现特定功能的函数，这类函数存放于 VB 编辑器的"模块"中。

（4）宏表函数

宏表函数是早期的 Excel 4.0 函数，需要通过定义名称或在宏表中使用，其中，多数函数已逐步被内置函数和 VBA 功能所替代。

自 Excel 2007 版开始，需要将包含有自定义函数或宏表函数的文件保存为"启用宏的工作簿(.xlsm)"或"二进制工作簿(.xlsb)"，并在首次打开文件后单击【宏已被禁用】安全警告对话框中的【启用内容】按钮，否则宏表函数将不可用。

根据函数的功能和应用领域，内置函数可分为以下类型：文本函数、信息函数、逻辑函数、查找和引用函数、日期和时间函数、统计函数、数学和三角函数、财务函数、工程函数、多维数据集函数、兼容性函数、Web 函数等。

在实际应用中，函数的功能被不断开发挖掘，不同类型函数能够解决的问题也不仅仅局限于某个类型。函数的灵活性和多变性也正是学习函数公式的乐趣所在。

Excel 2016 中的内置函数有 400 多个，但是这些函数并不需要全部学习，掌握使用频率较高的几十个函数以及这些函数的组合嵌套使用，就可以应对工作中的大部分任务。

8.2.4 函数的输入与编辑

熟悉输入、编辑函数的方法，同时善于利用帮助文件查看函数的使用规则，将有助于函数的学习和理解。

1. 使用【自动求和】按钮插入函数

素材所在位置为：

素材\第 8 章 公式和函数\8.2.4 使用【自动求和】按钮插入函数.xlsx

许多用户都是从"自动求和"功能开始接触函数和公式的，在【公式】选项卡下有一个图标为 Σ 的【自动求和】按钮，在【开始】选项卡【编辑】命令组中也有此按钮，如图 8-9 所示。

默认情况下，单击【自动求和】按钮或者按<Alt+=>组合键将插入用于求和的 SUM 函数。单击【自动求和】按钮右侧的下拉按钮，可以看到下拉列表中包括求和、平均值、计数、最大值、最小值和其他函数 6 个选项，如图 8-10 所示。

单击【其他函数】之外的 5 个按钮时，Excel 将智能地根据所选取单元格区域和数据情况，自动选择公式统计的单元格范围，以实现快捷输入。

如图 8-11 所示，选中 B2:E11 单元格区域，单击【公式】选项卡下的【自动求和】按钮，或是按<Alt+=>组合键，Excel 将对该区域的每一行和每一列数据分别进行求和。

在下拉列表中单击【其他函数】按钮时，将打开【插入函数】对话框，用户可以在该对话框中选择更多的函数类型，如图 8-12 所示。

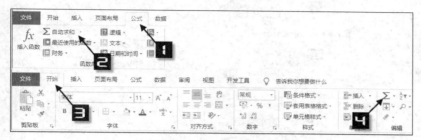

图 8-9 【自动求和】按钮

图 8-10 【自动求和】按钮选项

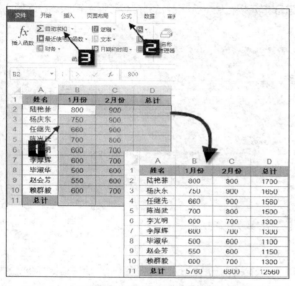

图 8-11 对多行多列同时求和

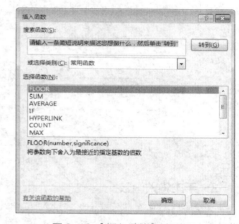

图 8-12 【插入函数】对话框

2. 使用"插入函数"向导搜索函数

用户可以使用"插入函数"向导选择或搜索所需函数，以下两种常用方法均可打开【插入函数】对话框。

（1）单击【公式】选项卡上的【插入函数】按钮，如图 8-13 所示。

（2）单击编辑栏左侧的【插入函数】按钮，如图 8-14 所示。

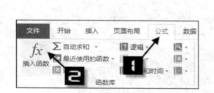

图 8-13 【插入函数】按钮

图 8-14 【插入函数】按钮

如图 8-15 所示，在【搜索函数】编辑框中输入关键字"最小值"，单击【转到】按钮，对话框中将显示"推荐"的函数列表，选择需要使用的函数后，单击【确定】按钮，即可插入该函数并切换到【函数参数】对话框。

图 8-15　搜索函数

【函数参数】对话框主要由函数名、参数编辑框、函数简介及参数说明和计算结果等几部分组成。参数编辑框内允许直接输入参数或是单击右侧折叠按钮来选取单元格区域，编辑框右侧将实时显示输入参数的值，如图 8-16 所示。

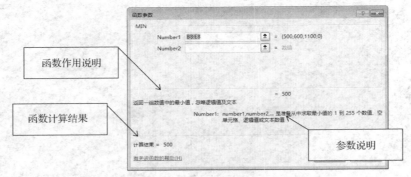

图 8-16　【函数参数】对话框

3. 手工输入函数

Excel 2016 中有"公式记忆式键入"功能，用户输入公式时可以出现备选列表，帮助用户自动完成公式。如果知道所需函数名的全部或开头部分字母，则可直接在单元格或编辑栏中手工输入函数。

当用户编辑或输入公式时，Excel 会自动显示以输入的字符开头的函数或已定义的名称、"表格"名称以及"表格"的相关字段名下拉列表。

函数名称不区分大小写。例如，在英文输入状态下输入"=su"后，Excel 将自动显示所有以"SU"开头的函数名称扩展下拉菜单。通过在扩展下拉菜单中移动上、下方向键或鼠标选择不同的函数，其右侧将显示该函数功能提示，双击鼠标或者按<Tab>键可将此函数添加到当前的编辑位置，既提高了输入效率，又确保输入函数名称的准确性。

随着进一步输入，扩展下拉菜单将逐步缩小范围，如图 8-17 所示。

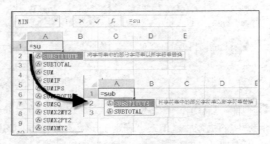

图 8-17　公式记忆式键入

用户在单元格中或编辑栏中编辑公式时，正确完整地输入函数名称及左括号后，编辑位置附近会自动出现悬浮的【函数屏幕提示】工具条，可以帮助用户了解函数语法中参数名称、可选参数或必需参数等，如图 8-18 所示。

提示信息中包含了当前输入的函数名称及完成此函数所需要的参数，并对当前光标所在位置的参数加粗字体显示。如果公式中已经填入了函数参数，单击【函数屏幕提示】工具条中的某个参数名称时，编辑栏中会自动选择该参数所在部分，并以灰色背景突出显示，如图 8-19 所示。

图 8-18　手工输入函数时的提示信息

图 8-19　快速选择函数参数

8.2.5　检查函数出错原因

在使用函数公式完成计算后，需要对计算结果进行必要的验证。如果计算结果和预期结果不符，就要检查公式运算是否存在逻辑错误或是检查函数参数的设置是否有误。通常情况下，可以借助<F9>键分步查看运算结果或是通过查看 Excel 帮助文件来检查函数的参数设置是否正确。

1. 使用<F9>键查看运算结果

素材所在位置为：

素材\第 8 章　公式和函数\ 8.2.5　使用<F9>键查看运算结果.xlsx

在公式编辑状态下，选择全部公式或其中的某一部分，按<F9>键可以单独计算并显示该部分公式的运算结果。选择公式段时，必须包含一个完整的运算对象，例如选择一个函数时，则必须选中整个函数名称、左括号、参数和右括号，选择一段计算式时，要包含该计算式的所有的组成元素。

如图 8-20 所示，在编辑栏选中公式中的"C2:C8"部分，按下<F9>键之后，将显示出 C2:C8 单元格中的每个元素。

按<F9>键计算时，对空单元格的引用将识别为数值 0。查看完毕，可以按<Esc>键恢复原状，也可以单击编辑栏左侧的【取消】按钮。

图 8-20　按<F9>键查看部分运算结果

2. 通过帮助文件理解 Excel 函数

Excel 2016 中没有本地帮助文件，如果单击【函数屏幕提示】工具条上的函数名称，将以系统默认浏览器打开【Office 支持】的网页，提供该函数的帮助信息，如图 8-21 所示。

图 8-21　获取函数帮助信息

帮助文件中包括函数的说明、语法、参数以及简单的函数示例，尽管帮助文件中的函数说明有些还不够透彻，甚至有部分描述是错误的，但仍然不失为学习函数公式的好帮手。

除了单击【函数屏幕提示】工具条上的函数名称，使用以下方法也可以查看函数帮助文件。

（1）在公式中输入函数名称后按<F1>键，将打开 Office 支持网页。

（2）在【插入函数】对话框中单击选中函数名称，再单击右下角的【有关该函数的帮助】，将跳转到 Office 支持网页，如图 8-22 所示。

图 8-22　在【插入函数】对话框中打开帮助文件

8.2.6　函数的自动重算和手动重算

Excel 工作簿中的公式运算方式默认为自动重算，当用户对单元格数据进行编辑时，公式会执行重新计算得到最新的计算结果。

当工作簿中使用了大量公式时，在录入数据期间因不断重新计算会导致系统运行缓慢。通过设置 Excel 重新计算公式的时间和方式，可以避免不必要的公式重算，减少对系统资源的占用，设置方式如下。

如图 8-23 所示，在【Excel 选项】对话框【公式】选项卡【计算选项】区域中，单击【手动重算】单选钮，并根据需要勾选或取消【保存工作簿前重新计算】复选框，单击【确定】按钮退出对话框。

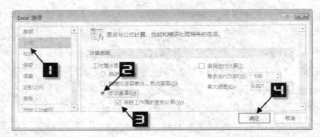

图 8-23　【Excel 选项】设置手动计算选项

此外，单击【公式】选项卡【计算选项】下拉按钮，在下拉菜单中单击【手动】命令，也可以更改公式运算方式为【手动】，如图 8-24 所示。

图 8-24　【公式】选项卡设置【计算选项】

当工作簿设置为手动重算时，可以按<F9>功能键重新计算所有打开的工作簿中的公式。

8.3　认识名称

素材所在位置为：

素材\第 8 章　公式和函数\8.3 认识名称.xlsx

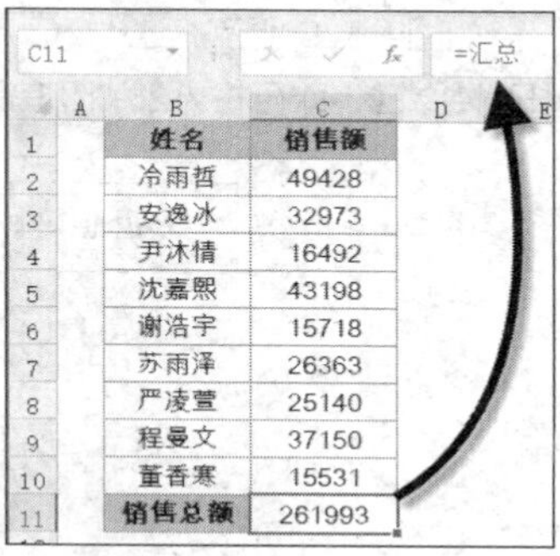

如图 8-25 所示，C11 单元格中的总分计算公式并没有使用函数或是单元格引用，而仅仅使用了"=汇总"，这里的"汇总"就是自定义的名称。

8.3.1 名称的概念

名称是一类较为特殊的公式，多数名称是由用户预先自行定义，但不存储在单元格中的公式。也有部分名称可以在创建表格、设置打印区域等操作时自动产生。

名称也是以等号"="开头，组成元素可以是常量数据、常量数组、单元格引用或是函数公式等，已定义的名称可以在其他名称或公式中调用。

创建名称可以通过模块化的调用，使公式变得更加简洁。在高级图表制作时，创建名称可以生成动态的数据源，是制作动态图表时必要的步骤之一。

部分宏表类函数不能在工作表中直接使用，也需要先定义为名称才能应用到公式中。

图 8-25　使用自定义名称

8.3.2 创建名称

素材所在位置为：
素材\第 8 章 公式和函数\ 8.3.2 创建名称.xlsx

以下四种方式都可以创建名称。

方法1　使用【定义名称】命令创建名称。

单击【公式】选项卡下的【定义名称】按钮，弹出【新建名称】对话框。在【新建名称】对话框中对名称命名。单击【范围】右侧的下拉按钮，能够将定义名称指定为工作簿范围或是某个工作表范围。在【备注】文本框内可以添加注释，以便于使用者理解名称的用途。

在【引用位置】编辑框中，可以直接输入公式，也可以单击右侧的折叠按钮选择单元格区域作为引用位置。最后，单击【确定】按钮完成设置，如图 8-26 所示。

方法2　使用名称管理器新建名称。

单击【公式】选项卡下的【名称管理器】命令按钮，在弹出的【名称管理器】对话框中，单击【新建】按钮，弹出【新建名称】对话框。之后的设置步骤与方法 1 相同，如图 8-27 所示。

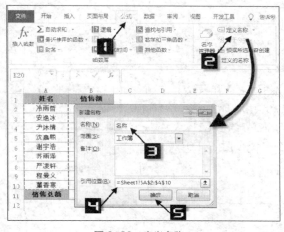

图 8-26　定义名称

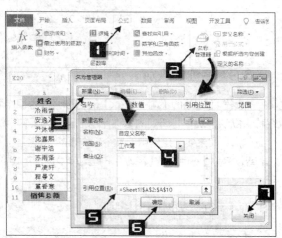

图 8-27　使用名称管理器新建名称

方法3　使用名称框定义名称。

如图 8-28 所示，选中 A2:A10 单元格区域，将光标定位到【名称框】内，输入自定义名称"姓名"后按 <Enter>键，即可将 A2:A10 单元格区域定义名称为"姓名"。

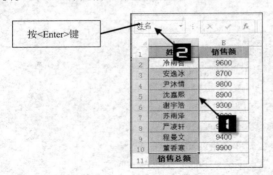

图 8-28　名称框创建名称

方法 4　根据所选内容创建名称。

如图 8-29 所示，选中 A1:A10 单元格区域，依次单击【公式】→【根据所选内容创建】命令按钮，在弹出的【根据所选内容创建名称】对话框中，可以指定要以哪个区域的值来命名自定义名称。保持"首行"的勾选，单击【确定】按钮，可将 A2:A10 单元格区域定义名称为"姓名"。

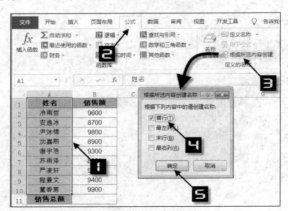

图 8-29　根据所选内容创建名称

8.3.3　名称的级别

根据作用范围的不同，Excel 的名称可分为工作簿级名称和工作表级名称。默认情况下，新建的名称作用范围均为工作簿级，作用范围涵盖整个工作簿。如果要创建作用于某个工作表的局部名称，可以在新建名称时，在【新建名称】对话框的【范围】下拉菜单中选择指定的工作表，如图 8-30 所示。

图 8-30　选择名称作用范围

8.3.4　在公式中使用名称

> 素材所在位置为：
> 素材\第 8 章　公式和函数\ 8.3.4　在公式中使用名称.xlsx

在公式中调用已定义的名称时，可以在【公式】选项卡中单击【用于公式】下拉按钮，在下拉列表中选择相应的名称，如图 8-31 所示。

在公式中调用已定义的名称时，也可以在公式编辑状态下手工输入，已定义的名称将出现在"公式记忆式键入"列表中。如图 8-32 所示，工作簿中定义了 B2:B10 单元格区域为"销售额"，在单元格输入其开头字符"销售"，该名称即出现在"公式记忆式键入"列表中。

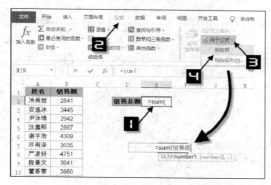

图 8-31　公式中调用名称

图 8-32　公式记忆式键入列表中的名称

如果某个单元格或区域中设置了名称，在输入公式过程中，使用鼠标选择该区域作为需要插入的引用时，Excel 会自动将该单元格或区域的地址变成自定义的名称，如图 8-33 所示。

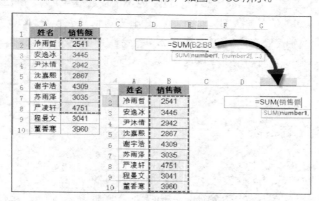

图 8-33　Excel 自动应用名称

Excel 没有提供关闭该功能的选项，如果需要在公式中使用常规的单元格或区域引用，则需要手工输入单元格或区域的地址。

示例 8-2　计算文本算式

素材所在位置为：
素材\第 8 章 公式和函数\示例 8-2 计算文本算式.xlsm

图 8-34 所示是某单位的工程量记录，现需要计算出对应的结果，以方便结算。

操作步骤如下。

步骤 1　选中要计算结果的首个单元格，依次单击【公式】→【定义名称】，在弹出的【新建名称】对话框中，单击【名称】编辑框，输入"计算文本"。在引用位置编辑框中输入以下公式，单击【确定】按钮，如图 8-35 所示。

`=EVALUATE(Sheet1!B2)`

步骤 2　C2 单元格输入以下公式，向下复制到 C9 单元格，即可计算出对应的文本算式结果。

`=计算文本`

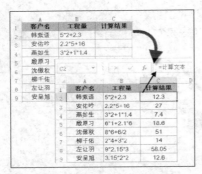

图 8-34　计算文本算式

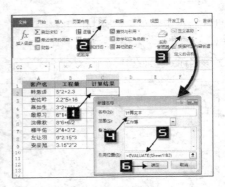

图 8-35　新建名称

步骤 3　按<F12>键，将文件另存为"Excel 启用宏的工作簿（.xlsm）"。

EVALUATE 函数是宏表类函数，能够对以文字表示的公式或表达式求值。该函数不能在单元格中直接使用，需要使用自定义名称的方法间接调用。

 提示

　　宏表是 VBA 的前身。早期 Excel 版本中没有 VBA 功能，需要通过宏表实现一些特殊功能。1993 年，Microsoft Excel 5.0 中首次引入了 Visual Basic，并逐渐形成了我们现在所熟知的 VBA。

　　经过多年的发展，VBA 已经可以完全取代宏表，成为 Microsoft Excel 二次开发的主要语言，但出于兼容性和便捷性，在 Microsoft Excel 5.0 及以后的版本中一直还保留着宏表功能。

示例结束

8.3.5 | 编辑和删除已有名称

素材所在位置为：
素材\第 8 章 公式和函数\ 8.3.5 编辑和删除已有名称.xlsx

用户可以采用以下两种方式对已经定义名称的引用范围以及名称中使用的公式进行修改，或重命名已有的名称。

方式 1，依次单击【公式】→【名称管理器】，或是按<Ctrl+F3>组合键，在弹出的【名称管理器】对话框中选中定义的名称，在引用位置编辑框中修改引用的单元格地址或是公式后，单击左侧的【☑】按钮，最后单击【关闭】按钮，如图 8-36 所示。

方式 2，在【名称管理器】中选中定义的名称，然后单击【编辑】按钮，打开【编辑名称】对话框。重命名名称或是修改引用位置后，单击【确定】按钮。最后单击【关闭】按钮，如图 8-37 所示。

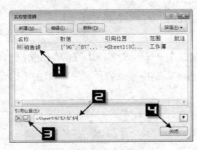

图 8-36　编辑名称 1

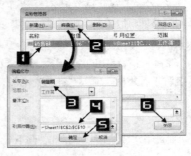

图 8-37　编辑名称 2

如需删除已定义的名称，可以在名称管理器中选中定义的名称，然后单击【删除】按钮。

8.3.6 使用名称的注意事项

一般情况下，命名的原则是有具体含义且便于记忆，并且能尽量直观地体现所引用数据或公式的含义，避免使用可能产生歧义的名称。

名称作为公式的一种存在形式，同样受函数与公式关于嵌套层数、参数个数、计算精度等方面的限制。除此之外，还应遵守以下规则。

（1）名称的命名可以是任意字母与数字的组合，但不能以纯数字命名或以数字开头。例如，"1Pic"将不被允许。

（2）因为字母 R、C 在 R1C1 引用样式中表示工作表的行、列，所以除了 R、C、r、c，其他单个字母均可作为名称的命名。命名也不能与单元格地址相同，如"B3""D5"等。

（3）不能使用除下划线、点号和反斜线（\）、问号（？）以外的其他符号，使用问号（？）时不能作为名称的开头，如可以用"Name?"，但不可以用"?Name"。

（4）自定义名称的命名中不能包含空格，并且不区分大小写。如"DATA"与"Data"是相同的，Excel会按照定义时键入的命名进行保存，但在公式中使用时视为同一个名称。

8.4 信息与逻辑函数的应用

逻辑函数可以对数据进行相应地判断，例如，判断真假值或者进行复合检验。在实际工作中，此类函数与其他函数嵌套应用，能够在更为广泛的领域完成复杂的逻辑判断。

8.4.1 IF 函数判断条件真假

IF 函数的第一参数为计算结果可能为 TRUE 或 FALSE 的任意值或表达式。该函数能够根据第一参数指定的条件来判断其真或假，从而返回预先定义的内容。

示例 8-3 IF 函数评定考核成绩

素材所在位置为：

素材\第 8 章 公式和函数\示例 8-3 IF 函数评定考核成绩.xlsx

图 8-38 所示为一份员工考核得分表，现在，需要根据得分进行考评。成绩大于等于 60 分为及格，成绩大于 90 分为优秀，其他为不及格。C2 单元格输入以下公式，可以得到与得分对应的考评结果。

用 IF 函数完成条件
判断

```
=IF(B2>90,"优秀",IF(B2>=60,"及格","不及格"))
```

	A	B	C
1	姓名	得分	考评
2	李琼华	66	及格
3	石红	37	不及格
4	王明芳	52	不及格
5	刘莉芳	98	优秀
6	杜玉才	77	及格
7	陈琪珍	100	优秀
8	邓薇	43	不及格
9	吴怡	45	不及格
10	朱莲芬	92	优秀

图 8-38　IF 函数评定考试成绩

IF 函数首先判断 B2 单元格的值是否大于 90，如果符合条件则返回指定内容"优秀"。如果不满足该条件，继续执行"IF(B2>=60,"及格","不及格")"的计算，判断 B2 单元格的值是否大于等于 60，满足条件返回"及格"，如果仍然不满足条件，则返回"不及格"。

注意

IF 函数最多可以嵌套 64 层关系式，用于构造复杂的判断条件进行综合评测。但在实际应用中，如果使用 IF 函数判断过多的条件，那么，公式会非常的冗长，因此，可以使用其他函数替代 IF 函数计算。

示例结束

8.4.2 逻辑函数与乘法、加法运算

AND 函数和 OR 函数分别对应两种常用的逻辑关系"与"和"或"。

对于 AND 函数，所有参数的逻辑值为真时返回 TRUE，只要有一个参数的逻辑值为假即返回 FALSE。

对于 OR 函数，只要有一个参数的逻辑值为真即返回 TRUE，只有所有参数的逻辑值都为假时，才返回 FALSE。

示例 8-4　判断订单是否符合包邮标准

素材所在位置为：

素材\第 8 章　公式和函数\示例 8-4 判断订单是否符合包邮标准.xlsx

图 8-39 所示为某网店订单信息表的部分数据，根据规定，省内订单金额大于 50 元，省外订单金额大于 100 元可以包邮。现要求根据订单的收件地和金额，判断其是否符合包邮标准。

	A	B	C	D
1	订单号	收件地	订单金额	是否符合包邮标准
2	838063	省外	120	包邮
3	788168	省内	38	
4	831708	省内	72	包邮
5	885316	省内	38	
6	833496	省内	90	包邮
7	936878	省外	24	
8	893850	省内	130	包邮
9	788502	省内	40	
10	859742	省内	46	
11	863834	省内	82	包邮
12	836385	省内	61	包邮
13	883668	省内	46	
14	832526	省内	52	包邮

图 8-39　判断订单是否符合包邮标准

操作步骤如下。

在 D2 单元格输入以下公式，向下复制。

`=IF(OR(AND(B2="省内",C2>50),AND(B2="省外",C2>100)),"包邮","")`

公式中的"AND(B2="省内",C2>50)"和"AND(B2="省外",C2>100)"部分，分别对 B2 单元格的收件地和 C2 单元格的订单金额判断，是否符合"省内订单金额大于 50 元，省外订单金额大于 100 元"的条件，返回逻辑值 TRUE 或 FALSE。

OR 函数将两个 AND 函数的运算结果作为参数，其中任意一个 AND 函数的运算结果为 TRUE，即返回逻辑值 TRUE。

最后用 IF 函数判断，如果逻辑值为 TRUE，返回"包邮"，否则返回空值。

使用以下公式，同样可以完成是否符合包邮标准的判断：

```
=IF((B2="省内")*(C2>50)+(B2="省外")*(C2>100),"包邮","")
```

该公式中，使用乘法代替了 AND 函数，使用加法代替了 OR 函数。这是因为在数学运算中，TRUE 等同于 1，FALSE 等同于 0。在乘法运算中，只要有一个值为 0，则结果即为 0。而在只有 0（FALSE）和 1（TRUE）构成的加法运算中，只要有一个 1，则结果即大于 0。最后在逻辑判断中，0 的判断结果为 FALSE，而所有非 0 的数值（无论正数、负数、整数、小数等）其判断结果都为 TRUE。

需要注意的是，AND 函数和 OR 函数的运算结果只能是单值，而不能返回数组结果，因此当逻辑运算需要返回多个结果时，必须使用数组间的乘法、加法运算。

示例结束

8.4.3 屏蔽函数公式返回的错误值

在函数公式的应用中，经常会由于多种原因而返回错误值，为了表格更加美观，往往需要屏蔽这些错误值的显示。Excel 提供了用于屏蔽错误值的 IFERROR 函数，该函数的作用是：如果公式的计算结果为错误值，则返回指定的值，否则返回公式的结果。第一参数是用于检查错误值的公式，第二参数是公式计算结果为错误值时要返回的值。

示例 8-5　屏蔽错误值的显示

素材所在位置为：
素材\第 8 章 公式和函数\示例 8-5 屏蔽错误值的显示.xlsx

如图 8-40 所示，F2 单元格使用销售金额除以数量计算商品单价：

```
=IFERROR(E2/D2,"数量待核")
```

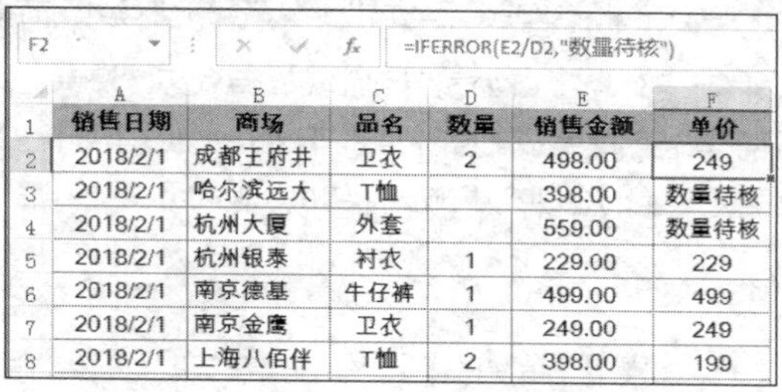

	A	B	C	D	E	F
1	销售日期	商场	品名	数量	销售金额	单价
2	2018/2/1	成都王府井	卫衣	2	498.00	249
3	2018/2/1	哈尔滨远大	T恤		398.00	数量待核
4	2018/2/1	杭州大厦	外套		559.00	数量待核
5	2018/2/1	杭州银泰	衬衣	1	229.00	229
6	2018/2/1	南京德基	牛仔裤	1	499.00	499
7	2018/2/1	南京金鹰	卫衣	1	249.00	249
8	2018/2/1	上海八佰伴	T恤	2	398.00	199

图 8-40　屏蔽函数公式返回的错误值

由于 D3 和 D4 单元格中有部分没有填写数量，公式将返回错误值#DIV/0!，此时使用 IFERROR 函数返回字符串“数量待核”，而不是错误值#DIV/0!。

示例结束

8.4.4 常用的 IS 类信息函数

Excel 提供了多种以 IS 开头的信息类函数，主要用于判断数据类型、奇偶性、空单元格、错误值等。

例如，ISODD 函数和 ISEVEN 函数能够分别判断数字的奇偶性，ISERROR 可以用于判断参数是否为错误值等。

示例 8-6　统计指定部门的考评人数

素材所在位置为：
素材\第 8 章 公式和函数\示例 8-6 统计指定部门的考评人数.xlsx

图 8-41 所示为某公司考评情况表，D 列的考评情况包括成绩和一些备注说明。现在要求统计业务部参加考评的实际人数，也就是符合 C 列部门为业务部，并且 D 列考评情况为数值的个数。

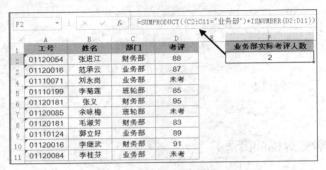

图 8-41　考评情况表

可以使用以下公式完成计算：

`=SUMPRODUCT((C2:C11="业务部")*ISNUMBER(D2:D11))`

公式中包含两个条件，(C2:C11="业务部")部分，使用等式判断 C2:C11 单元格区域是否等于指定部门"业务部"。ISNUMBER(D2:D11)部分，使用 ISNUMBER 函数判断 D2:D11 单元格区域的值是否为数值，最后使用 SUMPRODUCT 函数计算出符合两个条件的个数。（SUMPRODUCT 函数的详细介绍请参阅 8.7.5 节）

┌─────────────────────────┐
│ **示例结束** │
└─────────────────────────┘

8.5　文本类函数的应用

文本型数据主要是指员工姓名、部门名称、公司名称和英文单词等字符串。对文本型数据进行合并、提取、查找、替换以及格式化是数据整理过程中较为常见的问题。Excel 对此提供了分列、查找与替换、单元格格式设置等功能，但函数公式在此类问题上的处理会更加灵活自由，功能也更加丰富强大。

8.5.1　认识文本连接符

"&"符号的作用是连接字符串。如果用户希望将多个字符串连接生成新的字符串，可以用"&"符号进行处理。

┌───┐
│ **示例 8-7　合并多个单元格内容** │
└───┘

素材所在位置为：
素材\第 8 章　公式和函数\示例 8-7　合并多个单元格内容.xlsx

图 8-42 展示的是某公司员工的部分内容，现在需要将每个员工的信息合并到一个单元格内，形成完整的信息。

操作步骤如下。

在 C2 单元格输入以下公式，向下复制到 C9 单元格。

`=A2&" "&B$1&" "&B2`

公式中，使用"&"符号依次连接 A2 单元格的姓名、空格、B1单元格的标题信息"工号"空格和 B2 单元格的工号。其中，B1 单元格使用行绝对引用，即每一行的公式都引用 B1 单元格，使之形成一段完整的信息。

	A	B	C
1	姓名	工号	合并内容
2	上官瑶	01120054	上官瑶 工号 01120054
3	舒雨婷	01120016	舒雨婷 工号 01120016
4	凌云汐	01110071	凌云汐 工号 01110071
5	郭舒悦	01110199	郭舒悦 工号 01110199
6	尹智秀	01120181	尹智秀 工号 01120181
7	窦华伦	01120085	窦华伦 工号 01120085
8	江佑南	01120181	江佑南 工号 01120181
9	苏晨涵	01110124	苏晨涵 工号 01110124

图 8-42　合并多个单元格内容

┌─────────────────────────┐
│ **示例结束** │
└─────────────────────────┘

8.5.2　全角字符和半角字符

全角字符又称为双字节字符，是指一个字符占用两个标准字符位置的字符。所有汉字均为双字节字符。半角字符又称为单字节字符，是指占用一个标准字符位置的字符。

字符长度可以使用 LEN 函数和 LENB 函数统计。其中，LEN 函数对任意单个字符都按一个长度计算。LENB 函数则将单字节字符按一个长度计算，将双字节字符按两个长度计算。

例如，使用以下公式将返回 7，表示该字符串共有 7 个字符。

```
=LEN("Excel 之家")
```

使用以下公式将返回 9，因为该字符串中的两个汉字"之家"占了 4 个字节长度。

```
=LENB("Excel 之家")
```

8.5.3　字符串提取

日常工作中，字符串提取的应用非常广泛。例如，从身份证号码中提取出生日期、从产品编号中提取字符来判断产品的类别等。常用于字符提取的函数主要包括 LEFT、RIGHT、MID 以及 LEFTB、RIGHTB、MIDB 函数等。

1. LEFT 函数的应用

LEFT 函数根据所指定的字符数，返回文本字符串中第一个字符或前几个字符，该函数的语法为：

```
LEFT(text,[num_chars])
```

第一参数 text，包含要提取字符的文本字符串。第二参数[num_chars]可选，指定要提取的字符的数量。如果第二参数省略，则默认提取第一参数最左侧的第一个字符。

示例 8-8　提取部门名称

素材所在位置为：

素材\第 8 章 公式和函数\示例 8-8 提取部门名称.xlsx

如图 8-43 所示，A 列是部门和姓名的混合内容，现在需要提取出其中的部门名称。

操作步骤如下。

混合内容中的部门名称位于字符串的左侧，且均为三个字组成，因此可以使用 LEFT 函数完成。在 B2 单元格输入以下公式，向下复制到 B9 单元格。

```
=LEFT(A2,3)
```

公式的作用是返回 A2 单元格前两个字符。

示例结束

LEFT 函数和其他函数嵌套搭配使用，例如 LEN、LENB 函数等，可以解决更多的文本处理问题。

示例 8-9　提取混合内容中的姓名

素材所在位置为：

素材\第 8 章 公式和函数\示例 8-9 提取混合内容中的姓名.xlsx

图 8-44 展示的是某企业员工通讯录的一部分，A 列为员工姓名和电话号码的混合内容，现在，需要在 B 列提取出员工姓名。

操作步骤如下。

在本例中，A 列中的员工姓名部分的字符数不固定，因此不能直接按固定位数提取。

图 8-43　提取部门名称　　　　　　　图 8-44　提取混合内容中的姓名

字符串中的姓名部分是双字节字符，而电话号码部分则是单字节字符。根据此规律，只要计算出 A 列单元格中的字符数和字节数之差，结果就是员工姓名的字符数。再从第一个字符开始，提取出相应数量的字符，结果即是员工的姓名。

B2 单元格输入以下公式，向下复制到 B9 单元格。

```
=LEFT(A2,LENB(A2)-LEN(A2))
```

LENB 函数将每个汉字（双字节字符）的字符数按 2 计数，LEN 函数则对所有的字符都按 1 计数。因此"LENB(A2)-LEN(A2)"返回的结果就是文本字符串中的汉字个数 3。

LEFT 函数返回 A2 单元格的前 3 个字符，最终提取出员工姓名。

示例结束
---

2. RIGHT 函数的应用

RIGHT 函数根据所指定的字符数，返回文本字符串中最后一个或多个字符，函数语法与 LEFT 函数类似。

示例 8-10　提取混合内容中的电话号码

素材所在位置为：

素材\第 8 章 公式和函数\示例 8-10 提取混合内容中的电话号码.xlsx

如图 8-45 所示，A 列为员工姓名和电话号码的混合内容，现在需要在 B 列提取出其中的电话号码。

操作步骤如下。

在 B2 单元格输入以下公式，向下复制到 B9 单元格。

```
=RIGHT(A2,LEN(A2)-(LENB(A2)-LEN(A2)))
```

公式中的 LENB(A2)-LEN(A2)部分，用于计算出 A2 单元格的双字节字符个数，也就是中文的个数，结果为 3。

图 8-45　提取混合内容中的电话号码

LEN(A2)-(LENB(A2)-LEN(A2))部分是计算字符总数-中文个数，结果就是字符串中的数字个数，结果为 8。

因为数字在字符串的右侧，所以利用 RIGHT 函数返回 A2 单元格最后 8 个字符，提取出电话号码。

此公式也可以简化括号后使用：

```
=RIGHT(A2,LEN(A2)*2-LENB(A2))
```

示例结束
---

3. MID 函数的应用

MID 函数用于在字符串任意位置上返回指定数量的字符，函数语法为：

```
MID(text,start_num,num_chars)
```

第一参数是包含要提取字符的文本字符串，第二参数用于指定文本中要提取的第一个字符的位置，第三参数指定返回字符的个数。无论是单字节还是双字节字符，MID 函数始终将每个字符按 1 计数。

示例 8-11　提取身份证号码中的出生年月

素材所在位置为：

素材\第 8 章 公式和函数\示例 8-11 提取身份证号码中的出生年月.xlsx

我国现行居民身份证号码是由 18 位数字组成的，其中第 7～14 位数字表示出生年月日：7～10 位是年，11～12 位是月，13～14 位是日。第 17 位是性别标识码，奇数为男，偶数为女。第 18 位数字是校检码。使用文本函数可以从身份证号码中提取出身份证持有人的出生日期、性别等信息。

	A	B	C
1	姓名	身份证号码	出生年月
2	王云霞	330183199501204335	19950120
3	殷文雁	330183199511182426	19951118
4	侯增强	330183198511234319	19851123
5	王连吉	341024199306184329	19930618
6	李文琼	330123199210104387	19921010
7	李学馨	330123199405174332	19940517
8	胡有标	330123199502214362	19950221
9	黄大勇	330123199509134319	19950913

图 8-46　提取身份证号码中的出生年月

图 8-46 展示的某公司员工信息表的部分内容，要求根据 B 列的身份证号码，提取持有人的出生年月。

在 C2 单元格输入以下公式，向下复制到 C9 单元格，可提取出身份证号码中的出生年月。

`=MID(B2,7,8)`

MID 函数从 B2 单元格的第 7 个字符开始，截取长度为 8 的字符串。

注意

MID 函数及所有文本函数的计算结果均为文本类型数据，因而此处计算出的出生年月日并非真正的日期。

示例结束

8.5.4　查找字符

1. 认识常用字符查找函数

从单元格中提取部分字符串时，提取的位置和提取的字符数量往往是不确定的，需要根据条件进行定位。使用 FIND 函数和 SEARCH 函数，以及用于双字节字符的 FINDB 函数和 SEARCHB 函数可以解决字符串中的查找问题。

FIND 函数用于定位某一个字符（串）在指定字符串中的起始位置，结果以数字表示。如果在同一字符串中存在多个被查找的子字符串，则返回查找字符（串）第一次出现的位置。如果查找字符（串）在源字符串中不存在，返回错误值#VALUE!。

FIND 函数的语法为：

`FIND(find_text,within_text,[start_num])`

第一参数是查找的文本。第二参数是包含要查找文本的源文本。第三参数可选，表示从指定第几个字符位置开始进行查找，如果该参数省略，默认为 1。

SEARCH 函数的语法与 FIND 函数类似。

SEARCH 函数和 FIND 函数的区别主要在于：FIND 函数区分字母大小写，并且不允许使用通配符；而 SEARCH 函数则不区分字母大小写，但是允许在参数中使用通配符。

当需要处理区分双字节字符时，可以使用 FINDB 和 SEARCHB 函数。这两个函数按 1 个双字节字符占两个位置计算，例如，以下两个公式都返回 5，两个汉字"学习"按 4 个字符位置计算：

`=FINDB("EXCEL","学习 EXCEL")`

```
=SEARCHB("EXCEL","学习 EXCEL")
```

2. 使用 FIND 函数实现数据查找

借助 FIND 函数可以定位某一个字符（串）在指定字符串中的起始位置的特性，可以使其和字符串提取函数搭配使用，方便获取目标数据。

示例 8-12　获取客户联系方式

素材所在位置为：

素材\第 8 章　公式和函数\示例 8-14　获取客户联系方式.xlsx

图 8-47 是某公司部分员工信息，现在需要在 A 列的混合信息中提取出客户的联系方式。

	A	B
1	混合信息	联系方式
2	倪勇 Aaron 联系方式:18150098457	18150098457
3	孟雪 Abel 联系方式:7795709	7795709
4	陈安权 Bartley 联系方式:8897546	8897546
5	王云芬 Beck 联系方式:12779342457	12779342457
6	杨荣峰 Fitzgerald 联系方式:0592-8754642	0592-8754642
7	杨信 Douglas 联系方式:14198838457	14198838457
8	简应华 Donald 联系方式:11408586457	11408586457
9	杨丽琼 Harvey 联系方式:13816655430	13816655430

图 8-47　提取员工联系方式

通过观察可以发现，A 列混合信息中每一个员工的联系方式之前都有一个冒号"："，因此，本例也就是提取冒号"："之后的全部内容。

操作步骤如下。

在 B2 单元格输入以下公式，向下复制到 B9 单元格。

```
=MID(A2,FIND(":",A2)+1,99)
```

首先用 FIND 函数查找字符"："在 A2 单元格中的起始位置，返回的结果为 14。该结果作为 MID 函数要提取字符的位置，加 1 的目的是为了让 MID 函数能够从字符"："所在位置之后开始取值。

MID 函数从 A2 单元格第 15 个字符位置开始，提取字符长度为 99 的字符串。此处的 99 可以写成一个较大的任意数值，如果 MID 函数的第二参数加上第三参数超过了文本的长度，则 MID 函数只返回至多到文本末尾的字符。

示例结束

3. 使用通配符的字符查找

利用 SEARCHB 函数支持通配符并且可以区分双字节字符的特性，用户可以在单字节和双字节混合的内容中查找并提取指定的字符串。

示例 8-13　使用通配符提取人员姓名

素材所在位置为：

素材\第 8 章　公式和函数\示例 8-13　使用通配符提取人员姓名.xlsx

如图 8-48 所示，A 列为姓名、手机号码和部门共同组成的数据，需要在 B 列提取出其中的人员姓名。

	A	B
1	信息	姓名
2	张进13616089482财务部	张进
3	范承云7795089市场营销部	范承云
4	刘永089-8729632采购部	刘永
5	李菊莲18159756456财务部	李菊莲

操作步骤如下。

在 B2 单元格输入以下公式，复制到 B5 单元格：

```
=LEFTB(A2,SEARCHB("?",A2)-1)
```

图 8-48　提取员工姓名

SEARCHB 函数使用通配符"？"作为查找值，用于匹配任意一个单字

节字符，因此 SEARCHB 函数查找的结果就是 A2 单元格第一个单字节字符"1"的位置。SEARCHB 函数将一个汉字的字节长度计算为 2，字符"张进"的字节长度计算为 4，所以 SEARCHB 函数返回"1"的位置为 5。在此计算结果上，减去"1"的字节长度 1，即为"张进"字节的长度。

最后使用 LEFTB 函数从左侧提取 4 个字节的长度，结果为"张进"。

示例结束

8.5.5 | 替换字符

1. 认识 SUBSTITUTE 函数

在 Excel 中，除了替换功能可以对字符进行批量的替换以外，使用 SUBSTITUTE 函数也可以将字符串中的部分或全部内容替换为新的字符串。该函数的语法为：

SUBSTITUTE(text,old_text,new_text,[instance_num])

第一参数是需要替换其中字符的文本或是单元格引用。

第二参数是需要替换的文本。

第三参数是用于替换旧字符串的文本。

第四参数可选，指定要替换第几次出现的旧字符串。当第四参数省略时，源字符串中的所有与参数 old_text 相同的文本都将被替换。如果第四参数指定为 2，则只第 2 次出现的才会被替换。

SUBSTITUTE 函数区分大小写和全角半角字符。此外，当第三参数为空文本或是省略该参数的值而仅保留参数之前的逗号时，相当于将需要替换的文本删除。例如，以下两个公式都返回字符串"Excel"：

=SUBSTITUTE("ExcelHome","Home","")

=SUBSTITUTE("ExcelHome","Home",)

2. 借助 SUBSTITUTE 函数替换部分字符

使用 SUBSTITUTE 函数可以将字符串中的部分或全部内容替换为新内容的特性，用户可以将字符串中的部分数据替换为其他字符。

示例 8-14 换行显示手机号

素材所在位置为：

素材\第 8 章 公式和函数\示例 8-14 换行显示手机号.xlsx

图 8-49 中 A 列包含姓名和联系电话，中间用冒号进行分隔。现在需要将其修改为姓名和电话换行显示。

	A	B
1	联系方式	更改后
2	张永红:13911373256	张永红 13911373256
3	徐芳:13701152340	徐芳 13701152340
4	张娜娜:13901293669	张娜娜 13901293669
5	徐波:13801231712	徐波 13801231712
6	邹玉英:13011855804	邹玉英 13011855804
7	赵映刚:13901085787	赵映刚 13901085787
8	王磊:13701101199	王磊 13701101199
9	崔洪昆:13901313478	崔洪昆 13901313478

图 8-49 换行显示姓名和电话

操作步骤如下。

在 B2 单元格输入以下公式，向下复制到 B9 单元格。

```
=SUBSTITUTE(A2,":",CHAR(10))
```

公式中使用 SUBSTITUTE 函数将冒号"："替换为换行符。

选中 B2:B9 单元格，单击【开始】选项卡下的【自动换行】按钮。在设置单元格对齐方式为自动换行的前提下，即可实现合并字符与换行显示的效果。

示例结束

3. 计算指定字符出现次数

如果需要计算指定字符在某个字符串中出现的次数，可以使用 SUBSTITUTE 函数将其全部删除，再通过计算删除前后字符长度的变化来完成。

示例 8-15　统计各部门的人数

素材所在位置为：

素材\第 8 章　公式和函数\示例 8-15　统计各部门的人数.xlsx

图 8-50 所示为某单位各部门人员名单，现在，需要统计各部门人员的个数。

部门	人员名单	人员数
财务部	陈世巧，和彦中，周婕，朵健	4
市场部	孙斌，张天云，杜玉学，田一枫，李春雷	5
IT部	李从林，张鹤翔，王丽卿	3
人力资源管理部	杜春兰，陆艳菲	2

图 8-50　统计各部门的人数

操作步骤如下。

在 C2 单元格输入以下公式，向下复制到 C5 单元格。

```
=LEN(B2)-LEN(SUBSTITUTE(B2,",",))+1
```

先用 LEN(B2)计算出 B2 单元格字符串的总长度等于 13。

再用 SUBSTITUTE(B2,",",)将字符串中的"，"删除后，用 LEN 函数计算其字符长度等于 10。

用含有"，"的字符长度减去不含有"，"的字符长度，结果就是"，"的个数，加 1 后得到 B2 单元格的人员数。

示例结束

8.5.6　格式化文本

Excel 的自定义数字格式功能可以将单元格中的数值显示为自定义的格式，而 TEXT 函数也具有类似的功能，可以将数值转换为按指定数字格式所表示的文本。

1. 认识 TEXT 函数

TEXT 函数的语法为：

```
TEXT(value,format_text)
```

参数 value 可以是数值型也可以是文本型数字，参数 format_text 用于指定格式代码，与单元格数字格式中的大部分代码都基本相同，但有少部分代码仅适用于自定义格式，不能在 TEXT 函数中使用，例如，实现以某种颜色显示数值的效果。

除此之外，TEXT 函数和设置单元格的格式有以下区别。

（1）设置单元格的格式，仅仅是数字显示外观的改变，其实质仍然是数值本身，不影响进一步的汇总计算，即得到的是显示的效果。

（2）使用 TEXT 函数可以将数值转换为带格式的文本，其实质已经是文本，不再具有数值的特性，即得到的是实际的效果。

2. TEXT 条件区段的应用

与自定义格式代码类似，TEXT 函数的格式代码也分为 4 个条件区段，各区段之间以半角分号间隔，默认情况下，这四个区段的定义为：

[>0];[<0];[=0];[文本]

示例 8-16　根据生日制作提示信息

素材所在位置为：

素材\第 8 章 公式和函数\示例 8-16 根据生日制作提示信息.xlsx

以图 8-51 所示数据为例，B 列为员工当前年份的生日，现在需要根据该日期在 C 列制作提示信息。如果本年的生日已过，则提示"已过"，如果当天恰好是生日，则提示"今天生日"，否则提示距离生日的天数。

操作步骤如下。

在 C2 单元格输入以下公式，并复制到 C8 单元格。

```
=TEXT(B2-TODAY(),"0 天;已过;今天生日")
```

B2-TODAY()计算出生日距离当日的天数，当生日大于当日时，结果为正数，当生日等于当日时，结果为 0，当生日小于当日时，结果为负数。

TEXT 函数第二参数包含了三个区段，用分号进行间隔，每个区段对应大于 0、小于 0 和等于 0 所需匹配的格式。

示例结束

与自定义格式代码类似，TEXT 函数也可以使用自定义的条件作为判断区间。

示例 8-17　使用 TEXT 函数判断考评成绩

素材所在位置为：

素材\第 8 章 公式和函数\示例 8-17 使用 TEXT 函数判断考评成绩.xlsx

图 8-52 所示为某单位员工考核表的部分内容，现在需要根据考核分数进行评定。85 分以上为良好，60 分至 85 分为及格，小于等于 59 分则为不及格。

	A	B	C
1	姓名	生日	提示
2	张进江	2019/1/15	3天
3	范承云	2019/10/8	269天
4	刘永岗	2019/10/1	262天
5	李菊莲	2019/4/2	80天
6	陈胜利	2019/1/3	已过
7	李文英	2019/12/31	353天
8	尚佳琪	2019/3/8	55天

图 8-51　根据生日计算提示信息

	A	B	C
1	姓名	成绩	成绩考评
2	张进江	93	良好
3	范承云	75	及格
4	刘永岗	84	及格
5	李菊莲	53	不及格
6	陈胜利	59	不及格
7	李间英	79	及格

图 8-52　判断考评成绩

操作步骤如下。

在 C2 单元格输入以下公式，向下复制到 C7 单元格。

```
=TEXT(B2,"[>85]良好;[>59]及格;不及格")
```

示例结束

3. 使用 TEXT 函数处理不规范日期

在示例 8-11 中，使用 MID 函数直接提取的出生年月字符串在 Excel 中无法正确识别为日期，只能作为文本字符串，如果需要转换为真正的日期值，除了使用 Excel 的"分列"功能外，还可以使用 TEXT 函数进行处理。

示例 8-18 转换出生年月

素材所在位置为：

素材\第 8 章 公式和函数\示例 8-18 转换出生年月.xlsx

如图 8-53 所示，C 列是使用 MID 函数从身份证号码中提取出的出生年月，现在需要在 D 列中将 MID 函数提取出的字符串转换成真正的日期序列值。

	A	B	C	D
1	姓名	身份证号码	提取出生年月	转换出生年月
2	李梦颜	330***199501204335	19950120	1995/1/20
3	庄梦蝶	330***199511182426	19951118	1995/11/18
4	夏若冰	330***198511234319	19851123	1985/11/23
5	文静婷	341***199306184129	19930618	1993/6/18
6	白茹云	330***199210104387	19921010	1992/10/10
7	许柯华	330***199405174332	19940517	1994/5/17
8	孟丽洁	330***199502214362	19950221	1995/2/21
9	江晟涵	330***199509134319	19950913	1995/9/13

图 8-53 转换出生年月

操作步骤如下。

在 D2 单元格输入以下公式，向下复制到 D9 单元格，再设置 D2:D9 单元格区域的数字格式为短日期即可。

```
=1*TEXT(C2,"0-00-00")
```

TEXT 函数使用格式代码"0-00-00"，将 C2 单元格的字符串 19950120 转换为具有日期样式的字符串"1995-01-20"。此时的计算结果仅仅具有了日期的外观，还不是真正的日期，最后用乘 1 的方法转换为日期序列值。

示例结束

4. 按某个字符将数据拆分为多列

示例 8-19 借助 SUBSTITUTE 函数拆分混合文本

素材所在位置为：

素材\第 8 章 公式和函数\示例 8-19 借助 SUBSTITUTE 函数拆分混合文本.xlsx

如图 8-54 所示，A 列是部分客户信息，包含了姓名、省市和联系方式等，之间以空格分隔。现在需要在 B～D 列，分别提取出姓名、省市和联系方式。

	A	B	C	D
1	混合文本	姓名	省市	联系方式
2	倪大勇 安徽滁州 18150098457	倪大勇	安徽滁州	18150098457
3	孟为雪 山东济南 15359846457	孟为雪	山东济南	15359846457
4	陈安权 河北承德 12569594457	陈安权	河北承德	12569594457
5	王云芬 黑龙江哈尔滨 12779342457	王云芬	黑龙江哈尔滨	12779342457
6	杨荣峰 山西晋城 16989090457	杨荣峰	山西晋城	16989090457
7	杨立信 辽宁大连 14198838457	杨立信	辽宁大连	14198838457
8	简应华 广东东莞 11408586457	简应华	广东东莞	11408586457
9	杨丽琼 福建福州 13816655430	杨丽琼	福建福州	13816655430

图 8-54 拆分混合文本中的内容

虽然对于这种很有规律的数据源,可以使用分列的方法快速地将数据拆分开。但如果数据源是不断变化的,每次都使用基础操作的方法仍显得比较烦琐。

操作步骤如下。

在 B2 单元格输入以下公式,复制到 D9 单元格。

```
=TRIM(MID(SUBSTITUTE($A2," ",REPT(" ",99)),COLUMN(A1)*99-98,99))
```

REPT 函数的作用是按照给定的次数重复显示文本。REPT 函数的第一参数是需要重复的文本,第二参数是指定要重复的次数。

REPT(" ",99)就是将" "(空格)重复 99 次。

SUBSTITUTE($A2," ",REPT(" ",99))部分,分别将$A2 单元格中的空格替换成 99 个空格,作用是用空格将各字段的间隔距离拉大。

在公式向右复制时,COLUMN(A1)*99-98 部分依次得到 1,100,199……递增的自然数序列,计算结果作为 MID 函数的参数。

MID 函数分别从 SUBSTITUTE 函数返回结果的第 1 位、第 100 位、第 199 位……开始,截取长度为99 的字符串。

最后用 TRIM 函数清除文本两侧多余的空格,得到相应字段的内容。

示例结束

 注意

虽然使用 Excel 函数可以从部分混合字符串中提取出数字,但并不意味着在工作表中可以随心所欲地录入数据。格式不规范、结构不合理的基础数据为后续数据的整理、汇总和分析等工作都带来了很多麻烦。

8.6 查找与引用类函数的应用

在数据处理和分析过程中,经常需要在数据表中查找满足特定条件的数据所在位置或者将其所对应的其他字段信息匹配提取出来。使用查找、引用类函数构建公式,可以很方便地进行此类查询或匹配操作。

8.6.1 使用 VLOOKUP 函数进行数据查询匹配

1. 认识 VLOOKUP 函数

VLOOKUP 函数是使用频率非常高的查询函数之一,函数的语法为:

```
VLOOKUP(lookup_value,table_array,col_index_num,[range_lookup])
```

第一参数是要查询的值。

第二参数是需要查询的单元格区域,这个区域中的首列必须要包含查询值,否则公式将返回错误值。

用 VLOOKUP 函数
查询数据

第三参数用于指定返回查询区域中第几列的值。

第四参数决定函数的查找方式,如果为 0 或 FASLE,使用精确匹配方式;如果为 TRUE 或被省略,则使用近似匹配方式,同时要求查询区域的首列按升序排序。

该函数的语法可以理解为:

```
VLOOKUP(要查找的内容,要查找的区域,返回查找区域第几列的内容,[精确匹配还是近似匹配])
```

示例 8-20　使用 VLOOKUP 函数查询信息

素材所在位置为：

素材\第 8 章　公式和函数\示例 8-20　使用 VLOOKUP 函数查询信息.xlsx

图 8-55 展示的是部分省份的简称、省会知名景点和特产等内容，现在需要根据 G4 单元格中的省份，查询该省份对应的特产信息。

	A	B	C	D	E	F	G	H
1	省份	简称	省会	知名景点	特产			
2	江西	赣	南昌	庐山	瓷器			
3	浙江	浙	杭州	西湖	龙井茶			
4	江苏	苏	南京	苏州园林	苏绣		省份	特产
5	四川	蜀	成都	九寨沟	榨菜		江苏	
6	安徽	皖	合肥	黄山	徽墨			
7	湖南	湘	长沙	张家界	臭豆腐			

图 8-55　使用 VLOOKUP 函数查询信息

操作步骤如下。

在 H4 单元格输入以下公式。

```
=VLOOKUP(G4,A1:E7,5,0)
```

G4 单元格的工号是需要查询的内容。A1:E7 是要查询的单元格区域。VLOOKUP 函数第三参数使用 5，表示返回 A1:E7 单元格区域中第 5 列的内容。第四参数使用 0，表示使用精确匹配的方式进行查找。

 注意

VLOOKUP 函数第三参数中的列号，不能理解为工作表中实际的列号，而是指定要返回查询区域中第几列的值。如果有多条满足条件的记录时，VLOOKUP 函数默认只能返回第一个查找到的记录。

示例结束

2.　使用 VLOOKUP 函数返回不同类别的信息

VLOOKUP 函数的第三参数使用动态形式，可以返回不同类别的信息。

示例 8-21　查询多项信息.xlsx

素材所在位置为：

素材\第 8 章　公式和函数\示例 8-21　查询多项信息.xlsx

根据 G4 单元格的省份简称，在 A～E 列的基础数据表内查询对应的省会、知名景点和特产信息，如图 8-56 所示。

	A	B	C	D	E	F	G	H	I	J
1	省份	简称	省会	知名景点	特产					
2	江西	赣	南昌	庐山	瓷器					
3	浙江	浙	杭州	西湖	龙井茶		简称	省会	知名景点	特产
4	江苏	苏	南京	苏州园林	苏绣		蜀			
5	四川	蜀	成都	九寨沟	榨菜					
6	安徽	皖	合肥	黄山	徽墨					
7	湖南	湘	长沙	张家界	臭豆腐					

图 8-56　查询多项信息

操作步骤如下。

在 H4 单元格输入以下公式，向右复制到 J4 单元格。

```
=VLOOKUP($G4,$B1:$E7,COLUMN(B1),0)
```

VLOOKUP 函数的第一参数和第二参数均使用列绝对引用，公式向右复制时，查询值所在单元格$F2 的

位置和查询区域$B1:$E7 都不会发生变化。

第三参数使用 COLUMN(B1)，COLUMN 函数的作用是返回参数的列号，这里的计算结果为 2，表示从查询区域返回第 2 列的内容。公式向右复制时，第三参数变成 COLUMN(C1)，计算结果为 3，VLOOKUP 函数从查询区域返回第 3 列的内容。其他以此类推。

示例结束

示例 8-21 使用 VLOOKUP 函数返回不同类别的信息，是在查询数据区域的标题与数据源的标题排列顺序一致的基础上进行处理的。当查询范围的标题和数据源标题排列顺序不一致时，可以借助 MATCH 函数和 VLOOKUP 函数嵌套搭配处理。

示例 8-22　查询不连续列中的信息.xlsx

素材所在位置为：

素材\第 8 章 公式和函数\示例 8-22 查询不连续列中的信息.xlsx

根据 G4 单元格的省份简称，在 A～E 列的基础数据表内查询对应的省会和特产信息，如图 8-57 所示。

	A	B	C	D	E	F	G	H	I
1	省份	简称	省会	知名景点	特产				
2	江西	赣	南昌	庐山	瓷器				
3	浙江	浙	杭州	西湖	龙井茶		简称	省会	特产
4	江苏	苏	南京	苏州园林	苏绣		蜀		
5	四川	蜀	成都	九寨沟	榨菜				
6	安徽	皖	合肥	黄山	徽墨				
7	湖南	湘	长沙	张家界	臭豆腐				

图 8-57　查询不连续列中的信息

操作步骤如下。

在 H4 单元格输入以下公式，复制到 I4 单元格。

```
=VLOOKUP($G4,$B:$E,MATCH(H$3,$B$1:$E$1,0),0)
```

MATCH(H$3,$B$1:$E$1,0)部分，用 MATCH 函数查找 H3 单元格中的"简称"在 B1:E1 中的位置，查询结果为 2，作为 VLOOKUP 第三参数。

VLOOKUP 函数由此返回查询范围中第 2 列的内容。

关于 MATCH 函数的使用方法，请参阅 8.6.2 节。

示例结束

3. 使用 VLOOKUP 函数实现模糊查询

VLOOKUP 函数在精确匹配模式下支持通配符"*"和"?"，当查找内容不完整时，可以使用通配符实现模糊查询。

示例 8-23　使用通配符实现模糊查询

素材所在位置为：

素材\第 8 章 公式和函数\示例 8-23 使用通配符实现模糊查询.xlsx

图 8-58 展示的是某单位客户信息表的部分内容。根据 D2 单元格指定的公司简称，可以查询到公司联系人的信息。

操作步骤如下。

在 E2 单元格输入以下公式。

```
=VLOOKUP("*"&D2&"*",A1:B9,2,0)
```

图 8-58　查询公司联系人

通配符"*"表示任意多个字符，VLOOKUP 函数第一参数使用"*"&D2&"*"，即在 A 列中查询包含 D2 单元格的内容，并返回与之对应的 B 列联系人信息。

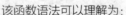

示例结束

8.6.2 │ 使用 INDEX 和 MATCH 函数组合进行数据查询匹配

1. 认识 MATCH 函数

MATCH 函数可以在单元格区域中搜索指定项，然后返回该项在单元格区域中的相对位置。函数的语法为：

`MATCH(lookup_value,lookup_array,[match_type])`

其中，第一参数为指定的查找对象，第二参数为可能包含查找对象的单元格区域或数组，第三参数为查找的匹配方式。

第三参数可以使用 0、1 或-1，分别对应精确匹配、升序查找和降序查找模式。实际应用中，第三参数使用 0，也就是精确匹配的用法最为普遍。

用 INDEX 和 MATCH 函数查询数据

该函数语法可以理解为：

`MATCH(要查找的内容,在哪个区域查找,[查找的方式])`

当第三参数为 0 时，第 2 参数无须排序。以下公式在第 2 参数中精确查找出字母"A"第一次出现的位置，结果为 2，不考虑第 2 次出现位置。

`=MATCH("A",{"C","A","B","A","D"},0)`

 注意

　　MATCH 函数的第二参数，即数据查询范围，只能是单行、单列的形式，否则将返回错误值。

2. 认识 INDEX 函数

INDEX 函数是常用的引用类函数之一，可以在一个区域引用或数组中，根据指定的行号和列号来返回一个值。如果数据源是区域，则返回单元格引用。如果数据源是数组，则返回数组中的某个值。该函数的常用语法如下：

`INDEX(reference, row_num, [column_num], [area_num])`

第一参数表示一个单元格区域或数组常量。第二、第三参数用于指定要返回的元素位置，INDEX 函数最终返回该位置的内容。

以下公式可以返回 A1:C10 区域中第 5 行第 2 列的单元格引用，即 B5 单元格。

`=INDEX(A1:C10,5,2)`

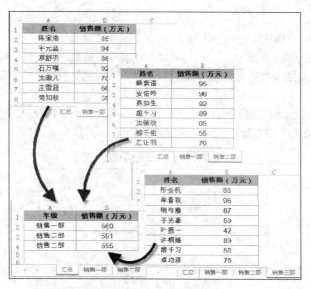

图 8-66　汇总各年级考核总分

操作步骤如下。

在汇总工作表的 B2 单元格输入以下公式，向下复制到 B4 单元格。

=SUM(INDIRECT(A2&"!B1:B100"))

首先将 A2 单元格中表示工作表名称的字符"销售一部"与字符串"!B1:B100"连接，组成新字符串"销售一部!B1:B100"，但此时的字符串还不具有引用功能。

INDIRECT 函数将引用样式的文本字符串"销售一部!B1:B100"变成实际引用，返回"销售一部"工作表 B1:B100 单元格区域的引用。

最后使用 SUM 函数对 INDIRECT 函数的引用结果计算出总和。

公式中的"A2"使用了相对引用，随着公式向下复制，依次变成 A3、A4。由此组成的新字符串也会随之变化为"销售二部!B1:B100""销售三部!B1:B100"，通过 INDIRECT 函数将这些字符串变成实际引用，最终实现多工作表的求和汇总。

 注意

如果引用工作表标签名的首字符为数字或包含有空格等特殊符号时，工作表的标签名中必须使用一对半角单引号进行包含，否则返回错误值#REF!，例如=INDIRECT("'Excel Home!'!B2")。

示例结束

8.6.5 | OFFSET 函数在数据查询中的应用

1. OFFSET 函数

OFFSET 函数的功能十分强大，具有构造动态引用区域的特性。在数据动态引用、打印以及制作高级交互图表等方面都有广泛的应用。

该函数以指定的引用为参照，通过给定偏移量得到新的引用，返回的引用可以为一个单元格或单元格区域，也可以为指定返回的行数或列数。函数基本语法如下：

```
OFFSET(reference,rows,cols,[height],[width])
```

第一参数是作为偏移量参照的起始引用区域。

第二参数是要偏移的行数，行数为正数时，偏移方向为向下，行数为负数时，偏移方向为向上。

第三参数是要偏移的列数。列数为正数时，偏移方向为向右。列数为负数时，偏移方向为向左。

第四参数是指定要返回引用区域的行数。

第五参数是指定要返回引用区域的列数。

如图 8-67 所示，以下公式将返回对 D4 单元格的引用。

```
=OFFSET(B2,2,2)
```

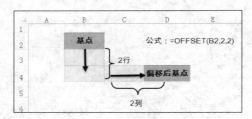

图 8-67　图解 OFFSET 函数

其中，B2 单元格为 OFFSET 函数的引用基点。

第二参数为 2，表示以 B2 为基点向下偏移两行，至 B4 单元格。

第三参数为 2，表示以自 B4 单元格再向右偏移两列，至 D4 单元格。

第四和第五参数省略，表示新引用的范围和基点大小相同。

2. 使用 OFFSET 函数汇总销售额

示例 8-29　动态汇总销售额

素材所在位置为：

素材\第 8 章 公式和函数\示例 8-29 动态汇总销售额.xlsx

图 8-68 所示是某商品销售报表的部分内容，现在需要根据 G2 单元格指定的起始
日期和 H2 单元格指定的截止日期，计算该区间的销售额。

操作步骤如下。

在 I2 单元格输入以下公式。

```
=SUM(OFFSET(E1,MATCH(G2,A2:A15,0),0,H2-G2+1))
```

认识 OFFSET 函数

	销售日期	货号	吊牌价	数量	销售额		起始日期	截止日期	销售额
1	销售日期	货号	吊牌价	数量	销售额		起始日期	截止日期	销售额
2	2018/1/1	449792-010	199	1	199		2018/1/3	2018/1/10	4182
3	2018/1/2	X23567	429	1	429				
4	2018/1/3	465787-010	449	1	449				
5	2018/1/4	529753-010	329	1	329				
6	2018/1/5	532500-011	399	1	399				
7	2018/1/6	X21059	399	1	399				
8	2018/1/7	X23567	429	1	429				
9	2018/1/8	449794-091	249	1	249				
10	2018/1/9	G70357	429	1	429				
11	2018/1/10	G70509	1499	1	1499				
12	2018/1/11	G72212	899	2	1798				
13	2018/1/12	532500-011	399	2	798				
14	2018/1/13	543179-011	429	1	429				
15	2018/1/14	AKLH651-2	299	1	299				

图 8-68　动态汇总销售额

"MATCH(G2,A2:A15,0)"部分，使用 MATCH 函数计算出 G2 单元格的起始日期在 A2:A15 中的位置，
结果为 3。

然后使用 OFFSET 函数，以 E1 单元格为基点，向下偏移的行数由 MATCH 函数的计算结果来指定。偏

移列数为 0，也就是列方向不偏移。新引用的行数为"H2-G2+1"，也就是用截止日期减去起始日期后加 1，完成对 E4:E11 单元格区域的引用。

最后用 SUM 函数对这一区域求和。如果 G2 单元格指定的起始日期和 H2 单元格指定的截止日期发生变化，OFFSET 函数的引用范围也会随之变化，实现动态汇总的目的。

示例结束

8.6.6 使用公式创建超链接

HYPERLINK 函数是 Excel 中唯一一个可以生成链接的特殊函数。函数语法如下：

HYPERLINK(link_location,friendly_name)

第一参数是要打开的文档的路径和文件名。可以指向 Excel 工作表或工作簿中特定的单元格。对于当前工作簿中的链接地址，通常使用前缀"#"号来代替当前工作簿名称。

第二参数表示单元格中显示的跳转文本或数字值。如果省略，HYPERLINK 函数建立超链接后，单元格中将显示第一参数的内容。其语法可以理解为：

HYPERLINK(需要跳转的位置,需要显示的内容)

示例 8-30 创建有超链接的工作表目录

素材所在位置为：

素材\第 8 章 公式和函数\示例 8-30 创建有超链接的工作表目录.xlsx

如图 8-69 所示是某单位员工信息表的部分内容，为了方便查看数据，要求在目录工作表中创建指向各工作表的超链接。

操作步骤如下。

在 C2 单元格使用以下公式，向下复制到 C7 单元格。

=HYPERLINK("#"&B2&"!A1",B2)

公式中""#"&B2&"!A1""部分，用前缀"#"号来代替当前工作簿名称。使用连接符&连接出字符串"#郭云龙!A1"，指定

图 8-69 在工作表中添加超链接

链接跳转的具体单元格位置是当前工作簿的"郭云龙"工作表中的 A1 单元格。

第二参数为 B2，表示建立超链接后显示的内容为 B2 单元格的文字"郭云龙"。

设置完成后，光标指针靠近公式所在单元格时，会自动变成手形，单击超链接，即跳转到相应工作表的 A1 单元格。

如图 8-70 所示，在"郭云龙"工作表的 I1 单元格内输入以下公式，生成返回目录的超链接。

=HYPERLINK("#目录!C1","返回目录")

图 8-70 生成返回目录的超链接

单击 I1 单元格后按住鼠标左键不放，直到指针变成空心十字"✛"后释放鼠标，选中该单元格，按<Ctrl+C>组合键复制，最后粘贴到其他工作表的 I1 单元格，在其他工作表中生成返回目录的超链接。

示例结束

8.7 求和与统计类函数的应用

求和与统计类函数的使用频率比较高，能从复杂、烦琐的数据中获取求和结果以及统计出有用的信息。

8.7.1 基本求和函数的应用

1. 认识 SUM 函数

SUM 函数是最基本的求和函数，具有丰富而强大的应用功能，例如，条件求和、条件计数等。该函数的语法为：

```
SUM(number1,number2, ...)
```

SUM 函数的显著特点是可忽略数组或引用中的文本值、逻辑值，不予统计求和。

2. 使用 SUM 函数进行多表数据求和

示例 8-31 多表数据统计求和

素材所在位置为：

素材\第 8 章 公式和函数\示例 8-31 多表数据统计求和.xlsx

如图 8-71 所示，1～3 月的销售数据分别处于同一个工作簿的不同工作表中，现在需要在"合计"工作表中进行求和统计。

通过观察可以发现，各分表的姓名排序和合计表的排序是一致的，同时 B 列均为金额列。在合计表的 B2 单元格使用以下公式，可以快速统计各人员的总金额：

```
=SUM('*'!B2)
```

上述公式写入单元格后，Excel 会自动更改为：

```
=SUM('1月:3月'!B2)
```

但两个公式的含义并不相同。第一个公式使用通配符的方式，包含了工作簿中除了公式所在工作表外的所有工作表，而第二个公式只包含了"1 月"工作表和"3 月"工作表及两表位置之间的工作表，因此，如果有工作表处于该范围之外，则不在统计范围之内。

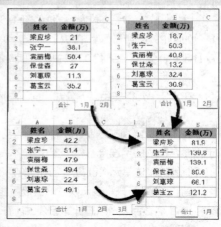

图 8-71 使用 SUM 函数多表求和

示例结束

8.7.2 条件求和函数的应用

条件求和类的计算在日常工作中使用范围非常广，例如，按指定的部门汇总工资额、计算某一品牌的销量等。SUMIF 函数和 SUMIFS 函数是最常用于条件求和的函数。

1. 认识 SUMIF 函数和 SUMIFS 函数

SUMIF 函数用于对单元格引用范围中符合某个指定条件的值求和，该函数的语法为：

```
SUMIF(range,criteria,[sum_range])
```

第一参数是用于判断条件的单元格区域。第二参数用于确定求和的条件。第三参数则是需要求和的实际单元格区域。其语法可以理解为：

```
SUMIF(条件判断区域,求和条件,求和区域)
```

条件求和函数的应用

操作步骤如下。

在 F2 单元格输入以下公式，向下复制到 F5 单元格。

```
=SUMIF(A$2:A$12,E2&"*",C$2:C$12)
```

SUMIF 函数求和条件使用"E2&"*""，表示以 E2 单元格内容开头的所有字符串。如果 A$2:A$12 单元格区域中的字符以 E2 开头，则对 C$2:C$12 单元格区域对应的数值求和。

示例结束

4．"并且"关系的多条件求和

SUMIFS 函数常用于同时符合多个条件，即"并且"关系的多条件求和。

示例 8-35　统计不同型号商品的销售量

素材所在位置为：

素材\第 8 章　公式和函数\示例 8-35　统计不同型号商品的销售量.xlsx

图 8-75 所示为某商场 3 月下旬的家电销售记录，现在需要根据 F3 单元格指定的商品名称和 G3 单元格指定的规格型号两个条件，统计销售量。

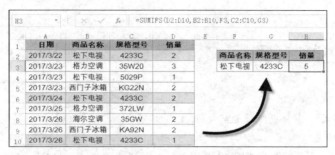

图 8-75　统计不同型号商品的销售量

操作步骤如下。

在 H3 单元格输入以下公式。

```
=SUMIFS(D2:D10,B2:B10,F3,C2:C10,G3)
```

公式中的 D2:D10 是需要进行求和的数据区域。B2:B10 是第一个需要判断条件的区域，其条件是 F3 单元格中的商品名称。C2:C10 是第二个需要判断条件的区域，其条件是 G3 单元格的规格型号。

如果 B2:B10 单元格区域中等于指定的商品名称，并且 C2:C10 单元格区域中等于指定的规格型号，就对 D2:D10 单元格区域中对应的值求和。

示例结束

5．"或"关系的多条件求和

SUMIF 函数求和条件参数中使用常量数组或其他表达式，结合 SUM 或 SUMPRODUCT 函数，可以完成关系为"或"的多条件求和。

示例 8-36　"或"关系的多条件求和

素材所在位置为：

素材\第 8 章　公式和函数\示例 8-36　"或"关系的多条件求和.xlsx

图 8-76 所示是某商场 3 月下旬的家电销售记录，现在需要根据 F3:F4 单元格区域的商品名称，对 A:D 列数据区域的相关商品的销量统计求和。

操作步骤如下。

在 G3 单元格输入以下公式：

```
=SUMPRODUCT(SUMIF(B2:B10,F3:F4,D2:D10))
```

=SUMPRODUCT(SUMIF(B2:B10,F3:F4,D2:D10))

日期	商品名称	规格型号	销量
2017/3/22	海尔洗衣机	4233C	2
2017/3/23	海尔洗衣机	35W20	3
2017/3/23	松下电视	5029P	1
2017/3/23	西门子冰箱	KG22N	2
2017/3/24	海尔空调	4233C	2
2017/3/25	格力空调	372LW	1
2017/3/26	海尔空调	35GW	2
2017/3/26	西门子冰箱	KA92N	2
2017/3/26	松下电视	4233C	1

商品名称	合计数量
海尔洗衣机	9
海尔空调	

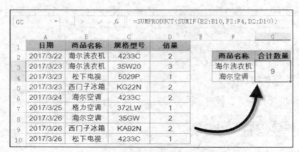

图 8-76　关系为“或”的多条件求和

SUMIF 函数以 F3:F4 单元格区域的商品名称作为查询条件，分别得到商品名称为“海尔洗衣机”和“海尔空调”的销量总计值，最后再使用 SUMPRODUCT 函数汇总求和。

示例结束

8.7.3 基础计数函数的应用

素材所在位置为：

素材\第 8 章 公式和函数\ 8.7.3 认识 COUNT 函数和 COUNTA 函数.xlsx

COUNT 函数和 COUNTA 函数是最常用的计数函数之一。

1. COUNT 函数

COUNT 函数用于计算包含数字的单元格的个数以及参数列表中数字的个数。

如图 8-77 所示，在 C2 单元格输入以下公式，可以统计 A2:A9 单元格区域的数字个数。其中，A7 为空单元格。

```
=COUNT(A2:A9)
```

COUNT 函数返回的统计结果为 3，单元格区域中的文本、错误值、逻辑值都不参与统计。

示例 8-37　计算最近 3 天的销售额

素材所在位置为：

素材\第 8 章 公式和函数\示例 8-37 计算最近 3 天的销售额.xlsx

图 8-78 所示是某销售部的销售流水记录，该部门每天的销售情况都会按顺序记录到该工作表中。现在需要计算最近三天的销售额。也就是无论 A～E 列中的数据记录添加多少，始终计算最后三行的总和。

统计区域		数字个数
1		3
ExcelHome		
3		
高效办公		
5		
#DIV/0!		
TRUE		

图 8-77　认识 COUNT 函数

销售日期	货号	吊牌价	数量	销售额		最近三天销售额
2018/1/1	449792-010	199	1	199		1526
2018/1/2	X23567	429	1	429		
2018/1/3	465787-010	449	1	449		
2018/1/4	529753-010	329	1	329		
2018/1/5	532500-011	399	1	399		
2018/1/6	X21059	399	1	399		
2018/1/7	X23567	429	1	429		
2018/1/8	449794-091	249	1	249		
2018/1/9	G70357	429	1	429		
2018/1/10	G70509	1499	1	1499		
2018/1/11	G72212	899	2	1798		
2018/1/12	532500-011	399	2	798		
2018/1/13	543179-011	429	1	429		
2018/1/14	AKLH651-2	299	1	299		

图 8-78　计算最近 3 天的销售额

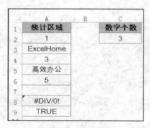

操作步骤如下。

在 G2 单元格输入以下公式。

```
=SUM(OFFSET(E1,COUNT(E2:E999),0,-3))
```

"COUNT(E2:E999)"部分，用于计算 E2:E999 单元格区域中有多少个数值，计算结果用作 OFFSET 函数的行偏移量。

OFFSET 函数以 E1 单元格做基点，向下偏移的行数就是 E 列数值的个数，E 列数据每增加一条，OFFSET 函数的偏移行数就增加一行，因此偏移后的位置始终是 E 列数值的最后一条记录所在单元格。

OFSSET 函数列偏移量是 0，新引用的行数是-3。也就是向下偏移到 E 列数值的最后一条记录所在单元格后，再以此位置为新的基点，返回该位置向上 3 行的引用。

最后使用 SUM 函数，对 OFFSET 函数返回的引用求和汇总，得到最近三天的销售额。

注意

使用 COUNT 函数统计结果作为 OFFSET 函数的偏移量时，记录中不能有空行，否则会使偏移后的基点位置不准确。

示例结束

2. COUNTA 函数

COUNTA 函数用于计算指定范围中不为空的单元格的个数。

示例 8-38 为合并单元格添加序号

素材所在位置为：

素材\第 8 章 公式和函数\示例 8-38 为合并单元格添加序号.xlsx

图 8-79 展示了某单位各部门的员工信息，不同的部门使用了合并单元格，需要在 A 列大小不一的合并单元格内添加序号。

如果在 A2 单元格内输入数值 1，拖动填充柄填充序列时会弹出如图 8-80 所示的对话框，无法完成操作。

序号	部门	姓名
1	生产部	简知秋
		纪若烟
		裴明秋
2	销售部	焦语络
		林羡楠
3	安监部	殷雨恨
4	采购部	袁舒羽
		殷雪鱼

图 8-79 合并单元格添加序号

图 8-80 提示对话框

可同时选中 A2:A9 单元格区域，编辑栏输入以下公式，按<Ctrl+Enter>组合键。

```
=COUNTA(B$2:B2)
```

COUNTA 函数以 B$2:B2 作为计数参数，第一个 B2 使用行绝对引用，第二个 B2 使用相对引用，按<Ctrl+Enter>组合键在多单元格同时输入公式后，引用区域会自动进行扩展。在 A2 单元格中的引用范围是 B$2:B2，在 A5 单元格中的引用范围扩展为 B$2:B5，以此类推。也就是开始位置是 B2 单元格，结束位置是公式所在行，COUNTA 函数统计该区域内不为空的单元格数量，计算结果即等同于序号。

示例结束

8.7.4 条件计数函数的应用

同条件求和类函数一样，条件计数类函数在日常工作中的使用范围也非常广泛，COUNTIF 和 COUNTIFS 函数是最常用于条件计数的函数。

1. 认识 COUNTIF 和 COUNTIFS 函数

COUNTIF 函数主要用于统计满足某个条件的单元格的数量，该函数的语法为：

`COUNTIF(range,criteria)`

第一参数表示统计数量的单元格范围。第二参数用于指定统计的条件。

COUNTIFS 函数用于对某一区域内满足多重条件的单元格进行计数。该函数的语法为：

`COUNTIFS(criteria_range1,criteria1,[criteria_range2,criteria2],…)`

可以理解为：

`COUNTIFS(条件区域 1,条件 1,条件区域 2,条件 2…条件区域 n,条件 n)`

COUNTIF 和 COUNTIFS 函数的计数条件参数中都支持使用通配符以及数字、文本字符串、表达式和单元格引用等，但其余参数则只支持单元格引用，不支持使用数组等形式。

2. 单条件计数

COUNTIF 函数常用于对单元格引用范围中符合单个指定条件的值计数。

示例 8-39 统计不同性别人数

素材所在位置为：

素材\第 8 章 公式和函数\示例 8-39 统计不同性别人数.xlsx

图 8-81 所示是某公司新入职员工的部分信息，现在需要统计不同性别员工人数。

图 8-81 统计不同性别人数

操作步骤如下。

在 J3 单元格输入以下公式，向下复制到 J4 单元格。

`=COUNTIF($F$2:$F$15,I3)`

公式中的 $F$2:$F$15 是要统计数量的单元格范围，I3 是指定要统计的条件。COUNTIF 函数在 $F$2:$F$15 单元格区域中统计有多少个与 I3 内容相同的单元格。

示例结束

与 SUMIF 函数类似，COUNTIF 函数第二参数也支持使用公式表达式、文本字符串，单元格引用等，极大丰富了 COUNTIF 函数的计算能力。

示例 8-40 统计不同区间的业务笔数

素材所在位置为：

素材\第 8 章 公式和函数\示例 8-40 统计不同区间的业务笔数.xlsx

图 8-82 展示了某单位销售业绩表的部分内容，需要统计不同区间销售额的业务笔数。

操作步骤如下。

在 E3 单元格输入以下公式，向下复制到 E4 单元格。

`=COUNTIF($B$2:$B$10,D4)`

COUNTIF 函数的第二参数使用字符串表达式，统计条件为 "<20000"，即统计$B$2:$B$10 单元格区域中小于 20000 的个数。

在 COUNTF 函数第二参数中直接使用比较运算符时，比较运算符和单元格引用之间必须用文本连接符 "&" 进行连接。

如图 8-83 所示，D3 单元格是需要判断的节点，E3 单元格使用以下公式计算小于 20000 的业务笔数。

`=COUNTIF($B$2:$B$10,"<"&D3)`

图 8-82 统计不同区间的业务笔数

图 8-83 COUNTF 第二参数使用比较运算符

示例结束

3. 使用通配符进行条件计数

COUNTIF 和 COUNTIFS 函数的计数条件参数中，支持使用通配符问号（？）和星号（＊），但是只能在条件范围是文本内容的前提下使用通配符。

示例 8-41 统计各部门人数

素材所在位置为：

素材\第 8 章 公式和函数\示例 8-41 统计各部门人数.xlsx

图 8-84 所示是某公司员工信息表的部分内容，现在需要根据 I2～I7 单元格中指定的部门，汇总各部门人数。

工号	姓名	部门	基础工资	入职日期	工龄工资	岗位津贴		部门	人数
GS001	简知秋	仓储一部	4000	2012/3/1	250	300		财务	1
GS011	白如雪	仓储一部	4500	2012/3/1	250	500		仓储	6
GS012	杜郎清	仓储一部	5000	2009/5/12	400	400		生产	4
GS013	柳千佑	财务部	4800	2008/12/1	400	400		销售	4
GS009	尤沙秀	仓储一部	4200	2007/4/3	500	200		质检	1
GS004	柳笙絮	生产一部	8500	2013/2/28	200	500		总经办	1
GS007	辛涵若	生产二部	4500	2009/5/12	400	400			
GS010	明与雁	生产二部	3900	2009/5/12	400	200			
GS005	楚美冰	销售二部	3500	2008/12/1	400	600			
GS006	连敏原	销售二部	3500	2010/2/1	350	800			
GS014	庄秋言	销售二部	3500	2007/4/3	500	800			

图 8-84 统计各部门人数

操作步骤如下。

在 J2 单元格输入以下公式，向下复制到 J7 单元格。

```
=COUNTIF(C:C,I2&"*")
```

COUNTIF 函数计数条件使用"I2&"*""，表示以 I2 单元格内容开头的所有字符串。如果 C 列中的部门以 I2 中的内容"财务"开头，则对其进行计数统计。

示例结束

示例 8-42　检查重复身份证号码

素材所在位置为：

素材\第 8 章　公式和函数\示例 8-42　检查重复身份证号码.xlsx

图 8-85 展示的是某企业员工信息表，现在需要核对 B 列的身份证号码是否存在重复。

操作步骤如下。

在 C2 单元格输入以下公式，向下复制到 C9 单元格。

```
=IF(COUNTIF($B$2:$B$9,B2&"*")>1,"是","")
```

身份证号码是 18 位，而 Excel 的最大数字精度是 15 位，因此会对身份证号码中 15 位以后的数字都视为 0 处理。这种情况下，只要身份证号码的前 15 位相同，COUNTIF 函数就会识别为相同内容，而无法判断最后 3 位是否一致。

	A	B	C
1	姓名	身份证号码	是否重复
2	柳如烟	422***198207180011	是
3	孟子茹	330***199007267026	
4	肖嘉欣	422***198207180255	
5	柳千佑	341***197812083172	
6	尹素苑	340***198807144816	
7	秦问言	422***198207180011	是
8	乔沐枫	350***199102084363	
9	易默昀	530***197311133530	

图 8-85　检查重复身份证号码

第二参数添加通配符&"*"，表示查找以 B2 单元格内容开始的文本，最终返回$B$2:$B$9 单元格区域中该身份证号码的实际数目。

最后使用 IF 函数进行判断，如果 COUNTF 函数的结果大于 1，则表示该身份证号码重复。

示例结束

4．统计不重复值的个数

在实际工作中，经常需要统计不重复值的个数，例如，统计人员信息表中不重复的人员数或部门数等。

示例 8-43　统计不重复的物料数

素材所在位置为：

素材\第 8 章　公式和函数\示例 8-43　统计不重复的物料数.xlsx

图 8-86 所示为某仓库盘点表的部分内容，现在需要统计不重复的物料数。

操作步骤如下。

在 F2 单元格输入以下公式：

```
=SUMPRODUCT(1/COUNTIF(B2:B12,B2:B12))
```

公式中的 COUNTIF(B2:B12,B2:B12)部分，表示在

	A	B	C	D	E	F
1	仓库	物料编码	单位	数量		不重复物料数
2	一号仓	BSW408	件	30		7
3	一号仓	AAS257	件	20		
4	一号仓	AAS210	件	16		
5	一号仓	AAS690	箱	18		
6	一号仓	NQI-663	件	27		
7	一号仓	CDO565	件	10		
8	二号仓	WJJ709	台	25		
9	二号仓	AAS210	件	16		
10	二号仓	AAS690	箱	13		
11	二号仓	BSW408	件	12		
12	二号仓	CDO565	件	10		

图 8-86　统计不重复物料数

B2:B12 单元格区域中依次统计从 B2 到 B12 的每个元素出现的个数，返回内存数组{2;1;2;2;1;2;1;2;2;2;2}。

用 1 除以这个数组后，得到每个元素个数的倒数：

```
{1/2;1;1/2;1/2;1;1/2;1;1/2;1/2;1/2;1/2}
```

如果单元格的值在区域中只出现过一次，这一步的结果是 1。如果重复出现两次，这一步的结果就有两个 1/2。如果单元格的值在区域中重复出现 3 次，结果就有 3 个 1/3…即每个元素对应的倒数合计起来结果仍是 1。

最后用 SUMPRODUCT 函数求和，结果就是不重复的物料数。

SUMPRODUCT 函数的详细介绍，请参阅 8.7.5 节。

5. "并且"关系的多条件计数

COUNTIFS 函数常用于同时符合多个条件，即"并且"关系的多条件计数统计。

示例 8-44　统计两项考核均大于 80 的人数

素材所在位置为：

素材\第 8 章 公式和函数\示例 8-44 统计两项考核均大于 80 的人数.xlsx

图 8-87 所示是某公司职员考核得分的部分数据，现在需要统计两项考核得分均大于 80 的人数，即统计 B 列和 C 列中两项都大于 80 的个数。

图 8-87　统计两门成绩均大于 80 的人数

操作步骤如下。

在 E2 单元格输入以下公式。

```
=COUNTIFS(B2:B10,">80",C2:C10,">80")
```

公式使用两组区域/条件时，表示统计 B2:B10 单元格区域大于 80，并且 C2:C10 单元格区域也大于 80 的个数。

6. "或"关系的多条件求和

COUNTIF 函数的求和条件参数中使用常量数组或其他表达式，搭配 SUM 函数或 SUMPRODUCT 函数，可以完成关系为"或"的多条件计数统计。

示例 8-45　"或"关系的多条件计数

素材所在位置为：

素材\第 8 章 公式和函数\示例 8-45 "或"关系的多条件计数.xlsx

图 8-88 所示是某公司员工信息表的部分内容，需要根据 I2～I3 单元格中指定的部门，同时统计两个部门的人数。

操作步骤如下。

在 J2 单元格输入以下公式。

```
=SUMPRODUCT(COUNTIF(C:C,I2:I3&"*"))
```

以 I2:I3 单元格区域的部门名称和通配符"*"组成的字符串作为 COUNTIF 函数的条件参数，分别得到两个部门发送工资的人员个数，最后再使用 SUMPRODUCT 函数汇总求和。

图 8-88　按部门汇总人数

1. 认识 SUMPRODUCT 函数

SUMPRODUCT 函数兼具条件求和及条件计数两大功能，该函数的作用是在给定的几组数组中，将数组间对应的元素相乘，并返回乘积之和。函数的语法为：

SUMPRODUCT(array1,[array2],[array3],…)

各参数是需要进行相乘并求和的数组。从字面理解，SUM 是求和，PRODUCT 是乘积，SUMPRODUCT 就是把数组间所有的元素对应相乘，然后把乘积相加。

各个数组参数的行列数必须相同，否则将返回错误值。SUMPRODUCT 函数将非数值型的数组元素作为 0 处理。

示例 8-46　计算商品总价

素材所在位置为：

素材\第 8 章 公式和函数\示例 8-46 计算商品总价.xlsx

图 8-89 所示是不同商品数量和单价的明细记录，使用 SUMPRODUCT 函数可以直接计算出商品总价。操作步骤如下。

在 E2 单元格输入以下公式。

=SUMPRODUCT(B2:B6,C2:C6)

公式将 B2:B6 和 C2:C6 两个数组的所有元素对应相乘，然后把乘积相加，即 $2 \times 5 + 3 \times 6.5 + 5 \times 5 + 2 \times 9 + 3 \times 4$，如图 8-90 所示。

示例结束

图 8-89　计算商品总价　　　　图 8-90　SUMPRODUCT 函数计算过程

2. 使用 SUMPRODUCT 多条件求和

SUMPRODUCT 函数常用于多条件求和，多条件求和时的通用写法是：

```
=SUMPRODUCT(条件 1*条件 2*…条件 n,求和区域)
```

示例 8-47　使用 SUMPRODUCT 函数多条件求和

素材所在位置为：

素材\第 8 章　公式和函数\示例 8-47　使用 SUMPRODUCT 函数多条件求和.xlsx

如图 8-91 所示，现在要计算符合商品名称和规格型号两个条件的总销量。

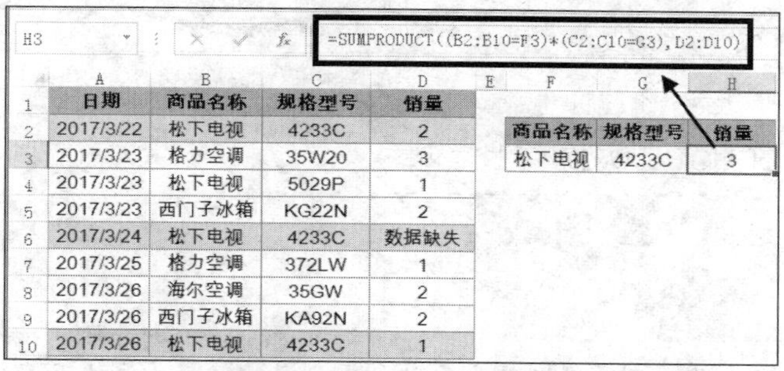

H3　=SUMPRODUCT((B2:B10=F3)*(C2:C10=G3),D2:D10)

	A	B	C	D	E	F	G	H
1	日期	商品名称	规格型号	销量				
2	2017/3/22	松下电视	4233C	2		商品名称	规格型号	销量
3	2017/3/23	格力空调	35W20	3		松下电视	4233C	3
4	2017/3/23	松下电视	5029P	1				
5	2017/3/23	西门子冰箱	KG22N	2				
6	2017/3/24	松下电视	4233C	数据缺失				
7	2017/3/25	格力空调	372LW	1				
8	2017/3/26	海尔空调	35GW	2				
9	2017/3/26	西门子冰箱	KA92N	2				
10	2017/3/26	松下电视	4233C	1				

图 8-91　使用 SUMPRODUCT 函数多条件求和

操作步骤如下。

在 H3 单元格输入以下公式。

```
=SUMPRODUCT((B2:B10=F3)*(C2:C10=G3),D2:D10)
```

公式中的“(B2:B10=F3)”部分是判断 B 列的商品名称是否等于 F3 单元格指定的名称，得到一组逻辑值：

```
{TRUE;FALSE;TRUE;FALSE;TRUE;FALSE;FALSE;FALSE;TRUE}
```

公式中的“(C2:C10=G3)”部分是判断 C 列的规格型号是否等于 G3 单元格指定的型号，得到一组逻辑值：

```
{TRUE;FALSE;FALSE;FALSE;TRUE;FALSE;FALSE;FALSE;TRUE}
```

两组逻辑值对应相乘，TRUE*TURE 时结果为 1，其他均为 0：

```
{1;0;0;0;1;0;0;0;1}
```

再将这个数组与 D2:D10 部分对应相乘。由于 D6 单元格的值为“数据缺失”，属于文本型数据，SUMPRODUCT 将其转化为 0 处理。最后将两个参数的乘积相加，得到计算结果 3。

示例结束

另外一种常见的 SUMPRODUCT 多条件求和写法是：

```
=SUMPRODUCT(条件 1*条件 2*…条件 n*求和区域)
```

示例 8-48　按月份计算销售总额

素材所在位置为：

素材\第 8 章　公式和函数\示例 8-48　按月份计算销售总额.xlsx

图 8-92 所示是某公司三位业务员在不同月份的销售金额的部分内容。现在需要按照 F3 单元格指定的月份，计算该月份三位业务员的销售总额。

操作步骤如下。

在 G3 单元格输入以下公式。

```
=SUMPRODUCT((A2:A10=F3)*B2:D10)
```

公式首先用"A2:A10=F3"比较 A 列中的月份是否等于 F3 单元格指定的月份，然后用比较后的逻辑值分别与 B2:D10 单元格区域的每个元素对应相乘，如图 8-93 所示。

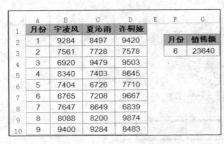

图 8-92　按月份计算销售总额

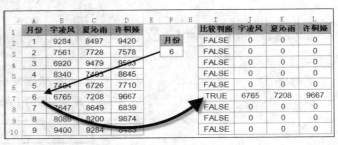

图 8-93　计算过程

最后使用 SUMPRODUCT 函数对乘积进行求和。

示例结束

注意

两种 SUMPRODUCT 函数多条件求和写法的区别是：第一种写法 SUMPRODUCT 函数拥有两个参数，要求各个参数的区域大小一致，同时求和区域的非数值数据会被转换为 0 后参与乘积运算。第二种写法 SUMPRODUCT 只拥有一个参数，非数值的数据在参与乘积运算时不会被转换为 0。

3. 使用 SUMPRODUCT 条件计数

SUMPRODUCT 函数除了可以用于多条件求和，还可以用于多条件计数，多条件计数时的通用写法是：

=SUMPRODUCT(条件 1*条件 2*…条件 n)

示例 8-49　统计考核为优秀的女员工人数

素材所在位置为：

素材\第 8 章　公式和函数\示例 8-49 统计考核为优秀的女员工人数.xlsx

图 8-94 所示为某单位业务考核表的部分内容，现在需要统计考核为优秀的女员工人数。

操作步骤如下。

在 F2 单元格输入以下公式。

=SUMPRODUCT((B2:B10="女")*(C2:C10="优秀"))

公式分别用"B2:B10="女""和"C2:C10="优秀""，对性别和考核评定内容进行判断，分别返回一组逻辑值，再将比对后得到的两组逻辑值相乘，最后用 SUMPRODUCT 函数计算乘积的总和。

图 8-94　统计考核为优秀的女员工人数

示例结束

8.7.6 ｜ 平均值函数的应用

1. 认识 AVERAGE 函数

AVERAGE 函数用于返回参数的算术平均值，函数的基本语法为：

```
AVERAGE(number1,[number2],…)
```

参数是要计算平均值的数字、单元格引用或单元格区域。

示例 8-50　计算平均收益率

素材所在位置为：

素材\第 8 章　公式和函数\示例 8-50 计算平均收益率.xlsx

图 8-95 所示是部分货币型基金收益表的内容，现在需要根据 F 列的年化收益率计算各基金的平均年化收益率。

	A	B	C	D	E	F	G	H
1	序号	基金代码	基金简称	日期	万份收益	年化收益率	近1月	近3月
2	1	000700	货币基金A	2019/1/25	0.7946	5.58%	0.40%	0.92%
3	2	005151	货币基金B	2019/1/27	0.7214	4.50%	0.39%	0.90%
4	3	162206	货币基金C	2019/1/25	0.7322	5.32%	0.38%	0.86%
5	4	005150	货币基金D	2019/1/27	0.6556	4.25%	0.37%	0.84%
6	5	004078	货币基金E	2019/1/26	0.8164	2.99%	0.34%	0.83%
7	6	004545	货币基金F	2019/1/25	0.8659	3.11%	0.34%	0.92%
8	7	001895	货币基金G	2019/1/25	0.5976	6.23%	0.33%	0.89%
9	8	004077	货币基金H	2019/1/26	0.7506	2.74%	0.32%	0.77%
10	9	000533	货币基金I	2019/1/25	0.8844	3.07%	0.32%	0.86%
11	10	675072	货币基金J	2019/1/25	0.8366	3.18%	0.32%	0.65%
12	11	002302	货币基金K	2019/1/27	0.7526	2.91%	0.32%	0.94%
13	12	001233	货币基金L	2019/1/25	0.768	2.82%	0.32%	0.79%
14	13	001894	货币基金M	2019/1/25	0.5403	5.98%	0.31%	0.83%
15								
16	平均年化收益率		4.00%					

图 8-95　计算平均收益率

操作步骤如下。

在空白单元格输入以下公式，结果为 4.00%。

```
=ROUND(AVERAGE(F2:F14),2)
```

首先使用 AVERAGE 函数计算出 F2:F14 单元格区域的平均数，再使用 ROUND 函数将计算结果保留为两位小数。

ROUND 函数的作用是将数字四舍五入到指定位数，详细介绍请参阅 8.8.2 节。

示例结束

2. 单条件计算平均值

AVERAGEIF 函数可以返回某个区域内符合多个条件的算术平均值，该函数的语法和实际用法与 SUMIF 函数类似。其基本语法为：

```
AVERAGEIF(range, criterra,[average_range])
```

第一参数是用于判断条件的单元格区域。第二参数是计算平均值的条件。第三参数是计算平均值的实际单元格区域，如果省略第三参数，则对第一参数计算平均值。

示例 8-51　计算指定条件的平均日增长率

素材所在位置为：

素材\第 8 章　公式和函数\示例 8-51 计算指定条件的平均日增长率.xlsx

图 8-96 所示是某网站公布的基金排行表的部分内容，现在需要根据 D 列的币种和 G 列的日增长率，计算币种为“人民币”的基金平均日增长率。

操作步骤如下。

在空白单元格输入以下公式，结果为 0.2225%。

```
=AVERAGEIF(D:D,"人民币",G:G)
```

	A	B	C	D	E	F	G	H
1	序号	基金代码	基金简称	币种	日期	单位净值	日增长率	近1周
2	1	968006	基金A	人民币	1月24日	1.0397	0.47%	1.82%
3	2	968007	基金B	人民币	1月24日	1.5353	0.66%	1.61%
4	3	968029	基金C	人民币	1月24日	0.9508	0.42%	1.38%
5	4	968009	基金D	人民币	1月24日	8.8	-0.23%	1.03%
6	5	968016	基金E	美元	1月24日	13.51	0.37%	0.75%
7	6	968019	基金F	美元	1月24日	23.14	0.35%	0.74%
8	7	968021	基金G	人民币	1月24日	100.69	0.35%	0.73%
9	8	968018	基金H	人民币	1月24日	104.37	0.35%	0.72%
10	9	968012	基金I	人民币	1月24日	10.28	0.29%	0.59%
11	10	968013	基金J	人民币	1月24日	119.2154	0.34%	0.58%
12	11	968033	基金K	人民币	1月23日	0.9946	-0.02%	0.40%
13	12	968003	基金L	美元	1月24日	10.85	0.18%	0.37%

图 8-96　计算指定条件的平均日增长率

D:D 表示 D 列的整列引用，是要判断条件的单元格区域，G:G 表示 G 列的整列引用，是要计算平均值的单元格区域。如果 D 列的币种等于指定的条件"人民币"，则对 G 列对应的数值计算平均值。

示例结束

3. 多条件计算平均值

AVERAGEIFS 函数用于计算某个区域内符合多个条件的算术平均值，其用法与 SUMIFS 函数类似。

示例 8-52　多条件计算平均数

素材所在位置为：

素材\第 8 章 公式和函数\示例 8-52 多条件计算平均数.xlsx

图 8-97 所示是某电器商场的部分销售记录，现在需要计算日期为 1 月 25 日，商品名称为空调的平均销售额。

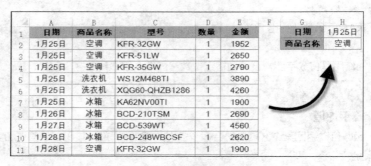

图 8-97　多条件计算平均数

操作步骤如下。

在空白单元格输入以下公式。

```
=AVERAGEIFS(E:E,A:A,H1,B:B,H2)
```

第一参数 E:E 是用于计算平均值的单元格区域。"A:A,H1"和"B:B,H2"两部分是两对区域/条件。如果 A 列的日期等于 1 月 25 日，并且 B 列的商品名称等于"空调"，则对 E 列单元格区域对应的数值计算平均值。

示例结束

4. 计算去除最高值、最低值的平均值

TRIMMEAN 函数用于返回数据集的内部平均值，从数据集的头部和尾部除去一定百分比的数据点，然后再计算平均值。当希望在数据分析中剔除一部分数据计算时，可以使用此函数。

TRIMMEAN 函数的参数为：

```
TRIMMEN(array,percent)
```

第一参数为求平均值的数组或数值区域。第二参数为排除数据点的比例。如果排除的数据点数目为奇数，将向下舍入最接近的 2 的倍数。

示例 8-53 计算去除极值的平均得分

素材所在位置为：

素材\第 8 章 公式和函数\示例 8-53 计算去除极值的平均得分.xlsx

图 8-98 所示为某单位元旦歌曲比赛的得分记录表，现在需要统计参赛员工去掉个最高分和最低分后的平均得分。

	A	B	C	D	E	F	G	H
1	姓名	得分1	得分2	得分3	得分4	得分5	得分6	平均得分
2	陆艳菲	25.83	63.29	87.77	78.29	77.81	51.79	67.80
3	杨庆东	75.48	79.66	39.67	79.97	36.95	63.26	64.52
4	任继先	39.44	84.17	20.93	65.28	25.99	72.44	50.79
5	陈尚武	45.63	32.67	24.29	26.22	77.29	46.30	37.71
6	李光明	34.57	79.79	29.33	14.44	29.32	27.92	30.29
7	李厚辉	42.47	28.89	52.83	28.23	40.67	55.79	41.22
8	毕淑华	84.54	9.42	82.09	25.31	73.75	20.16	50.33
9	赵会芳	14.55	88.03	52.75	14.83	82.84	78.56	57.25
10	赖群毅	86.27	93.20	66.77	92.55	56.89	23.28	75.62

图 8-98 计算去除极值的平均得分

操作步骤如下。

在 H2 单元格输入以下公式，向下复制到 H10 单元格。

```
=TRIMMEAN(B2:G2,2/6)
```

TRIMMEN 函数的第二参数使用“2/6”，表示在 B2:G2 单元格区域的 6 组数据中，去除一个最高值和一个最低值，然后计算平均值。

示例结束

8.7.7 极值计算函数的应用

1. 最小值和最大值

MIN 函数返回一组数值中的最小值，MAX 函数返回一组数值中的最大值。

示例 8-54 计算最高和最低值

素材所在位置为：

素材\第 8 章 公式和函数\示例 8-54 计算最高和最低值.xlsx

图 8-99 所示是某网站公布的基金排行表的部分内容，现在需要根据 E 列中的万份收益，计算最高和最低万份收益。

操作步骤如下。

在 C16 单元格输入以下公式，计算 E2:E14 单元格区域的最大值。

```
=MAX(E2:E14)
```

在 C18 单元格输入以下公式，计算 E2:E14 单元格区域的最小值。

```
=MIN(E2:E14)
```

示例结束

	A	B	C	D	E	F	G	H
1	序号	基金代码	基金简称	日期	万份收益	年化收益率	近1月	近3月
2	1	000700	货币基金A	2019/1/25	0.7946	5.58%	0.40%	0.92%
3	2	005151	货币基金B	2019/1/27	0.7214	4.50%	0.39%	0.90%
4	3	162206	货币基金C	2019/1/25	0.7322	5.32%	0.38%	0.86%
5	4	005150	货币基金D	2019/1/27	0.6556	4.25%	0.37%	0.84%
6	5	004078	货币基金E	2019/1/26	0.8164	2.99%	0.34%	0.83%
7	6	004545	货币基金F	2019/1/25	0.8659	3.11%	0.34%	0.92%
8	7	001895	货币基金G	2019/1/25	0.5976	6.23%	0.33%	0.89%
9	8	004077	货币基金H	2019/1/26	0.7506	2.74%	0.32%	0.77%
10	9	000533	货币基金I	2019/1/25	0.8844	3.07%	0.32%	0.86%
11	10	675072	货币基金J	2019/1/25	0.8366	3.18%	0.32%	0.65%
12	11	002302	货币基金K	2019/1/27	0.7526	2.91%	0.32%	0.94%
13	12	001233	货币基金L	2019/1/25	0.768	2.82%	0.32%	0.79%
14	13	001894	货币基金M	2019/1/25	0.5403	5.98%	0.31%	0.83%
15								
16	最高万份收益		0.8844					
17								
18	最低万份收益		0.5403					

图 8-99　计算最高和最低值

2. 按条件计算最大、最小值

Excel 2016 在计算指定条件的最大值或是最小值时，没有提供可以直接处理的函数，因此需要用到数组公式。数组公式是指在公式计算过程中执行了多项计算时，需要按下<Ctrl+Shift+Enter>组合键完成编辑的特殊公式。作为数组公式的标识，Excel 会自动在数组公式的首尾添加大括号“{}”。

示例 8-55　计算符合条件的最大值和最小值

素材所在位置为：

素材\第 8 章　公式和函数\示例 8-55　计算符合条件的最大值和最小值.xlsx

图 8-100 所示是某网站公布的股市行情的部分记录，现在需要根据 E 列的涨跌幅，统计涨跌幅在 0%以上的最高成交额。

	A	B	C	D	E	F	G	H	I
1	序号	代码	名称	最新价	涨跌幅	涨跌额	成交量（手）	成交额（亿）	振幅
2	1	601598	股票A	1月4日	-2.85%	-0.14	110.3万	5.32	3.86%
3	2	601319	股票B	1月5日	2.23%	0.12	129.5万	7.18	6.31%
4	3	601068	股票C	1月5日	-5.36%	-0.3	37.75万	2.04	4.64%
5	4	601869	股票D	2月9日	-2.24%	-0.92	4.56万	1.85	2.39%
6	5	603713	股票E	1月31日	-7.17%	-2.45	4.05万	1.33	6.82%
7	6	603650	股票F	1月20日	-4.29%	-0.9	5.8万	1.18	4.53%
8	7	603587	股票G	1月23日	0.13%	0.03	1.92万	0.4449	1.82%
9	8	601066	股票H	1月11日	0.90%	0.1	47.84万	5.38	4.41%
10	9	601990	股票I	1月9日	-2.51%	-0.24	25.48万	2.4	2.30%
11	10	603666	股票J	2月15日	0.67%	0.31	1.81万	0.841	3.91%
12	11	601330	股票K	1月12日	-8.50%	-1.17	29.86万	3.86	4.65%

图 8-100　计算符合条件的最大值

操作步骤如下。

在空白单元格输入以下数组公式，按<Ctrl+Shift+Enter>组合键，注意输入公式时不要手工输入外侧的大括号。

```
{=MAX(IF(E2:E12>0,H2:H12))}
```

公式中的“IF(E2:E12>0,H2:H12)”部分，IF 函数的第三参数省略，如果“E2:E12>0”的条件成立，即返回第二参数 H2:H12 对应的值，否则返回逻辑值 FALSE，结果为：

```
{FALSE;7.18;FALSE;FALSE;FALSE;FALSE;0.4449;5.38;FALSE;0.841;FALSE}
```

其中的数值部分，即表示 E2:E12 单元格区域中“>0”的对应位置。MAX 函数在计算时，忽略数组或引用中的空白单元格、逻辑值及文本，因此只计算数值中的最大值，结果为 7.18（亿）。

同理，如果要计算涨跌幅在 0%以上的最低成交额，只要将 MAX 函数更改为 MIN 函数即可。在空白单元格输入以下数组公式，按<Ctrl+Shift+Enter>组合键，计算结果为 0.4449（亿）。

```
{=MIN(IF(E2:E12>0,H2:H12))}
```

公式计算原理与前者相同。

示例结束

3. SMALL 和 LARGE 函数

SMALL 函数返回数据集中的第 k 个最小值，函数的语法为：

```
SMALL(array,k)
```

第一参数是需要查找数据的数组或单元格区域。第二参数是指定要返回的数据在数组或数据区域里的位置（从小到大）。

LARGE 函数返回数据集中第 k 个最大值，该函数的参数特性和使用方法与 SMALL 函数相同。

示例 8-56　统计前三名销量之和

素材所在位置为：

素材\第 8 章　公式和函数\示例 8-56　统计前三名销量之和.xlsx

图 8-101 所示是某公司销售数据表的部分内容，现在需要统计前三名销量之和。

操作步骤如下。

在 D2 单元格输入以下公式：

```
=SUM(LARGE(B2:B10,{1,2,3}))
```

公式使用数组常量{1,2,3}作为 LARGE 函数的第二参数，表示分别提取 B2:B10 单元格区域中的第 1 个、第 2 个和第 3 个最大值，返回结果为{957,945,905}，最后使用 SUM 函数求和汇总。

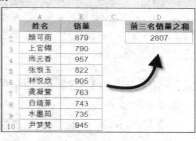

图 8-101　统计前三名销量之和

示例结束

8.7.8　FREQUENCY 函数

FREQUENCY 函数常用于统计数据的分布频率，随着对这个函数研究的不断深入，FREQUENCY 函数在日常工作中使用范围也越来越广泛，函数的语法为：

```
FREQUENCY(data_array,bins_array)
```

公式中"data_array"为一个数组或引用，用来计算频率。"bins_array"为间隔的数组或对间隔的引用，该间隔对于 data_array 中的数值进行分组统计。

FREQUENCY 函数按 n 个分段点划分为 n+1 个区间。对于每一个分段点，按照向上舍入原则进行统计，即统计小于等于此分段点，大于上一分段点的频数，结果生成 n+1 个统计值，多出的元素表示最高间隔以上的计数结果。计算时忽略文本值、逻辑值和空单元格，只对数值进行统计。

对于参数 bins_array 中重复出现的分段点值数据，只在该分段点首次出现时返回其统计频数，其后重复出现的分段点返回统计频数为 0。

示例 8-57　分段计数统计

素材所在位置为：

素材\第 8 章　公式和函数\示例 8-57　分段计数统计.xlsx

图 8-102 所示是某公司员工业绩考核的部分内容，现在需要按照 D 列的区间范围，统计不同区间的人数。
操作步骤如下。

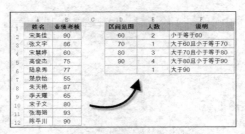

图 8-102　分段计数统计

同时选中 E2:E6 单元格区域，在编辑栏中输入以下数组公式，按<Shift+Ctrl+Enter>组合键，注意不要录入外侧的大括号。

```
{=FREQUENCY(B2:B12,D2:D5)}
```

公式中的 B2:B12 是用来计算频率的数据源，D2:D5 是进行分组间隔的引用。

本例中 D2:D5 的分组间隔共 4 个，公式输入后，在 E2～E6 单元格中依次得到 5 个数值结果，分别表示小于等于 60、大于 60 且小于等于 70、大于 70 且小于等于 80、大于 80 且小于等于 90、大于 90 的个数。

本例中，FREQUENCY 得到的是有多个元素的结果，因此在输入公式时，需要先同时选中比分组间隔元素多一个的单元格范围。

示例 8-58　提取不重复的第 N 个最大值

素材所在位置为：

素材\第 8 章 公式和函数\示例 8-58 提取不重复的第 N 个最大值.xlsx

图 8-103 所示为某公司销售数据的部分内容，需要提取不重复的第 3 名销量。两个 100 都为第 1 名，3 个 98 都为第 2 名，因此，不重复的第 3 名销量应是 78。

操作步骤如下。

在 D2 单元格输入以下公式：

```
=LARGE(IF(FREQUENCY(B2:B12,B2:B12),B2:B12),3)
```

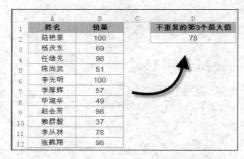

图 8-103　提取不重复的第 3 个最大值

利用 FREQUENCY 函数统计 B2:B12 单元格每个元素分别出现的频率，返回内存数组：

{2;1;3;1;0;1;1;0;1;1;0;0}。

由于 FREQUENCY 函数仅在数值首次出现时返回该数值在数据区间中的个数，其他返回 0，因此用 IF 函数判断内存数组是否大于 0，并返回由首次出现的次数和逻辑值 FALSE 组成的新数组：

{100;69;98;51;FALSE;57;49;FALSE;37;78;FALSE;FALSE}

最后使用 LARGE 函数忽略逻辑值得出第 3 个最大值，即不重复的第 3 名销量。

8.7.9 筛选状态下的数据统计

1. 认识 SUBTOTAL 函数

SUBTOTAL 函数只统计可见单元格的内容，通过给定不同的第一参数，可以完成计数、求和、平均值、乘积等等多种汇总方式。函数的基本语法为：

`SUBTOTAL(function_num,ref1,[ref2],...)`

第一参数使用数字 1～11 或 101～111，用于指定要为分类汇总使用哪种函数。第二参数是需要对其进行分类汇总计算的单元格区域。

第一参数如果使用 1～11，将包括手动隐藏的行。使用 101～111 时，则排除手动隐藏的行。无论使用数字 1～11 或 101～111，始终排除已筛选掉的单元格。

SUBTOTAL 函数的第一参数说明如表 8-3 所示。

表 8-3 　　　　　　　　　　　　SUBTOTAL 函数不同的第一参数及作用

第一参数使用的数字（包含手工隐藏行）	第一参数使用的数字（忽略手工隐藏行）	使用的函数	说明
1	101	AVERAGE	求平均值
2	102	COUNT	求数值的个数
3	103	COUNTA	求非空单元格的个数
4	104	MAX	求最大值
5	105	MIN	求最小值
6	106	PRODUCT	求数值连乘的乘积
7	107	STDEV.S	求样本标准偏差
8	108	STDEV.P	求总体标准偏差
9	109	SUM	求和
10	110	VAR.S	求样本的方差
11	111	VAR.P	求总体方差

注意

SUBTOTAL 函数仅适用于数据列或垂直区域，不适用于数据行或水平区域。

示例 8-59 　按部门筛选后的数据统计

素材所在位置为：

素材\第 8 章 公式和函数\示例 8-59 按部门筛选后的数据统计.xlsx

图 8-104 所示为某企业销售情况，现在需要对按筛选后的销售额进行汇总计算。

计算销售总额的公式为：

`=SUBTOTAL(9,C2:C11)`

计算平均销售额公式为：

	A	B	C	D
1	部门	姓名	销售额	
2	销售一部	陆艳菲	88139	
3	销售一部	杨庆东	98564	
7	销售一部	李厚辉	84249	
8	销售一部	毕淑华	81957	
11	销售一部	李从林	68408	
12				
13	统计内容	计算结果	使用公式	
14	销售总额	421317	=SUBTOTAL(9,C2:C11)	
15	平均销售额	84263.4	=SUBTOTAL(1,C2:C11)	
16	最高销售额	98564	=SUBTOTAL(4,C2:C11)	
17	最低销售额	68408	=SUBTOTAL(5,C2:C11)	

图 8-104 　按部门筛选后的数据统计

```
=SUBTOTAL(1,C2:C11)
```
计算最高销售额的公式为：
```
=SUBTOTAL(4,C2:C11)
```
计算最低销售额的公式为：
```
=SUBTOTAL(5,C2:C11)
```

⌐ 示例结束

2. 筛选后保持连续的序号

在实际工作中，经常会遇到一些需要筛选后打印的数据表。如果按常规方法输入序号后，一旦数据经过筛选，序号就会发生错乱。使用 SUBTOTAL 函数可以制作筛选后依然保持连续的序号。

⌐ **示例 8-60 筛选后依然保持连续的序号**

素材所在位置为：
素材\第 8 章 公式和函数\示例 8-60 筛选后依然保持连续的序号.xlsx

图 8-105 所示是某公司销售记录表的部分内容。使用筛选操作，仅显示采购部和质保部的数据时，A 列的序号会发生错乱。

如需在报表中执行筛选操作后，A 列的序号依然能保持连续，可以先取消筛选，然后在 A2 单元格输入以下公式，向下复制到 A14 单元格。

```
=SUBTOTAL(3,B$2:B2)*1
```

再执行筛选操作后，A 列中的序号始终保持连续，如图 8-106 所示。

序号	部门	姓名	补助
6	采购部	庄雪涯	660
7	采购部	简知秋	590
8	采购部	彤圣杭	880
9	采购部	牟春秋	960
10	质保部	明与雁	870
11	质保部	于光豪	590
12	质保部	叶振一	420
13	质保部	许桐娅	890

图 8-105 序号发生错乱的数据表

序号	部门	姓名	补助
1	采购部	庄雪涯	660
2	采购部	简知秋	590
3	采购部	彤圣杭	880
4	采购部	牟春秋	960
5	质保部	明与雁	870
6	质保部	于光豪	590
7	质保部	叶振一	420
8	质保部	许桐娅	890

图 8-106 序号保持连续

公式中"B$2:B2"部分，利用绝对引用和相对引用，实现当公式向下填充时依次变为 B$2:B3、B$2:B4，即 SUBTOTAL 函数的统计区域自动扩展至当前行所在位置。

第一参数使用 3，就是告诉 SUBTOTAL 函数要执行的汇总方式是 COUNTA 函数。COUNTA 函数用于计算区域中非空单元格的个数，用 SUBTOTAL(3,区域)，表示计算区域中可见的非空单元格个数。

直接使用 SUBTOTAL 函数时，在筛选状态下 Excel 会将最后一行作为汇总行，从而导致筛选结果发生错误。最后通过乘 1 计算，可以避免筛选时导致的末行序号出错。

⌐ 示例结束

8.8 数学类函数的应用

用户掌握 Excel 数学计算类函数的基础应用技巧，可以在数据处理分析中快速完成舍入、取余等数学计算。

8.8.1 认识 MOD 函数

在数学概念中，余数是被除数与除数进行整除运算后剩余的数值。余数的绝对值必定小于除数的绝对值。

例如 13 除以 5，余数为 3。

MOD 函数用来返回两数相除后的余数，其结果的正负号与除数相同。函数的语法结构为：

```
MOD(number,divisor)
```

第一参数是被除数，第二参数是除数。

示例 8-61　根据身份证号码判断性别

素材所在位置为：

素材\第 8 章　公式和函数\示例 8-61　根据身份证号码判断性别.xlsx

整数包括奇数和偶数，能被 2 整除的数是偶数，否则为奇数。在实际工作中，可以使用 MOD 函数计算数值除以 2 的余数，利用余数的大小判断数值的奇偶性。

以下公式可以判断数值 19 的奇偶性：

```
=IF(MOD(19,2),"奇数","偶数")
```

MOD(19,2)部分的计算结果为 1，在 IF 函数的第一参数中，非零数值相当于逻辑值 TRUE，最终返回判断结果为"奇数"。

图 8-107 所示为利用 MOD 函数判断身份证号码中性别标识位的奇偶性，从而识别男女。

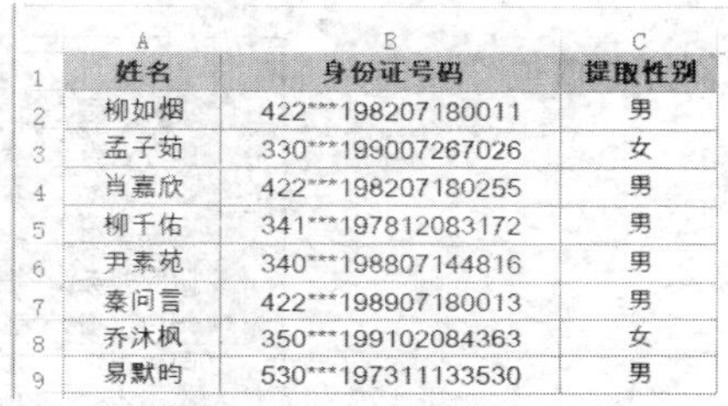

操作步骤如下。

在 C2 单元格输入以下公式，向下复制到 C9 单元格。

```
=IF(MOD(MID(B2,17,1),2),"男","女")
```

先使用 MID 函数提取 B2 单元格第 17 位的字符，再使用 MOD 函数计算与 2 相除的余数，返回 1 或是 0。

	A	B	C
1	姓名	身份证号码	提取性别
2	柳如烟	422***198207180011	男
3	孟子茹	330***199007267026	女
4	肖嘉欣	422***198207180255	男
5	柳千佑	341***197812083172	男
6	尹素苑	340***198807144816	男
7	秦问言	422***198907180013	男
8	乔沐枫	350***199102084363	女
9	易默昀	530***197311133530	男

图 8-107　根据身份证号码判断性别

最后使用 IF 函数，根据 MOD 函数的计算结果返回指定值。MOD 函数计算结果为 1 时，IF 函数返回"男"，否则返回"女"。

示例结束

8.8.2　常用的取舍函数

在对数值的处理中，经常会遇到进位或舍去的情况。例如，去掉某数值的小数部分、按 1 位小数四舍五入或保留 4 位有效数字等。

Excel 2016 提供了以下常用的取舍函数，如表 8-4 所示。

表 8-4　　　　　　　　　　　　　常用取舍函数汇总

函数名称	功能描述
INT	取整函数，将数字向下舍入为最接近的整数
ROUND	将数字四舍五入到指定位数
MROUND	返回参数按指定基数进行四舍五入后的数值
ROUNDUP	将数字朝远离零的方向舍入，即向上舍入
ROUNDDOWN	将数字朝向零的方向舍入，即向下舍入
CEILING	将数字向上舍入为最接近的整数，或最接近的指定基数的整数倍
FLOOR	将数字向下舍入为最接近的整数，或最接近的指定基数的整数倍
EVEN	将正数向上舍入、负数向下舍入为最接近的偶数
ODD	将正数向上舍入、负数向下舍入为最接近的奇数

1. 四舍五入 ROUND 函数

ROUND 函数是最常用的四舍五入函数之一，用于将数字四舍五入到指定的位数。该函数对需要保留位数的右边 1 位数值进行判断，若小于 5 则舍弃，若大于等于 5 则进位。函数的语法结构为：

```
ROUND(number,num_digits)
```

ROUND 函数第 1 参数是需要修约的数值，第 2 参数用于指定小数位数。若为正数，则对小数部分进行四舍五入；若为负数，则对整数部分进行四舍五入。

示例 8-62　计算销售提成额

素材所在位置为：

素材\第 8 章 公式和函数\示例 8-62 计算销售提成额.xlsx

图 8-108 所示是某公司的销售数据，提成比例为 13.3%。现在需要根据 C 列的订单金额计算销售提成，计算结果四舍五入到整数。

	A	B	C	D	E	F
1	销售途径	销售人员	订单金额	订单日期	订单 ID	提成额
2	国际业务	张春艳	1117.80	2018/9/18	10303	
3	国际业务	杨白光	954.40	2018/9/17	10304	
4	国际业务	周林波	3741.30	2018/10/9	10305	
5	国际业务	杨白光	498.50	2018/9/23	10306	
6	国内市场	张春艳	88.80	2018/9/24	10308	
7	国内市场	刘庆	1762.00	2018/10/23	10309	
8	国内市场	周林波	336.00	2018/9/27	10310	
9	国内市场	杨白光	268.80	2018/9/26	10311	
10	邮购业务	杨白光	2094.30	2018/10/4	10314	
11	邮购业务	林茂	516.80	2018/10/3	10315	

图 8-108　计算销售提成额

操作步骤如下。

在 F2 输入以下公式，向下复制到 F11 单元格。

```
=ROUND(C2*0.133,0)
```

ROUND 函数第二参数使用 0，表示四舍五入到整数。如需将提成额四舍五入到十位，可以使用以下公式。

```
=ROUND(C2*0.133,-1)
```

如需将提成额四舍五入到小数点后两位，可以使用以下公式。

```
=ROUND(C2*0.133,2)
```

示例结束

2. 向下舍入取整的 INT 函数

INT 函数的作用是将数字向下舍入到最接近的整数，例如公式=INT(7/3)，结果为 2。

3. 随机函数 RAND

随机数是一个事先不确定的数，在随机抽取试题、随机安排考生座位、随机抽奖等应用中，都需要使用随机数进行处理。使用 RAND 函数和 RANDBETWEEN 函数均能生成随机数。

RAND 函数不需要参数，可以随机生成一个大于等于 0 且小于 1 的小数，而且得到的随机小数重复概率会非常低。若要生成 a 与 b 之间的随机实数，模式化公式为：

```
=RAND()*(b-a)+a
```

RANDBETWEEN 函数的语法为：

```
RANDBETWEEN(bottom,top)
```

两个参数分别为下限和上限，用于指定产生随机数的范围。生成一个大于等于下限值且小于等于上限值的整数。

这两个随机函数都是易失性函数，每次工作表重新计算或是重新打开工作簿，计算结果都会发生变化。

示例 8-63　产生 50～100 的随机整数

素材所在位置为：

素材\第 8 章 公式和函数\示例 8-63 产生 50～100 的随机整数.xlsx

以下函数公式将产生 50～100 的随机整数，结果如图 8-109 所示。

在 A2 单元格输入以下公式，向下复制到 A9 单元格：

`=INT(RAND()*50+50)`

在 B2 单元格输入以下公式，向下复制到 B9 单元格：

`=RANDBETWEEN(50,100)`

A	B
RAND	RANDBETWEEN
92	64
93	62
95	75
55	56
63	59
53	99
54	81
99	58

图 8-109　产生 50～100 的随机整数

示例结束

8.9　日期和时间类函数的应用

日期和时间是 Excel 中一种特殊类型的数据。日期和时间的计算在各个领域中都具有非常广泛的应用。Excel 2016 提供了丰富的日期函数用来处理日期数据，常用日期函数及功能如表 8-5 所示。

表 8-5　　　　　　　　　　　　　　　常用日期函数

函数名称	功能
DATE 函数	根据指定的年份、月份和日期返回日期序列值
DATEDIF 函数	计算日期之间的年数、月数或天数
DAY 函数	返回某个日期的在一个月中的天数
MONTH 函数	返回日期中的月份
YEAR 函数	返回对应某个日期的年份
TODAY 函数	用于生成系统当前的日期
NOW 函数	用于生成系统日期时间格式的当前日期和时间
EDATE 函数	返回指定日期之前或之后指定月份数的日期
EOMONTH 函数	返回指定日期之前或之后指定月份数的月末日期
WEEKDAY 函数	以数字形式返回指定日期是星期几
WORKDAY 函数	返回指定工作日之前或之后的日期
WORKDAY.INTL 函数	使用自定义周末参数，返回指定工作日之前或之后的日期
NETWORKDAYS 函数	返回两个日期之间的完整工作日数
NETWORKDAYS.INTL 函数	使用自定义周末参数返回两个日期之间的完整工作日数
DAYS360 函数	按每年 360 天返回两个日期间相差的天数（每月 30 天）

Excel 将日期存储为整数序列值，日期取值区间为 1900 年 1 月 1 日至 9999 年 12 月 31 日。一个日期对应一个数字，常规数值的 1 个单位在日期中代表 1 天。Excel 中的时间可以精确到千分之一秒，时间数据被存储为 0.0 到 0.99999999 之间的小数。构成日期的整数和构成时间的小数可以组合在一起，生成既有小数部分又有整数部分的数字。

日期和时间都是数值，因此也可以进行加、减等各种运算。

8.9.1 　使用 EDATE 函数进行简单的日期计算

EDATE 函数用于返回指定日期之前或之后指定月份数的日期。

示例 8-64　计算员工试用期到期日

素材所在位置为：

素材\第 8 章　公式和函数\示例 8-64　计算员工试用期到期日.xlsx

图 8-110 所示是某公司员工信息表的部分内容，需要根据 B 列的员工入职日期和 C 列的试用期月数，计算试用期到期日。

	A	B	C	D
1	姓名	入职时间	试用期（月）	到期日
2	苏安希	2017/2/11	3	2017/5/11
3	冷夕颜	2016/12/2	1	2017/1/2
4	舒惜墨	2017/3/5	3	2017/6/5
5	宇文冠	2017/2/1	6	2017/8/1
6	郭默青	2017/12/31	2	2018/2/28
7	伊涵诺	2016/11/26	3	2017/2/26
8	言书雅	2016/12/1	6	2017/6/1
9	陌倾城	2017/3/28	2	2017/5/28

图 8-110　计算员工试用期到期日

操作步骤如下。

在 D2 单元格输入以下公式，向下复制到 D9 单元格。

```
=EDATE(B2,C2)
```

EDATE 函数用于返回指定日期之前或之后指定月份数的日期。公式中的 B2 表示起始日期，C2 表示月份数。如果 EDATE 函数第 2 参数为正值，将生成未来日期；为负值将生成过去日期。

示例结束

8.9.2 　认识 DATEDIF 函数

DATEDIF 函数用于计算两个日期之间的天数、月数或年数。Excel 的函数列表中没有显示此函数，帮助文件中也没有相关说明。DATEDIF 是一个隐藏的、但是功能十分强大的日期函数。该函数的基本语法为：

```
DATEDIF(start_date,end_date,unit)
```

第一参数表示时间段内的起始日期，可以写成带引号的日期文本串（例如 "2017/1/30"）或是单元格引用。第二参数代表时间段内的结束日期。第三参数为所需信息的返回类型，该参数不区分大小写。不同第三参数返回的结果如表 8-6 所示。

表 8-6　　　　　　　　　　　　　　　　　DATEDIF 函数不同参数作用

unit 参数	函数返回结果
Y	时间段中的整年数
M	时间段中的整月数
D	时间段中的天数
MD	日期中天数的差。忽略日期中的月和年
YM	日期中月数的差。忽略日期中的日和年
YD	日期中天数的差。忽略日期中的年

示例 8-65　计算员工工龄

素材所在位置为：
素材\第 8 章 公式和函数\示例 8-65 计算员工工龄.xlsx

图 8-111 所示是某公司员工信息表的部分内容，现在需要根据 B 列的入职时间计算 C 列的工龄月份，截止时间是 2019 年 1 月 1 日。

操作步骤如下。

在 C2 单元格输入以下公式，向下复制到 C9 单元格。

```
=DATEDIF(B2,"2019-1-1","M")
```

DATEDIF 函数第三参数使用“M”，用于计算 B2 单元格的参加工作时间与截止日期之间间隔的整月数，不足一个月的部分被舍去。

	A	B	C
1	姓名	入职时间	工龄（月）
2	欧阳婕	2002/2/11	202
3	王梦雅	2006/12/2	144
4	舒圣闲	2010/3/5	105
5	穆晨阳	2011/2/1	95
6	陌亦殇	2014/12/31	48
7	裴清琅	2016/11/26	25
8	林羽涟	2009/12/1	109
9	洛少泽	2007/3/28	141

图 8-111 计算员工工龄

示例结束

8.9.3 与星期有关的计算

WEEKDAY 函数返回对应于某个日期的一周中的第几天，函数的基本语法为：

```
WEEKDAY(serial_number,[return_type])
```

第一参数是需要判断星期的日期。第二参数用于确定返回值的类型，一般情况下使用 2，返回结果为数字 1（星期一）到 7（星期日）。

示例 8-66 计算指定日期是星期几

素材所在位置为：
素材\第 8 章 公式和函数\示例 8-66 计算指定日期是星期几.xlsx

如图 8-112 所示，使用函数公式返回指定日期对应的星期值。

操作步骤如下。

在 B2 单元格输入以下公式：

```
=WEEKDAY(A2,2)
```

WEEKDAY 函数第二参数为 2，返回 1 至 7 的数字，表示从星期一到星期日为一周。

	A	B
1	日期	星期
2	2017/2/26	7
3	2017/3/20	1
4	2017/4/20	4
5	2017/5/23	2

图 8-112 计算指定日期是星期几

示例结束

8.9.4 与月份有关的计算

MONTH 函数返回对应日期的月份，是日常数据处理分析中最常用的日期函数之一。

示例 8-67 按月份统计各产品销售数

素材所在位置为：
素材\第 8 章 公式和函数\示例 8-67 按月份统计各产品销售数.xlsx

图 8-113 所示为某门店部分销售数据，现在需要按月份统计各商品销售总数。其中，F2:H2 区域的月份值是输入数值 8～10 后，设置自定义单元格格式为“0 月”。

操作步骤如下。

在 F3 单元格输入以下公式，复制到 F3:H6 单元格区域。

```
=SUMPRODUCT((MONTH($A$2:$A$16)=F$2)*($B$2:$B$16=$E3)*$C$2:$C$16)
```

公式中 MONTH($A$2:$A$16)=F$2 部分，判断 A2:A16 单元格区域日期的月份是否等于 F2 单元格的月份值，返回一组由逻辑值构成的内存数组。

公式中$B$2:$B$16=$E3 部分，判断 B2:B16 单元格区域的商品名称是否等于 E3 单元格的商品名称，同样返回一组由逻辑值构成的内存数组。

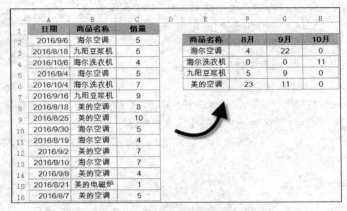

图 8-113　按月份统计各产品销售数据

两组逻辑值内存数组相乘后返回一组由 1 和 0 构成的内存数组，最后再和 C2:C16 单元格区域的销量数据相乘，由 SUMPRODUCT 函数返回乘积之和。

示例结束

8.9.5　与季度有关的计算

虽然 Excel 没有直接提供用于季度计算的函数，但用户可以通过其他函数来完成对日期所属季度的计算。

如果根据图 8-114 所示，计算相关日期所属的季度，可以使用以下公式：

`=LOOKUP(MONTH(A2),{1;4;7;10},{1,2,3,4})`

公式首先取得 A2 单元格的日期所属的月份，然后通过分隔区间判断，返回相应的季度值。

	A	B
1	日期	日期所在季度
2	2015/3/14	1
3	2014/7/2	3
4	2015/9/14	3
5	2012/7/16	3
6	2014/4/2	2
7	2015/8/5	3
8	2012/11/15	4
9	2016/8/25	3
10	2017/9/18	3

图 8-114　根据日期计算所属季度

8.9.6　时间的加减计算

在处理时间数据时，一般仅对数据进行加法和减法的计算，如计算累计通话时长、两个时间的间隔时长等。

示例 8-68　计算客户通话时长

素材所在位置为：

素材\第 8 章 公式和函数\示例 8-68 计算客户通话时长.xlsx

图 8-115 是某企业客户通话记录表的一部分，现在需要根据 B 列的通话开始时间和 C 列的通话结束时间，计算通话时长有多少分钟。

	A	B	C	D
1	客户姓名	通话开始时间	通话结束时间	通话时长（分钟）
2	葛宝云	2016-11-25 23:55:45	2016-11-26 00:01:05	5
3	李英明	2016-11-24 08:21:03	2016-11-24 08:25:00	3
4	郭文倩	2016-11-24 00:27:30	2016-11-24 00:30:31	3
5	代云峰	2016-11-25 10:43:23	2016-11-25 10:55:18	11
6	郎先俊	2016-11-24 09:43:44	2016-11-24 09:54:01	10

图 8-115　计算客户通话时长

操作步骤如下。

在 E2 单元格输入以下公式，向下复制。

```
=INT((D2-C2)*1440)
```

1 天等于 24 小时，1 小时等于 60 分钟，即一天有 1440 分钟。要计算两个时间间隔的分钟数，只要用终止时间减去开始时间，再乘以 1440 即可。最后用 INT 函数舍去计算结果中不足一分钟的部分，计算出时长的分钟数。

如果要计算两个时间间隔的秒数，可使用以下公式。

```
=(D2-C2)*86400
```

因为一天有 86400 秒，所以计算秒数时使用结束时间减去开始时间，结果再乘以 86400。

示例结束

8.10　函数公式在数据排名上的应用

根据数据值的大小进行排名计算是数据分析中常见的应用，Excel 中常用于排名的函数有 RANK 函数等。另外，部分计数统计类函数也常用于排名计算。

8.10.1　认识 RANK 函数

RANK 函数返回一列数字的数字排位，函数的基本语法为：

```
RANK(number,ref,[order])
```

第一参数是要对其排位的数字。第二参数是对数字列表的引用。第三参数是用于指定数字排位的方式，如果为零或省略，是按照自大到小降序排序。如果不为零，则是按照从小到大升序排序。

RANK 函数赋予重复数相同的排位，但重复数的存在将影响后续数值的排位。例如，在列表 7、7、6 中，数字 7 出现两次，且其排位为 1，则 6 的排位为 3（没有排位为 2 的数值）。

示例 8-69　统计销售排名

素材所在位置为：

素材\第 8 章 公式和函数\示例 8-69 统计销售排名.xlsx

根据图 8-116 所示的数据统计 B 列的销售排名。

操作步骤如下。

在 C2 单元格输入以下公式，将公式向下复制到 C10 单元格。

```
=RANK(B2,B$2:B$10)
```

RANK 函数第一参数使用 B2，第二参数使用 B$2:B$10，第三参数省略，最终按照降序排列的形式，得到 B2 单元格中的数值在 B2:B10 单元格区域内所占的排位。

	A	B	C
1	姓名	销售额	销售排名
2	文德成	768	2
3	王爱华	394	5
4	杨文兴	365	6
5	王竹零	605	3
6	刘大勇	326	7
7	林效先	168	9
8	陈力芬	282	8
9	李春燕	473	4
10	祝春生	839	1

图 8-116　统计销售排名

示例结束

8.10.2　相同数值不占用名次的排名

在使用 RANK 函数进行排名时，若出现相同名次，其后的排名数字会自动向后移，例如，存在两个第一名，则第二名自动后移成为第三名。

如果希望相同名次不影响后续的排名名次，无论有几个第一名存在，后面的名次始终还是第二名，也可以使用公式完成。

示例 8-70　相同数值不占用名次的排名

素材所在位置为：

素材\第 8 章 公式和函数\示例 8-70 相同数值不占用名次的排名.xlsx

以图 8-117 所示的数据表为例，现在需要在 D 列使用相同数值不占用名次的排名方式对销售额进行排名计算。

操作步骤如下。

在 D2 单元格输入以下公式，向下复制到 D21 单元格。

`=SUMPRODUCT((C$2:C$12>=C2)/COUNTIF(C$2:C$12,C$2:C$12))`

相同数值不占用名次的排名，本质是统计大于当前数值的不重复数值个数。

公式中"(C$2:C$12>=C2)"部分，判断 C2:C12 区域的值是否大于等于 C2 单元格的值，得到一个由逻辑值构成的内存数组。

公式中"COUNTIF(C$2:C$12,C$2:C$12)"部分，是通过数组运算得到 C$2:C$12 区域中每个值出现的次数。

依然按照示例 8-43 的计算思路，两个部分相除，得到 C2:C12 区域数值重复次数的倒数，求和后即可得到唯一值的总个数。

	A	B	C	D
1	工号	姓名	销售额	中国式排名
2	1110124	陆艳菲	100	1
3	1120680	杨庆东	100	1
4	1021126	任继先	95	2
5	1120038	陈尚武	51	7
6	1120181	李光明	64	5
7	1120644	李厚辉	85	4
8	1021126	毕淑华	18	8
9	1121003	赵会芳	5	10
10	1021209	赖群毅	17	9
11	1120022	李从林	61	6
12	1120018	张鹤翔	89	3

图 8-117　相同数值不占用名次的排名

示例结束

8.11　使用公式进行描述分析

素材所在位置为：

素材\第 8 章 公式和函数\ 8.11 使用公式进行描述分析.xlsx

描述统计是数据分析中常用的方法，它是指通过数学方法，对数据资料进行整理、分析，并对数据的分布状态、数字特征和随机变量之间的关系进行估计和描述的方法。描述统计通常包括集中趋势分析、离散趋势分析和相关分析三大部分。使用公式可以满足这样的分析需求。

图 8-118 显示了两组不同型号的相机快门使用寿命的测试值，可以使用公式来对这两组数据进行统计描述。

以 A 列数据为例。

（1）平均值

`=AVERAGE(A2:A16)`

（2）标准误差

`=STDEV(A2:A16)/SQRT(COUNT(A2:A16))`

（3）中位数（排序后处于中间的值）

`=MEDIAN(A2:A16)`

（4）众数（出现次数最多的数）

`=MODE(A2:A16)`

（5）标准差

`=STDEV(A2:A16)`

（6）方差

`=VAR(A2:A16)`

（7）峰度（衡量数据分布起伏变化的指标）

`=KURT(A2:A16)`

（8）偏度（衡量数据峰值偏移的指标）

`=SKEW(A2:A16)`

（9）区域（极差，即最大值与最小值的差值）

`=MAX(A2:A16)-MIN(A2:A16)`

（10）平均置信度（90%）

`=TINV(0.05,COUNT(A2:A16)-1)*STDEV(A2:A16)/SQRT(COUNT(A2:A16))`

同样 B 列数据应用上述公式进行计算，得到如图 8-119 所示的分析结果。

	A 快门型号A	B 快门型号B
1	快门型号A	快门型号B
2	50006	49934
3	50029	49991
4	49912	49988
5	50016	50041
6	50029	49946
7	50043	49970
8	49910	49988
9	49938	49998
10	50081	50076
11	50012	49962
12	50080	50074
13	50029	49988
14	49902	50053
15	50000	50087
16	50042	49911

图 8-118　相机快门使用寿命数据

	A 快门型号A	B 快门型号B	C	D 描述分析	E A	F B
1	快门型号A	快门型号B		描述分析	A	B
2	50006	49934		平均值	50001.93	50000.47
3	50029	49991		标准误差	15.23919	14.03427
4	49912	49988		中位数	50016	49988
5	50016	50041		众数	50029	49988
6	50029	49946		标准差	59.02114	54.35448
7	50043	49970		方差	3483.495	2954.41
8	49910	49988		峰度	-0.7211	-0.95301
9	49938	49998		偏度	-0.64007	0.218057
10	50081	50076		区域	179	176
11	50012	49962		平均值置信度	32.68482	30.10051
12	50080	50074				
13	50029	49988				
14	49902	50053				
15	50000	50087				
16	50042	49911				

图 8-119　使用公式计算出的描述分析结果

从这两组数据的集中度和离散度分析对比可以看出，型号 B 的快门相对来说品质更加稳定。

8.12　使用公式进行预测分析

8.12.1　移动平均预测

素材所在位置为：

素材\第 8 章 公式和函数\ 8.12.1 移动平均预测.xlsx

移动平均预测方法是一种比较简单的预测方法。这种方法随着时间序列的推移，依次取连续的多项数据求取平均值，每移动一个时间周期就增加一个新近的数据，去掉一个远期的数据，得到一个新的平均数。由于它逐渐向前移动，所以称为移动平均法。由于移动平均可以让数据更平滑，消除周期变动和不规范变动的影响，使得长期趋势得以显示，因而可以用于预测。

例如，图 8-120 显示了某企业近一年的销售数据，现在要以三个月为计算周期使用移动平均的方法来预测下一个月的销售额。

操作步骤如下。

在 C4 单元格输入以下公式，复制到 C13 单元格。

`=AVERAGE(B2:B4)`

	A 月份	B 销售额（万元）	C 移动平均
1	月份	销售额（万元）	移动平均
2	1	2145.5	
3	2	2210.4	
4	3	2266.7	2207.53
5	4	2315.5	2264.20
6	5	2440.6	2340.93
7	6	2634.5	2463.53
8	7	2744.1	2606.40
9	8	2890.2	2756.27
10	9	3015.1	2883.13
11	10	3130.7	3012.00
12	11	3236.2	3127.33
13	12	3325.8	3230.90

图 8-120　某企业销售数据

此时，C 列所得的结果就是这组销售额以三个月为周期的移动平均值，其中，最后一个单元格 C13 的移动平均值，就是下一个月的销售额预测值。

8.12.2 线性回归预测

素材所在位置为：
素材\第 8 章 公式和函数\ 8.12.2 线性回归预测.xlsx

图 8-121 显示了某生产企业近一年的产量及能耗数据，通过绘制 X/Y 散点图可以发现，产品和能耗两组数据基本呈现线性关系。

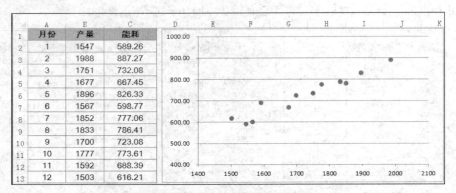

图 8-121　产品和能耗数据图表

假定希望根据这组数据的线性关系进行预测分析，计算当产量达到 2000 时的能耗将达到多少，可以使用下面的公式。

```
=TREND(C2:C13,B2:B13,2000)
```

TREND 函数的语法为：

```
TREND(known_ y's, known_ x's, new_ x's, const)
```

该函数用于返回一条线性回归拟合线的值。即找到适合已知数组 known_y's 和 known_x's 的直线，并返回指定数组 new_x's 在直线上对应的 y 值。

其中，第一参数是已知的目标值序列，第二参数是已知的变量值序列，第三参数是需要预测的目标值所对应的变量值。将数据表中的数据代入就可以通过线性拟合运算得到相应的预测值。

除了 TREND 函数，FORECAST 函数也可以进行线性回归的预测，其公式为：

```
=FORECAST(2000,C2:C13,B2:B13)
```

以下是 FORECAST 函数的语法，FORECAST 函数的语法与 TREND 函数的语法在参数的排列位置上稍有区别：

```
FORECAST(x, known_y's, known_x's)
```

使用以上两条公式会返回同样的计算结果，即产量达到 2000 时能耗为 886.049。

8.12.3 指数回归预测

素材所在位置为：
素材\第 8 章 公式和函数\ 8.12.3 指数回归预测.xlsx

图 8-122 显示了某国家近百年人口数的增长，通过绘制柱形图并添加趋势线可以发现其中人口增长趋势基本符合指数增长的模型特点。

假定希望使用 GROWTH 函数依照指数回归预测的方法对其 2020 年的人口进行预测，可以使用下面的公式：

```
=GROWTH(B2:B11,A2:A11,2020)
```

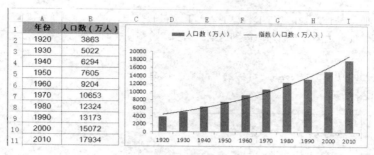

图 8-122　某国历年来人口数据

公式运算结果为：22289.06

GROWTH 函数可用于拟合通项公式为 y=b*m^x 的指数曲线，函数的语法为：

```
GROWTH(known_y's,known_x's,new_x's,const)
```

此函数和 TREND 函数的参数用法相似。

8.12.4 多项式拟合和预测

素材所在位置为：

素材\第 8 章 公式和函数\ 8.12.4 多项式拟合和预测.xlsx

图 8-123 显示了某种药物测试中，药物浓度随着时间变化的数据以及相应的数据分布图表。假定采用多项式曲线来对这组数据进行拟合，多项式曲线的通项公式为：

$$Y=m_0+m_1x^1+m_2x^2+m_3x^3+\cdots+m_nx^n$$

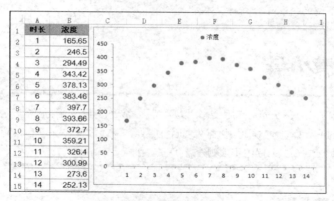

图 8-123　药物血液浓度观测数据

n 代表了多项式的阶数，m 则表示与每个 x 幂次相对应的系数，使用 LINEST 函数可以求得不同阶次的多项式方程中的系数 m 的取值，得到多项式曲线的拟合方程。LINEST 函数的语法为：

```
LINEST(known_y's,known_x's,const,stats)
```

假定以 2 阶多项式对图 8-123 所示的这组观测数据进行拟合，可以使用以下公式得到 2 阶多项式的系数：

```
=LINEST(B2:B15,A2:A15^{1,2})
```

这个公式的运算结果是一个包含三个数据的数组，数组中的三个数据依次是多项式拟合方程中 m_2、m_1 和 m_0 的取值。将这三个系数取值代入到多项式拟合方程中就可以得到多项式拟合方程的 y 值公式：

```
=INDEX(LINEST(B2:B15,A2:A15^{1,2}),1)*x^2+INDEX(LINEST(B2:B15,A2:A15^{1,2}),2)*x+INDEX
(LINEST(B2:B15,A2:A15^{1,2}),3)
```

通过数组运算，上述公式可以简化为：

```
=SUM(LINEST(B2:B15,A2:A15^{1,2})*x^{2,1,0})
```

将具体的 x 取值代入上述公式就可以得到这组数据的二阶多项式拟合曲线，在 C2 单元格输入公式，并复制到 C15 单元格。

```
=SUM(LINEST(B$2:B$15,A$2:A$15^{1,2})*A2^{2,1,0})
```

结果如图 8-124 所示。

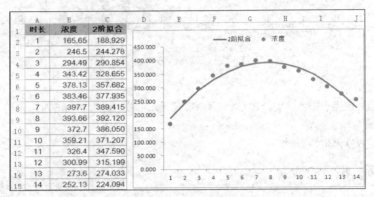

图 8-124　　二阶多项式拟合曲线

　注意

在实际应用中，数据预测分析所涉及的因素还有很多，用户需要根据实际情况进行综合分析。本技巧中所介绍的 Excel 分析方法仅供参考。

　本章小结

本章介绍了函数的定义、分类、作用、编辑以及常用函数的使用。常用函数涉及文本函数、逻辑判断、数学计算、日期和时间计算、查找和引用函数、统计函数等。本章同时讲解了创建超链接函数、筛选隐藏下的汇总计算和函数公式在数据描述和预测分析上的应用。

　练习题

1. 以下说法错误的是（　　　）。
① 函数是一种特殊的公式，只能返回值
② 数组公式必须使用<Ctrl+Shift+Enter>组合键完成编辑
③ 执行了多项运算的函数公式就是数组公式

2. 如图 8-125 所示，如果使用 VLOOKUP 函数根据姓名查询手机号码，以下公式中书写错误的是（　　　）。
① =VLOOKUP(D2,A:B,2,0)
② =VLOOKUP(D2,A:B,2,)
③ =VLOOKUP(D2,A:B,2)

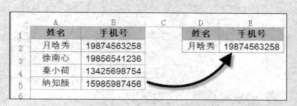

图 8-125　根据姓名查询手机号

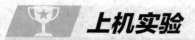

以下习题素材所在位置为：

素材\第 8 章　公式和函数

1. 根据"练习 8.1.xlsx"中的数据，用函数计算各月的平均销量，结果保留两位小数。

2. 根据"练习 8.2.xlsx"中的数据，使用函数分别提取出其中的姓名电话号码。

3. 根据"练习 8.3.xlsx"中的数据，使用函数将 B 列中的姓名中的名字部分，替换为"*"。（提示：使用 SUBSTITUTE 和 MID 函数）

4. 根据"练习 8.4.xlsx"中的数据，使用 TEXT 函数，将 A 列日期显示为星期。

5. 根据"练习 8.5.xlsx"中的数据，使用 IF 函数判断考核业绩所在的区间，60 分以下为不合格，60～79 为合格，80 及以上为优秀。

6. 生成一组 0～1 以内的随机数，并保留两位小数。

7. 根据"练习 8.6.xlsx"中的数据，以 B 列的出生年月为参考计算年龄，截止时间为 2019 年 1 月 1 日。

8. 根据"练习 8.7.xlsx"中的数据，使用 VLOOKUP 函数查询员工年龄。

9. 根据"练习 8.8.xlsx"中的数据，分别使用 LOOKUP 函数和 INDEX+MATCH 函数两种方法，查询员工工号。

10. 根据"练习 8.9.xlsx"中的数据，使用公式创建能跳转到各工作表的超链接。

11. 根据"练习 8.10.xlsx"中的数据，使用 SUMPRODUCT 函数计算业务员秦小荷 4 月的销售记录。

12. 根据"练习 8.11.xlsx"中的数据，使用函数计算销售排名。

第 9 章

数据验证

　　本章主要学习 Excel 数据验证功能的应用。在 Excel 2010 及之前版本中，此功能称为数据有效性，利用数据验证对表格中数据输入的准确性和规范性进行控制，了解制作一级和多级下拉列表，方便数据输入，提升数据输入效率。

9.1 认识数据验证

在表格中录入或导入数据的过程中，难免会有错误或不符合要求的数据出现，例如，数据收集过程中电子问卷调查表的填写等。Excel 提供了一种可以对输入数据的准确性和规范性进行控制的功能，这就是数据验证。

选中需要设置数据验证的单元格或区域，在【数据】选项卡下单击【数据验证】命令按钮，打开【数据验证】对话框。在对话框中，用户可以进行数据验证的相关设置，如图 9-1 所示。

【数据验证】对话框的【设置】选项卡中，内置了 8 种允许的条件。用户可以借此对数据录入进行有效的管理和控制，如图 9-2 所示。

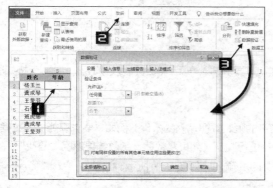

图 9-1　打开数据验证对话框

图 9-2　【设置】选项卡内置的 8 种允许条件

1. 任何值

此为默认的选项，允许在单元格中输入任何值。

2. 整数

该条件限制单元格只能输入整数。当选择使用【整数】作为允许条件后，在【数据】下拉列表中可以选择数据允许的范围，如"介于""大于"等。如果选择【介于】，则会出现【最小值】和【最大值】数据范围编辑框，供用户指定整数区间的上限和下限值。如需限制在单元格区域中只能输入 18 岁至 60 岁之间的年龄，可按如图 9-3 所示的方法进行设置。

3. 小数

该条件限制单元格只能输入小数。该条件的设置方法与"整数"相似。

4. 序列

该条件要求在单元格或区域中必须输入某一特定序列中的一个内容项。序列的内容可以是单元格引用、公式，也可以手动输入。

当选择使用【序列】作为允许条件后，会出现"序列"条件的设置选项。在【来源】编辑框中，如果手动输入序列内容，则需以半角逗号隔开不同的内容项。

如果同时勾选了【提供下拉箭头】复选框，则在设置完成后，当选中单元格时，单元格的右侧会出现下拉箭头按钮。单击此按钮，序列内容会出现在下拉列表中，选择其中一项即可完成输入，如图 9-4 所示。

5. 日期

该条件限制单元格只能输入某一区间的日期，或者是排除某一日期区间以外的日期。例如，如果需要将日期限定在"2014-9-18"至"2016-9-18"之间，设置方法如图 9-5 所示。

6. 时间

该条件限制单元格只能输入时间，与"日期"条件的设置基本相同。

图 9-3　设置【整数】条件

图 9-4　使用"序列"条件

7. 文本长度

该条件主要用于限制输入数据的字符个数，例如，要求输入产品编码的长度必须为 4 位，可按如图 9-6 所示的方式进行设置。

8. 自定义

自定义条件主要通过函数和公式来实现较为复杂的限制数据输入的条件。例如，要求只能输入数据，不能输入文本，可以用 ISNUMBER 函数对输入的内容进行判断，如果是数值，函数结果返回"TRUE"，Excel 允许输入，如果函数结果返回"FALSE"，Excel 则禁止输入，如图 9-7 所示。

图 9-5　设置"日期"条件

图 9-6　设置"文本长度"条件

图 9-7　设置"自定义"条件

9.2　设置输入提示信息和出错警告提示

9.2.1　设置输入信息提示

素材所在位置为：

素材\第 9 章　数据验证\ 9.2.1　设置输入信息提示.xlsx

用户可以对设置有数据验证的单元格设置提示信息，具体步骤如下。

步骤 1　选中准备设置提示信息的单元格或区域，例如，B2 单元格，在【数据】选项卡下单击【数据验证】命令按钮，打开【数据验证】对话框。

步骤 2　在对话框中，单击【输入信息】选项卡，在【标题】编辑框中输入提示信息的标题，在【输入信息】编辑框中输入提示信息的内容，最后单击【确定】按钮关闭对话框。当再次单击 B2 单元格时，单元格下方会出现设置的提示信息，如图 9-8 所示。

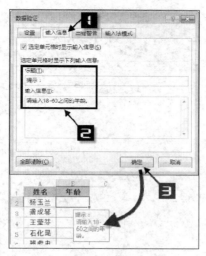

图 9-8　设置输入提示信息

9.2.2　设置出错警告提示信息

素材所在位置为：

素材\第 9 章 数据验证\ 9.2.2 设置出错警告提示信息.xlsx

当在设置了数据验证的单元格中输入了不符合条件的内容时，Excel 会弹出警告信息，如图 9-9 所示。此时如果单击【重试】按钮，将返回单元格等待用户再次编辑；如果单击【取消】按钮，则取消本次输入操作。

用户可以对警告信息进一步设置，以达到更明确和个性化的效果，操作步骤如下。

步骤 1　选中目标单元格或区域，例如，B2 单元格，打开【数据验证】对话框，在【设置】选项卡中设置条件为 18~60 之间的整数。

步骤 2　切换到【出错警告】选项卡，在【样式】下拉列表中选择【停止】，在【标题】编辑框中输入提示信息的标题，在【错误信息】编辑框中输入提示信息，单击【确定】按钮，如图 9-10 所示。

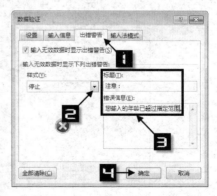

图 9-9　警告信息　　　　　　　　　　　　　　　　图 9-10　设置个性化警告信息

 提示

在数据验证出错警告对话框中，【停止】样式表示禁止非法数据的输入，【警告】样式表示允许选择是否输入非法数据，【信息】样式表示仅对输入非法数据进行提示。

当输入内容超过范围，会弹出预先设置的警告提示信息，如图 9-11 所示。

9.3 圈释无效数据

设置数据验证只能限制手工输入的内容，对复制粘贴操作无效。用户可以使用圈释无效数据功能，对不符合要求的数据进行检查。

示例 9-1　圈释无效数据

素材所在位置为：
素材\第 9 章 数据验证\示例 9-1 圈释无效数据.xlsx

图 9-12 所示是已经录入完成的员工信息表，设置数据验证中的【圈释无效数据】功能，可以将不符合条件的数据进行突出标识。

图 9-11　个性化警告信息

图 9-12　员工信息表

操作步骤如下。

步骤 1　选中 B2:B9 单元格区域，按 9.1 中的步骤设置数据验证，设置允许类型为自定义，公式为：
=COUNTIF(B:B,B2)=1

步骤 2　依次单击【数据】→【数据验证】下拉按钮，在下拉菜单中单击【圈释无效数据】按钮。

设置完成后，B2:B9 单元格区域中重复的姓名即可自动添加标识圈，如图 9-13 所示。

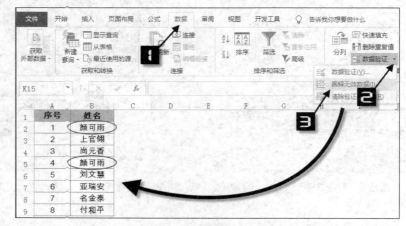

图 9-13　圈释无效数据

单击【数据验证】下拉按钮，在下拉菜单中单击【清除验证标识圈】，可以将已有标识清除。

示例结束

9.4 利用数据验证限制输入重复数据

重复录入数据是数据输入过程中常见的错误，使用数据验证可以很好地规避这一问题。

示例 9-2 限制输入重复数据

素材所在位置为：

素材\第 9 章 数据验证\示例 9-2 限制输入重复数据.xlsx

图 9-14 所示为某公司客户信息表的部分内容，为防止输入重复的客户名称，可以使用数据验证来进行限制。

限制输入重复数据

	A	B	C	D
1	客户名称	订单编号	订单金额	经手人
2	朝阳区AA日化	2017088	54000	王英会
3	静安区BB文体用品公司	2017102	28540	李银化
4	安通CC通讯公司	2017093	32700	马成东
5	纳伯格DD有限公司	2017121	18435	顾文志
6	EE防腐公司	2017134	23288	肖大海
7	北辰区FF包装厂	2018005	49219	莫文迪
8	海淀区GG印务	2018027	51327	崔明凯
9	奉贤区HH酒业	2018009	28120	赖亚坤

图 9-14 客户信息表

操作步骤如下。

选择 A2:A9 单元格区域，打开【数据验证】对话框，在【允许】下拉列表中选择【自定义】选项，在【公式】编辑框中输入以下公式，单击【确定】按钮，如图 9-15 所示。

```
=COUNTIF(A:A,A2)=1
```

此时如果在 A2:A9 单元格区域中输入或是修改为 A 列中已有的客户名称，Excel 将弹出警告信息，并拒绝录入，如图 9-16 所示。

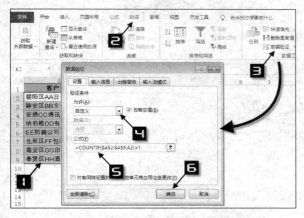

图 9-15 限制输入重复数据

图 9-16 警告信息

示例结束

9.5 在数据输入时提供下拉式菜单

使用数据验证的"序列"作为允许条件，可以在数据输入时提供下拉式菜单，方便用户输入数据的同时也避免了输入选项以外的异常数据。序列的内容可以是单元格引用、公式，也可以手动输入。

9.5.1 制作下拉菜单

通过设置数据验证序列的来源为单元格引用，可以快速制作下拉菜单。

示例 9-3 制作下拉菜单

素材所在位置为：

素材\第 9 章 数据验证\示例 9-3 制作下拉菜单.xlsx

图 9-17 所示是某公司人员信息的填写表。为了简化 B 列部门的录入操作，要求在 B2:B8 单元格区域，通过设置数据验证提供部门序列的下拉菜单。有关部门清单已填写在 D2:D5 单元格区域。

操作步骤如下。

步骤 1 选中 B2:B8 单元格区域，在【数据】选项卡下单击【数据验证】命令按钮，打开【数据验证】对话框。

步骤 2 单击【设置】选项卡，在【允许】下拉列表中选择【序列】选项，单击【来源】编辑框右侧的折叠按钮，选择项目列表所在的 D2:D5 单元格区域，最后单击【确定】按钮关闭对话框，如图 9-18 所示。

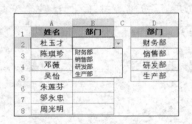

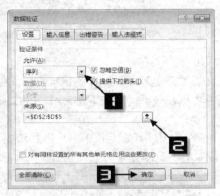

图 9-17 人员部门填写表　　　　图 9-18 设置"序列"条件的数据验证

示例结束

9.5.2 制作二级下拉菜单

结合自定义名称和 INDIRECT 函数，能够创建二级下拉列表。二级下拉列表的选项可以根据第一个下拉列表输入的内容进行范围调整。

示例 9-4 创建二级下拉菜单

素材所在位置为：

素材\第 9 章 数据验证\示例 9-4 创建二级下拉菜单.xlsx

如图 9-19 所示，在 B 列输入不同的省份，C 列的有效性下拉列表中就会出现对应省份的城市名称。

制作这样的二级下拉菜单，需要先准备一个包含省份和城市名称的对照表，如图 9-20 所示。

操作步骤如下。

步骤 1 在"客户区域对照表"工作表中，按<F5>键调出【定位】对话框，单击【定位条件】按钮，在弹出的【定位条件】对话框中单击【常量】单选钮，然后单击【确定】按钮。此时表格中的常量全部被选中，如图 9-21 所示。

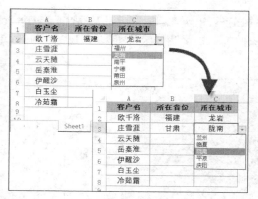

图 9-19　二级下拉列表

安徽	福建	甘肃	广东	河北	湖北
安庆	福州	兰州	广州	保定	武汉
蚌埠	龙岩	临夏	河源	沧州	仙桃
亳州	南平	陇南	惠州	承德	咸宁
巢湖	宁德	平凉	江门	邯郸	襄阳
池州	莆田	庆阳	揭阳	衡水	
滁州	泉州		茂名	廊坊	
阜阳			梅州		
			清远		

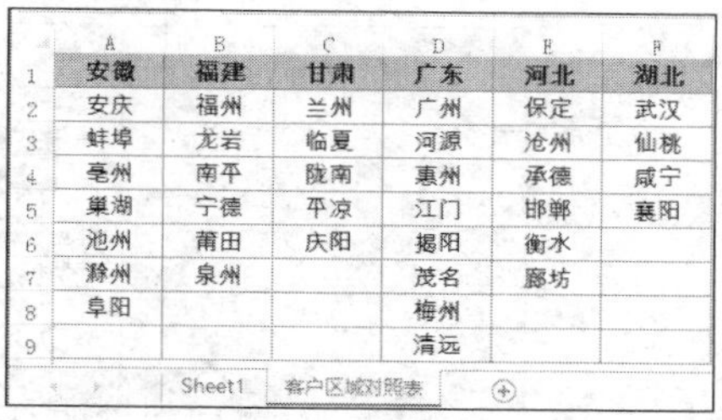

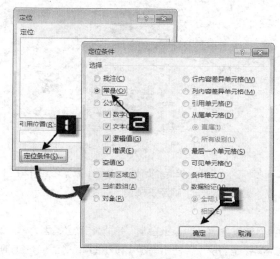

图 9-20　对照表

图 9-21　定位常量

步骤 2　依次单击【公式】→【根据所选内容创建】命令按钮，在弹出的【根据所选内容创建名称】对话框中勾选【首行】复选框，然后单击【确定】按钮，完成自定义名称的创建，如图 9-22 所示。

按<Ctrl+F3>组合键打开【名称管理器】，可以看到刚刚定义的名称，如图 9-23 所示。

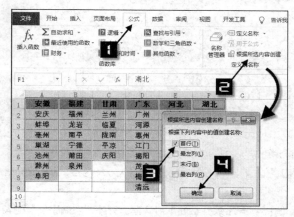

图 9-22　创建定义名称

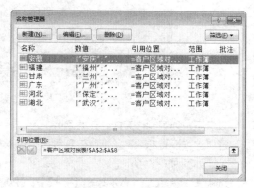

图 9-23　已定义的名称

步骤 3 切换到 Sheet1 工作表，选中要输入省份的 B2:B8 单元格区域，设置【数据验证】。在【允许】下拉列表中选择【序列】，单击【来源】编辑框右侧的折叠按钮，选中"客户区域对照表"工作表 A1:F1 单元格区域，单击【确定】按钮，如图 9-24 所示。

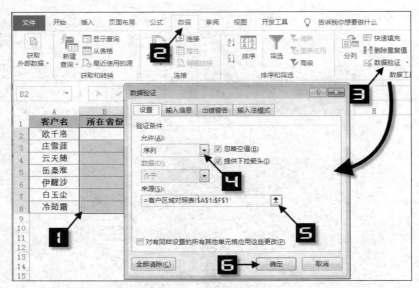

图 9-24　创建一级下拉列表

步骤 4 选中要输入城市名称的 C2:C8 单元格区域，设置【数据验证】，在【允许】下拉列表中选择【序列】，在【来源】编辑框输入以下公式，单击【确定】按钮，如图 9-25 所示。

```
=INDIRECT(B2)
```

步骤 5 此时会弹出"源当前包含错误，是否继续？"的警告，这是因为 B2 单元格还没有输入省份内容，INDIRECT 函数无法返回正确的引用结果，单击【确定】按钮即可，如图 9-26 所示。

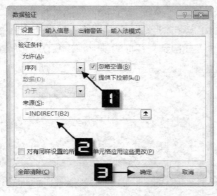

图 9-25　创建二级下拉列表

图 9-26　错误提示

二级下拉列表制作完成，在 B 列单元格选择不同的省份，C 列的城市下拉列表会动态变化。

通过这样设置的数据验证，在 B 列没有输入省份内容的情况下，C 列可以手工输入任意内容，且不会有任何提示，如图 9-27 所示。

选中 C2 单元格，依次单击【数据】→【数据验证】，打开【数据验证】对话框。去掉"忽略空值"的勾选，勾选"对有同样设置的所有其他单元格应用这些更改"，单击【确定】按钮，如图 9-28 所示。

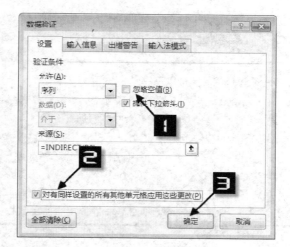

图 9-27 手工输入不符合项

图 9-28 忽略空值

再次尝试在 B 列为空白的情况下，在 C 列手工输入内容，Excel 就会弹出警告对话框，并且拒绝输入，如图 9-29 所示。

图 9-29 警告对话框

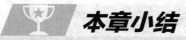

本章小结

本章主要学习了 Excel 数据验证功能的应用。利用数据验证，用户可以对表格中数据输入的准确性和规范性进行控制，例如，限制数据输入的字符长度和数据类型。此外本章也讲解了制作一级和多级下拉列表的方法。函数制作动态下拉列表，方便数据输入，提升数据输入效率。

练习题

1. 使用【序列】作为数据验证的允许条件时，【来源】编辑框中手动输入的序列内容之间需要以_____隔开。

2. 使用【自定义】作为数据验证的允许条件时，可以使用函数公式作为验证条件。当函数结果返回_____时 Excel 允许输入，如果函数结果返回_____，Excel 禁止输入。

上机实验

新建一个工作簿，完成以下操作。

1. 对 Sheet1 工作表的 A1:A10 单元格区域设置数据验证，允许输入的最大值为 100，最小值为 30，设置错误警告信息为"请输入 30～100 的数据"。

2. 对 Sheet1 工作表的 B1:B10 单元格区域设置输入提示，提示信息为"请先在 A 列输入内容"。

3. 对 Sheet1 工作表的 C1:C10 单元格区域设置数据验证，如果同一行中的 A～B 列的任意一列没有输入数据，则拒绝录入。

4. 对 Sheet1 工作表的 D1:D10 单元格区域设置数据验证，当选中该区域任意单元格时，在其右侧显示下拉箭头，下拉列表中的选项为"采购部""信息部"和"质保部"。

第 10 章

获取外部数据源

本章主要学习几种常用的外部数据导入 Excel 的方法，分别是从文本文件导入数据、从 Access 数据库文件导入数据、自网站获取数据以及使用【现有连接】和 Microsoft Query 导入数据。

10.1 常用的导入外部数据的方法

Excel 不仅可以使用工作簿中的数据，还可以访问外部数据库文件。用户通过执行导入和查询操作，可以在 Excel 中使用熟悉的工具对外部数据进行处理和分析。

10.1.1 从文本文件导入数据

Excel 提供了 3 种常规方法从文本文件获取数据。

（1）依次单击【文件】选项卡→【打开】命令，可以直接导入文件。使用该方法时，如果文本文件的数据发生变化，不能在 Excel 中体现，除非重新进行导入。

（2）单击【数据】选项卡，在【获取外部数据】命令组中单击【自文本】命令，可以导入文本文件。使用该方法时，Excel 会在当前工作表的指定位置上显示导入的数据，同时，Excel 会将文本文件作为外部数据源，一旦文本文件中的数据发生变化，可以在 Excel 工作表中进行刷新操作。

（3）使用 Microsoft Query 导入数据时，用户可以添加查询语句，以选择符合特定需要的记录，设置查询语句需要用户有一定的 SQL 语句基础。

示例 10-1　从文本文件导入数据

素材所在位置为：

素材\第 10 章 获取外部数据源\示例10-1 从文本文件导入数据.csv

如果需要引用局域网内共享文件中的数据，可以通过 Excel【获取外部数据】功能，在外部数据源位置不变的前提下，方便地获得外部数据源中的最新数据。

操作步骤如下。

步骤 1　打开需要导入外部数据的 Excel 工作簿。

从文本文件导入数据

步骤 2　单击【数据】选项卡下【获取外部数据】组中的【自文本】按钮，在弹出的【导入文本文件】对话框中，选择文本文件所在路径，选中该文件后，单击【导入】按钮。可支持的文本文件类型包括.prn、.txt 和.csv 三种格式，如图 10-1 所示。

步骤 3　在弹出的【文本导入向导-第 1 步，共 3 步】对话框中，保留默认选项，单击【下一步】按钮，会弹出【文本导入向导-第 2 步，共 3 步】对话框。勾选【分隔符号】中的"逗号"复选框，此时数据预览区域的显示效果会发生变化，如图 10-2 所示。

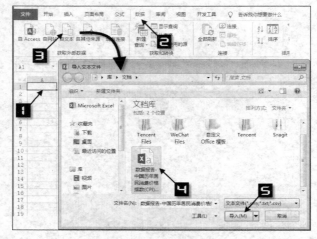

图 10-1　导入文本文件

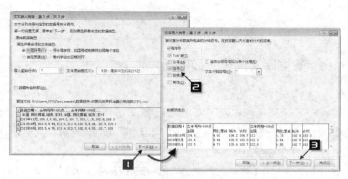

图 10-2　文本导入向导 1

步骤 4　单击【下一步】按钮，出现【文本导入向导-第 3 步，共 3 步】对话框，在【列数据格式】中，有"常规""文本"和"日期"3 种数据格式。如果在【数据预览】区域中单击一列数据，然后在【列数据格式】区域内选择要设置的数据类型，可以快速改变该列的数据类型，如图 10-3 所示。

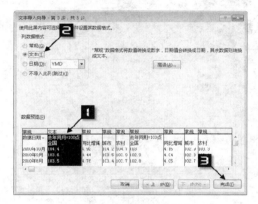

图 10-3　文本导入向导 2

步骤 5　单击【完成】按钮，弹出【导入数据】对话框，单击【属性】按钮，打开【外部数据区域属性】对话框。在【刷新控件】区域，去掉【刷新时提示文件名】的勾选，刷新频率设置为 30 分钟，勾选【打开文件时刷新数据】复选框。依次单击【确定】按钮关闭对话框，如图 10-4 所示。

导入完成后，要获取最新的数据，可以在【数据】选项卡下单击【全部刷新】下拉按钮，在下拉菜单中选择【刷新】命令，也可以在右键快捷菜单中单击【刷新】命令，如图 10-5 所示。

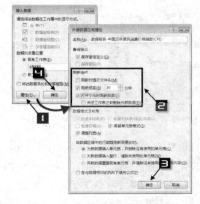

图 10-4　设置外部数据区域属性

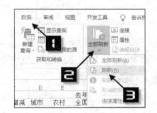

图 10-5　刷新数据

10.1.2 从 Access 数据库文件导入数据

素材所在位置为：

素材\第 10 章 获取外部数据源\ 10.1.2 从 Access 数据库文件导入数据

从 Access 数据库文件中导入数据，可以方便用户使用自己熟悉的软件执行数据分析汇总。操作步骤如下。

步骤 1 打开需要导入外部数据的 Excel 工作簿。

步骤 2 单击【数据】选项卡下【获取外部数据】组中的【自 Access】命令按钮，在弹出的【选取数据源】对话框中，选择文本文件所在路径，选中该文件后，单击【打开】按钮。可支持的数据库文件类型包括.mdb、.mde、.accdb 和.accde 四种格式，如图 10-6 所示。

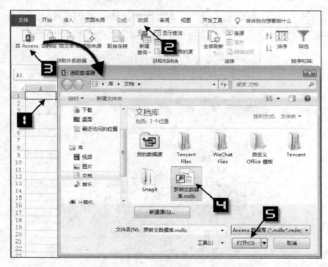

图 10-6　自 Access 导入数据

步骤 3 在弹出的【选择表格】对话框中，选中需要导入的表格，如"发货单"，单击【确定】按钮，如图 10-7 所示。

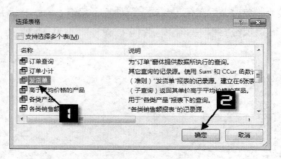

图 10-7　选择表格

步骤 4 在弹出的【导入数据】对话框中，可以选择该数据在工作簿中的显示方式，包括"表""数据透视表""数据透视图"和"仅创建连接"等，本例选择"表"。单击【属性】按钮，在弹出的【连接属性】对话框中，勾选【允许后台刷新】和【打开文件时刷新数据】复选框，设置刷新频率为 30 分钟，依次单击【确定】按钮关闭对话框，如图 10-8 所示。

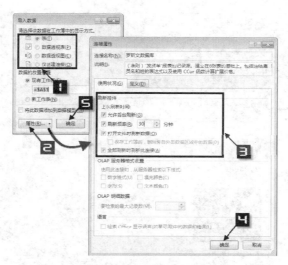

图 10-8　设置显示方式和连接属性

导入完成后，要获取最新的数据，除了可以依次单击【数据】→【全部刷新】命令和在快捷菜单中单击【刷新】命令之外，还可以单击数据区域任意单元格，在表格工具的【设计】选项卡下，单击【刷新】按钮，如图10-9 所示。

当用户首次打开已经导入外部数据的工作簿时，会出现【安全警告】提示栏，单击【启用内容】按钮，即可正常打开文件，如图 10-10 所示。

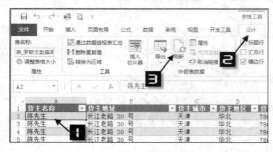

图 10-9　刷新数据

图 10-10　【安全警告】提示栏

10.1.3 │ 自网站获取数据

素材所在位置为：

素材\第 10 章 获取外部数据源\ 10.1.3 自网站获取数据.xlsx

Excel 不仅可以从外部获取数据，还可以从 Web 网页中获取数据，操作步骤如下。

步骤 1 打开需要获取数据的 Excel 工作簿。

步骤 2 在【数据】选项卡中单击【自网站】按钮，弹出【新建 Web 查询】对话框，如图 10-11 所示。

步骤 3 在【新建 Web 查询】对话框的地址栏中输入目标网址，单击【转到】按钮，出现网页内容，单击要查询数据表左上角的 ➡ 图标，选中要查询的数据表，单击【导入】按钮，如图 10-12 所示。

步骤 4 在弹出的【导入数据】对话框中，单击【属性】按钮，打开【外部数据区域属性】对话框。在【刷新控件】区域，勾选【允许后台刷新】和【打开文件时刷新数据】复选框，依次单击【确定】按钮关闭对话框。导入后的数据如图 10-13 所示。

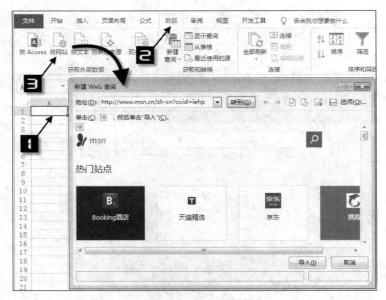

图 10-11　新建 Web 查询

图 10-12　选择网页中的数据表

	A	B	C	D	E	F	G	H
1	外汇币种	现汇买入价	现钞买入价	现汇卖出价	现钞卖出价	中行折算价	发布日期	发布时间
2	阿联酋迪拉姆		180.58		193.68	186.79	2019/1/1	10:30:00
3	澳大利亚元	484.1	469.06	487.66	488.73	482.5	2019/1/1	10:30:00
4	巴西里亚尔		170.02		185.96	177.42	2019/1/1	10:30:00
5	加元牌价	502.21	486.35	505.91	507.02	503.81	2019/1/1	10:30:00
6	瑞士法郎	697.72	676.19	702.62	704.37	694.94	2019/1/1	10:30:00
7	丹麦克朗	105.14	101.89	105.98	106.19	105.08	2019/1/1	10:30:00
8	欧元牌价	785.61	761.2	791.41	792.98	784.73	2019/1/1	10:30:00
9	英镑牌价	874.4	847.23	880.84	882.77	867.62	2019/1/1	10:30:00

图 10-13　自网站导入的数据

提示

部分网站对数据导出有限制，操作时数据表左上角会没有 ➡ 图标。

10.1.4 通过【现有连接】导入 Excel 数据

素材所在位置为:

素材\第 10 章 获取外部数据源\ 10.1.4 通过【现有连接】导入 Excel 数据

通过【现有连接】的方法,能够导入所有 Excel 支持类型的外部数据源。操作步骤如下。

步骤 1 打开需要导入数据的 Excel 工作簿。

步骤 2 依次单击【数据】→【现有连接】,在弹出的【现有连接】对话框中,单击【浏览更多】按钮,如图 10-14 所示。

步骤 3 在弹出的【选取数据源】对话框中,选择文本文件所在路径,选中要导入的 Excel 文件后,单击【打开】按钮,如图 10-15 所示。

图 10-14 使用【现有连接】导入数据

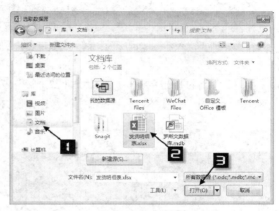

图 10-15 选取数据源

步骤 4 在弹出的【选择表格】对话框中,单击要导入的工作表名称,保留【数据首行包含列标题】的勾选,单击【确定】按钮,如图 10-16 所示。

其他操作请参考 10.1.2 节中的步骤 4～步骤 5,导入完毕的数据如图 10-17 所示。

图 10-16 选择表格

	A	B	C	D
1	货主名称	货主地址	货主城市	货主地区
2	陈先生	长江老路 30 号	天津	华北
3	陈先生	长江老路 30 号	天津	华北
4	陈先生	长江老路 30 号	天津	华北
5	陈先生	长江老路 30 号	天津	华北
6	陈先生	车站东路 831 号	石家庄	华北
7	陈先生	车站东路 831 号	石家庄	华北

图 10-17 导入后的工作表

10.2 使用 Microsoft Query 导入外部数据

用户可以利用 Microsoft Query 来访问 Access、Excel 和文本文件数据库等。Microsoft Query 可以起到 Excel 和这些外部数据源之间链接的桥梁作用,并允许用户从数据源中只选择所需的数据列导入 Excel。

素材所在位置为:

素材\第 10 章 获取外部数据源\ 10.2 使用 Microsoft Query 导入外部数据.xlsx

图 10-18 所示为某公司发货明细表的部分内容,句中包含了"货主名称""货主地址""货主城市"等多个字段。

货主名称	货主地址	货主城市	货主地区	运货商.公司名称
陈先生	长江老路 30 号	天津	华北	联邦货运
陈先生	长江老路 30 号	天津	华北	联邦货运
陈先生	长江老路 30 号	天津	华北	联邦货运
陈先生	车站东路 831 号	石家庄	华北	统一包裹
陈先生	车站东路 831 号	石家庄	华北	统一包裹
陈先生	车站东路 831 号	石家庄	华北	统一包裹
陈先生	车站东路 831 号	石家庄	华北	统一包裹
陈先生	承德东路 281 号	天津	华北	统一包裹
陈先生	承德东路 281 号	天津	华北	统一包裹
陈先生	承德路 28 号	张家口	华北	急速快递

图 10-18　发货明细表

如果需要将其中"货主地区"字段为"华北"，并且"运货商#公司名称"字段为"联邦货运"的产品名称和数量、货运费记录导入到 Excel 工作表中。操作步骤如下。

步骤 1　打开要导入数据的目标工作簿，依次单击【数据】→【自其他来源】→【来自 Microsoft Query】，如图 10-19 所示。

步骤 2　在弹出的【选择数据源】对话框【数据库】选项卡列表中，选择"Excel Files*"，勾选下方【使用[查询向导]创建/编辑查询】复选框，单击【确定】按钮，打开【选择工作簿】对话框，如图 10-20 所示。

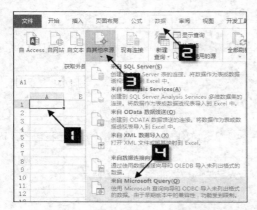

图 10-19　导入自其他来源的数据

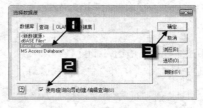

图 10-20　操作【选择数据源】对话框

步骤 3　在【选择工作簿】对话框中，依次选择驱动器和文件夹，找到需要导入的 Excel 文件，单击【确定】按钮，打开【查询向导-选择列】对话框，如图 10-21 所示。

步骤 4　如果此时弹出如图 10-22 所示的警告对话框，可单击【确定】按钮，然后进行简单的设置。

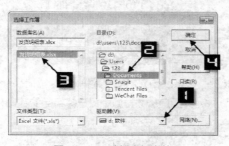

图 10-21　选择目标文件

图 10-22　警告对话框

步骤 5　在【查询向导-选择列】对话框中单击【选项】按钮，在弹出的【表选项】对话框中勾选【系统表】复选框，然后单击【确定】按钮，返回【查询向导-选择列】对话框，如图 10-23 所示。

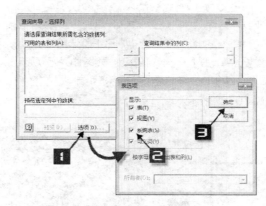

图 10-23 【表选项】对话框

步骤6 在【可用的表和列】列表中展示了本工作簿可以使用的表和列的树状结构图,单击【+】按钮,可以展开相应数据表的子项目,显示该数据源中所包含的所有字段名称,如图 10-24 所示。

步骤7 在【查询向导-选择列】对话框的【可用的表和列】列表框中,选中需要在结果表中显示的字段名称,单击[>]按钮,所选择的字段就会自动显示在【查询结果中的列】列表框中。依次选取"货主地区""运货商#公司名称""产品名称""数量"和"运货费",最后单击【下一步】按钮,如图 10-25 所示。

图 10-24 展开数据源表格的字段名称

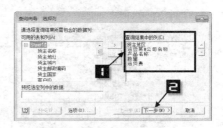

图 10-25 选择目标字段

步骤8 在打开的【查询向导-筛选数据】对话框中,【待筛选的列】列表框选中"货主地区"字段,在【只包含满足下列条件的行】的筛选条件组合框中分别为其设置"等于""华北"。单击下方的【与】单选按钮,再选中"运货商#公司名称"字段,在筛选条件组合框中分别为其设置"等于""联邦货运"。最后单击【下一步】按钮,如图 10-26 所示。

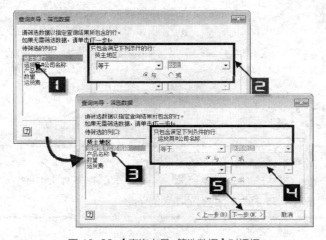

图 10-26 【查询向导-筛选数据】对话框

步骤9 在弹出的【查询向导-排序顺序】对话框中可以对各列字段进行排序操作。例如，在【主要关键字】组合框中选择"产品名称"，保留右侧默认选中的【升序】单选按钮，即表示对"产品名称"字段升序排序。添加【次要关键字】为【数量】，单击【下一步】按钮，如图 10-27 所示。

步骤10 步骤 10 在弹出的【查询向导-完成】对话框中单击【将数据返回 Microsoft Excel】单选按钮，再单击【完成】按钮，如图 10-28 所示。

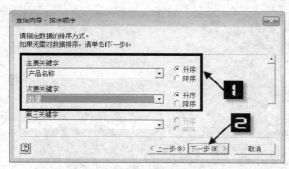

图 10-27 【查询向导-排序顺序】对话框

图 10-28 【查询向导-完成】对话框

步骤11 在弹出的【导入数据】对话框中保留默认选项，最后单击【确定】按钮完成操作，如图 10-29 所示。

图 10-29 查询结果

本章小结

　　本章主要学习几种常用的外部数据导入 Excel 的方法，分别是从文本文件导入数据、从 Access 导入数据、自网站获取数据以及使用【现有连接】和 Microsoft Query 导入外部数据等。掌握本章内容有助于对数据源多样化的获取，对数据采集具有非常大的帮助。

 **练习题**

1. 如果要刷新导入的外部数据结果，一种方法是_____，另一种方法是_____。

2. 导入文本文件时，可以使用获取外部数据的方法，也可以直接通过【开始】→【打开】命令打开，二者的区别在于_____。

上机实验

1. 新建一个 Excel 工作簿，从相关网站导入外汇数据。

2. 新建一个工作簿，将练习文件"素材\第 10 章 获取外部数据源\练习 10-1.xlsx"中的任意工作表数据导入 Excel，设置刷新时间为 30 分钟，打开文件时刷新，导入数据类型为"表"。

第 11 章

使用数据透视表分析数据

　　本章介绍如何使用数据透视表、数据透视表的格式设置、切片器的功能、数据透视表组合以及创建数据透视图等。通过本章的学习，能够初步掌握创建数据透视表的基本方法和技巧运用。

11.1　初识数据透视表

　　数据透视表是用来从 Excel 数据列表或是从其他外部数据源中总结信息的分析工具，可以从基础数据中快速分析汇总，并可以通过选择其中的不同元素，从多个角度进行分析汇总。

　　数据透视表综合了数据排序、筛选、分类汇总等数据分析工具的功能，能够方便地调整分类汇总的方式，以多种不同方式展示数据的特征。数据透视表功能强大，而且操作比较简单，仅靠鼠标移动字段位置，即可变换出各种不同类型的报表。因此，该工具是最常用的 Excel 数据分析工具之一。

11.1.1　便捷的多角度汇总

　　素材所在位置为：

　　素材\第 11 章　使用数据透视表分析数据\ 11.1 初识数据透视表.xlsx

　　图 11-1 展示了某公司销售数据清单的部分内容，包括订单日期、客户名称、产品名称、金额等信息。这样的表格虽然数据量很多，但是能够直观感受到的信息却非常有限。

　　使用数据透视表功能，只需几步简单操作，就可以将数据列表变成能够提供更有价值信息的报表，如图 11-2 所示。

　　左侧数据透视表按不同客户进行汇总，展示每个客户的销售总额。

	A	B	C	D	E
1	订单日期	客户	类别	产品	金额
41	2018/7/24	康浦	饮料	柳橙汁	230
42	2018/7/10	三川实业有限公司	肉罐头	虾米	736
43	2018/7/10	光明杂志	调味品	胡椒粉	800
44	2018/7/10	广通	干果和坚果	葡萄干	52.5
45	2018/7/10	广通	干果和坚果	鸡精	200
46	2018/6/16	迈多贸易	奶制品	酸奶酪	1392
47	2018/6/11	坦森行贸易	调味品	蕃茄酱	500
48	2018/6/11	坦森行贸易	调味品	胡椒粉	120
49	2018/6/8	国顶有限公司	果酱	桂花糕	3240
50	2018/6/8	国顶有限公司	谷类/麦片	三合一麦片	280

图 11-1　销售数据清单

　　中间的数据透视表按不同产品的类别进行汇总，展示每种产品的销售总额。

　　右侧的数据透视表则按不同月份进行汇总，展示每个月的销售总额。

11.1.2　认识数据透视表结构

　　素材所在位置为：

　　素材\第 11 章　使用数据透视表分析数据\ 11.1.2 认识数据透视表结构.xlsx

数据透视表结构分为四个部分，如图 11-3 所示。

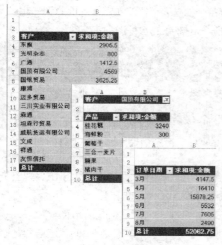

图 11-2　数据透视表

图 11-3　数据透视表结构

（1）筛选器区域，该区域的字段将作为数据透视表的报表筛选字段。

（2）行区域，该区域中的字段将作为数据透视表的行标签显示。

（3）列区域，该区域中的字段将作为数据透视表的列标签显示。

（4）值区域，该区域中的字段将作为数据透视表显示汇总的数据。

单击数据透视表，默认会显示【数据透视表字段】列表对话框，该对话框中可以清晰地反映出数据透视表的结构，如图 11-4 所示。借助【数据透视表字段】列表，用户可以方便地向数据透视表内添加、删除和移动字段。

图 11-4　数据透视表字段列表

11.1.3　数据透视表常用术语

数据透视表中的常用术语如表 11-1 所示。

表 11-1　　　　　　　　　　　　　　　数据透视表常用术语

术语	含义
数据源	用于创建数据透视表的数据列表
列字段	等价于数据列表中的列
行字段	在数据透视表中具有行方向的字段
页字段	数据透视表中进行分页的字段
字段标题	用于描述字段内容
项	组成字段的成员，例如，图 11-2 中，"光明杂志"就是组成客户字段的项
组	一组项目的组合，例如，图 11-2 中的"3 月""4 月"就是日期项目的组合。
分类汇总	数据透视表中对一行或一列单元格的分类汇总
刷新	重新计算数据透视表，反映目前数据源的状态

11.1.4　数据透视表可使用的数据源

数据透视表可使用的数据源包括以下四种。

（1）Excel 数据列表。使用数据列表作为数据透视表的数据源时，标题行内不能有空白单元格或合并单元格，否则生成数据透视表时会提示错误。

（2）外部数据源。例如，文本文件、Access 数据库文件或是其他 Excel 工作簿中的数据。

（3）多个独立的 Excel 数据列表。在数据透视表中，可以将各个独立表格中的数据信息汇总到一起。

（4）其他数据透视表。创建完成的数据透视表可以作为数据源，创建新的数据透视表。

11.2　创建第一个数据透视表

素材所在位置为：

素材\第 11 章　使用数据透视表分析数据\ 11.2 创建第一个数据透视表.xlsx

图 11-5 所示是某公司在不同销售地区的销售记录，现在需要统计不同销售地区的商品销售总额。

操作步骤如下。

步骤 1　单击数据区域中的任意一个单元格，在【插入】选项卡中单击【数据透视表】按钮，弹出【创建数据透视表】对话框，在表/区域列表框中，Excel 会自动选取当前数据区域，如图 11-6 所示。

步骤 2　单击【确定】按钮，即可创建一个默认样式的空白数据透视表，如图 11-7 所示。

步骤 3　在【数据透视表字段】列表中，分别勾选"销售地区"和"销售金额"字段的复选框后，这两个字段将会自动出现在对话框的"行标签"和"数值"区域，同时也被添加到数据透视表中，如图 11-8 所示。

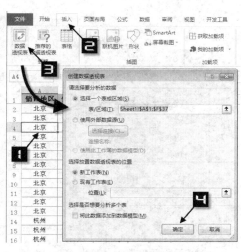

	A	B	C	D	E	F
1	销售地区	销售人员	品名	数量	单价	销售金额
20	杭州	苏云珊	电脑主机	6	2500	15000
21	杭州	苏云珊	笔记本	67	3000	201000
22	杭州	赵盟盟	显示器	103	1000	103000
23	杭州	赵盟盟	机械键盘	147	500	73500
24	杭州	赵盟盟	电脑主机	44	2500	110000
25	杭州	赵盟盟	笔记本	104	3000	312000
26	济南	白云飞	显示器	41	1000	41000
27	济南	白云飞	机械键盘	98	500	49000
28	济南	白云飞	电脑主机	109	2500	272500
29	济南	白云飞	笔记本	79	3000	237000

图 11-5　发货明细记录

图 11-6　插入数据透视表

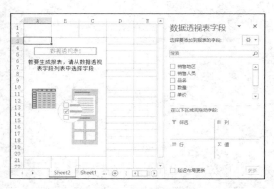

图 11-7　空白数据透视表

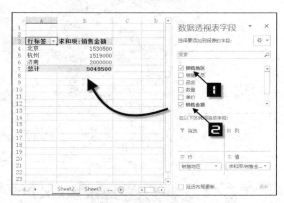

图 11-8　向数据透视表中添加字段

11.3　设置数据透视表布局，多角度展示数据

素材所在位置为：

素材\第 11 章 使用数据透视表分析数据\ 11.3 设置数据透视表布局，多角度展示数据.xlsx

数据透视表创建完成后，通过对数据透视表布局的调整，可以得到新的报表，实现不同角度的数据分析需求。

设置数据透视表
布局，多角度展示
数据

11.3.1　改变数据透视表的整体布局

只要在【数据透视表字段】列表中拖动字段按钮，就可以重新安排数据透视表的布局。以图 11-9 所示的数据透视表为例，现在希望调整"发货季"和"类别"的结构次序。

可以选中数据透视表区域的任意单元格，单击【数据透视表字段】列表中的"发货季"字段，在弹出的扩展菜单中选择【上移】命令，如图 11-10 所示。

除此之外，在【数据透视表字段】列表中的各个区域间拖动字段，也可以实现对数据透视表的重新布局，如图 11-11 所示。

图 11-9　数据透视表

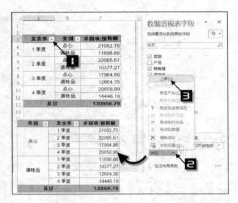

图 11-10　改变数据透视表布局

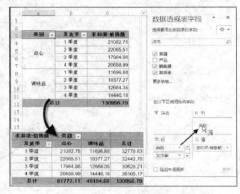

图 11-11　拖动字段重新布局

11.3.2　数据透视表报表筛选器的使用

当字段显示在列区域或是行区域时，字段中的所有项都能够显示。当字段位于报表筛选区域中时，字段中的所有项都会成为数据透视表的筛选条件。

1．显示报表筛选字段的单个数据项

单击筛选字段右侧的下拉箭头，在下拉列表中会显示该字段的所有项目，选中一项并单击【确定】按钮，数据透视表将以此项进行筛选，如图 11-12 所示。

2．显示报表筛选字段的多个数据项

如果希望对报表筛选字段中的多个项目进行筛选，可以单击该字段右侧的下拉按钮，在弹出的下拉列表中勾选【选择多项】复选框，依次选中"3 季度"和"4 季度"两个项目的勾选，单击【确定】按钮，报表筛选字段"发货季"的内容由"（全部）"变为"（多项）"，数据透视表的内容也发生相应变化，如图 11-13 所示。

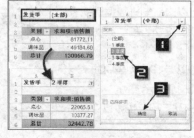

图 11-12　筛选二季度各类商品销售额

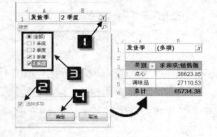

图 11-13　筛选多项

3. 显示报表筛选页

利用【显示报表筛选页】功能，可以在不同工作表内创建多个数据透视表，每个工作表显示报表筛选字段中的一项。

示例 11-1 快速生成各季度的分析报表

素材所在位置为：
素材\第 11 章 使用数据透视表分析数据\示例11-1 快速生成各季度的分析报表.xlsx

根据图 11-14 所示的数据，需要现在生成不同季度的独立报表。

操作步骤如下。

步骤 1 单击数据透视表中的任意单元格，如 A6，在【数据透视表工具】下的【分析】选项卡中单击【选项】下拉按钮，选择【显示报表筛选页】命令，弹出【显示报表筛选页】对话框，如图 11-15 所示。

发货季	(全部)		
求和项:销售额	类别		
产品	点心	调味品	总计
饼干	7180.15		7180.15
蛋糕	2930.75		2930.75
蕃茄酱		1724	1724
桂花糕	7314.3		7314.3
海苔酱		9331.08	9331.08
海鲜酱		9091.5	9091.5
蚝油		6543.43	6543.43
胡椒粉		4260	4260

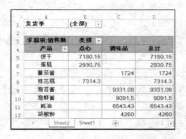

图 11-14 需要显示报表筛选页的数据透视表

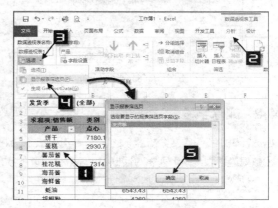

图 11-15 调出【报表筛选页】对话框

步骤 2 单击【显示报表筛选页】对话框中的【确定】按钮，“发货季”字段中的每个季度的数据将分别显示在不同的工作表中，并且按照“发货季”字段中的名称对工作表命名，如图 11-16 所示。

发货季	1 季度		
求和项:销售额	类别		
产品	点心	调味品	总计
饼干	1685.36		1685.36
蛋糕	817		817
蕃茄酱		544	544
海苔酱		1347.36	1347.36
海鲜酱		2679	2679
蚝油		1994.85	1994.85
花生	1418		1418
辣椒粉		1112.8	1112.8

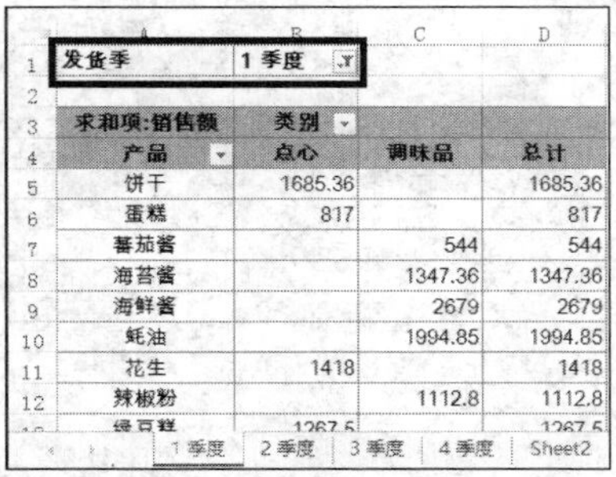

图 11-16 生成各季度的分析报表

示例结束

11.4 整理数据透视表字段

素材所在位置为：
素材\第 11 章 使用数据透视表分析数据\ 11.4 整理数据透视表字段.xlsx

对数据透视表字段进行必要的整理，可以满足用户对数据透视表格式的需求。

11.4.1 重命名字段

向数据透视表添加汇总字段后，字段会自动重命名，即在数据源字段标题的基础上加上"求和项:""计数项:"的汇总方式说明，如图 11-17 所示。

可以修改数据透视表的字段名称，使标题更加简洁。

数据透视表的字段名称与数据源的标题行名称不能相同，数据透视表的不同字段也不能使用相同的名称。单击数据透视表的列标题单元格"求和项: 销售额"，在编辑栏内选中"求和项:"部分，输入一个空格，使其变成" 销售额"，也可以直接输入其他内容作为字段标题，完成后的效果如图 11-18 所示。

	A	B	C
4	发货季	计数项:产品	求和项:销售额
5	1 季度	19	32779.63
6	2 季度	21	32442.78
7	3 季度	21	30629.21
8	4 季度	22	35105.17
9	总计	83	130956.79

图 11-17　默认的数据字段名称

	A	B	C
4	发货季	产品	销售额
5	1 季度	19	32779.63
6	2 季度	21	32442.78
7	3 季度	21	30629.21
8	4 季度	22	35105.17
9	总计	83	130956.79

图 11-18　修改后的字段名称

11.4.2 删除字段

数据透视表中不再需要分析显示的字段，可以通过【数据透视表字段】列表删除。

在【数据透视表字段】列表对话框中单击需要删除的字段，在弹出的快捷菜单中选择【删除字段】即可，如图 11-19 所示。

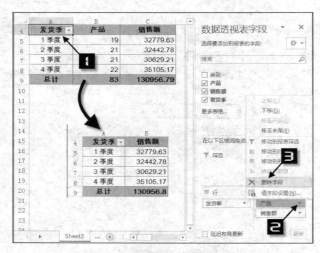

图 11-19　删除数据透视表字段

除此之外，也可以将字段拖动到【数据透视表字段】列表之外的区域或是在需要删除的数据透视表字段上单击鼠标右键，在快捷菜单中单击【删除"字段名"】命令。

11.4.3 隐藏字段标题

单击数据透视表，在【数据透视表工具】的【分析】选项下单击【字段标题】切换按钮，将隐藏或显示数据透视表中默认带有筛选按钮的行列字段标题，如图 11-20 所示。

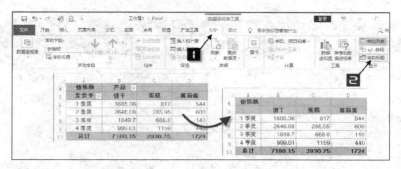

图 11-20　隐藏字段标题

11.4.4　活动字段的折叠与展开

素材所在位置为：

素材\第 11 章 使用数据透视表分析数据\ 11.4.4 活动字段的折叠与展开.xlsx

单击数据透视表，在【分析】选项卡下选择字段折叠与展开按钮，可以显示或隐藏明细数据，方便用户的汇总需求。

操作步骤如下。

步骤 1　单击数据透视表中的"类别"字段，在【数据透视表工具】的【分析】选项下单击【折叠字段】按钮，"类别"字段下的明细数据将被隐藏，如图 11-21 所示。

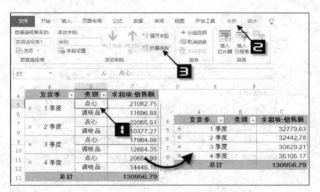

图 11-21　折叠"类别"字段

步骤 2　在"发货季"字段下，单击各项目前的【+/-】按钮，可以展开或折叠该项的明细数据，如图 11-22 所示。

数据透视表中的字段被折叠后，在【数据透视表工具】命令组的【分析】选项卡下单击【展开字段】按钮，即可展开所有字段。

如果用户希望去掉数据透视表中各字段项的【+/-】按钮，可以在【数据透视表工具】的【设计】选项卡下单击【+/-】按钮来进行切换，如图 11-23 所示。

图 11-22　展开或折叠某一项明细数据　　　　图 11-23　显示或隐藏【+/-】按钮

11.5 改变数据透视表的报告格式

数据透视表创建完成后，通过【设计】选项卡下的【布局】命令组中的各个选项来设置数据透视表的报告格式。

11.5.1 报表布局

素材所在位置为：

素材\第 11 章 使用数据透视表分析数据\ 11.5.1 报表布局.xlsx

数据透视表报表布局分为"以压缩形式显示""以大纲形式显示"和"以表格形式显示"三种显示形式。单击数据透视表，然后在【数据透视表工具】下依次单击【设计】→【报表布局】下拉按钮，在下拉菜单中选择不同的显示形式，如图 11-24 所示。

三种不同显示形式如图 11-25 所示，从左到右依次为："以压缩形式显示""以大纲形式显示"和"以表格形式显示"。

图 11-24 报表布局

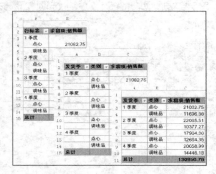

图 11-25 不同报表布局的显示效果

新创建的数据透视表显示方式默认为"以压缩形式显示"，所有行字段都压缩在一列内，不便于数据的观察，用户可以根据图 11-24 中的步骤，在【报表布局】下拉菜单中选择"以表格形式显示"命令，使数据透视表以表格的形式显示。以表格形式显示的数据透视表更加直观，并且便于阅读，多数情况下数据透视表都会以此形式显示。

使用【重复所有项目标签】命令，能够将数据透视表中的空白字段填充相应的数值，使数据透视表的显示方式更接近于常规表格形式。

单击数据透视表，然后在【数据透视表工具】下依次单击【设计】→【报表布局】下拉按钮，在下拉菜单中选择【重复所有项目标签】命令，如图 11-26 所示。

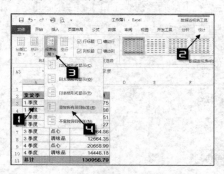

图 11-26 重复所有项目标签

选择【不重复项目标签】命令，可以撤销数据透视表所有重复项目的标签。

11.5.2 分类汇总的显示方式

素材所在位置为：

素材\第 11 章 使用数据透视表分析数据\ 11.5.2 分类汇总的显示方式.xlsx

以表格形式显示的数据透视表会自动添加分类汇总，如果不需要使用分类汇总，可以将分类汇总删除。

单击数据透视表，在【数据透视表工具】下的【设计】选项卡下，单击【分类汇总】下拉按钮，在弹出的下拉菜单中选择【不显示分类汇总】命令，如图 11-27 所示。

除此之外，也可以在数据透视表的相应字段名称列单击鼠标右键，在弹出的快捷菜单中选择【分类汇总"字段名"】，实现分类汇总显示或隐藏的切换，如图 11-28 所示。

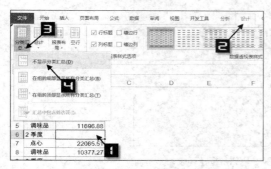

图 11-27 不显示分类汇总

图 11-28 在右键菜单中切换

11.6 套用数据透视表样式

素材所在位置为：

素材\第 11 章 使用数据透视表分析数据\ 11.6 套用数据透视表样式.xlsx

创建完成后的数据透视表，可以对其进一步的修饰美化。除了常规的单元格格式设置，Excel 还内置了数十种数据透视表样式，并允许用户自定义修改设置。

单击数据透视表，在【数据透视表工具】的【设计】选项卡下，单击【数据透视表样式】命令组中的某种内置样式，数据透视表则会自动套用该样式，如图 11-29 所示。

图 11-29 数据透视表样式

【数据透视表样式】选项命令组，还提供了【行标题】【列标题】【镶边行】【镶边列】的选项。勾选【行标题】或【列标题】复选框时，数据透视表的行标题和列标题将应用特殊格式。勾选【镶边行】或【镶边列】时，数据透视表的奇数行（列）和偶数行（列）将分别应用不同的格式。

11.7 刷新数据透视表

素材所在位置为：

素材\第 11 章 使用数据透视表分析数据\ 11.7 刷新数据透视表.xlsx

数据源内容如果发生变化，数据透视表中的汇总结果不会实时自动更新，需要用户手动刷新。

11.7.1 手动刷新

手动刷新数据透视表有以下两种方法。

（1）在数据透视表区域的任意单元格单击鼠标右键，在快捷菜单中单击【刷新】命令，如图 11-30 所示。

图 11-30　刷新数据透视表

（2）单击数据透视表，在【选项】选项卡下单击【刷新】按钮。

11.7.2 打开文件时刷新

如需设置成打开文件时自动刷新数据透视表，可以在数据透视表区域的任意单元格单击鼠标右键，在快捷菜单中单击【数据透视表选项】命令，打开【数据透视表选项】对话框。切换到【数据】选项卡，勾选【打开文件时刷新数据】复选框，单击【确定】按钮，如图 11-31 所示。

图 11-31　打开文件时刷新数据

设置完成后，每次打开数据透视表所在的工作簿时，数据透视表中的数据将自动刷新。

11.8　认识数据透视表切片器和日程表

素材所在位置为：

素材\第 11 章 使用数据透视表分析数据\ 11.8 认识数据透视表切片器.xlsx

如果对数据透视表中的某个字段进行了筛选，数据透视表中只显示的筛选后的结果。用户如果想查看对哪些数据项进行了筛选，那么只能通过筛选字段的下拉列表来查看。

切片器，不仅能够对数据透视表字段进行筛选操作，而且能够使用户直观地在切片器中查看该字段的所有数据项信息。如图 11-32 所示，在数据透视表的筛选字段中，货主地区显示为"（多项）"，而用户无法查看出具体的地区，右侧的切片器则可以直观地显示出全部货主地区的列表，并且突出标记当前筛选项。

数据透视表的切片器，可以看作是一种图形化的筛选方式，为数据透视表中的每个字段创建一个选取器，浮动于数据透视表之上。通过选取切片器中的字段项，实现比使用字段下拉列表筛选更加方便灵活的筛选功能。

11.8.1　插入切片器

根据图 11-33 所示的数据，现在要在数据透视表中插入"货主地区"字段的切片器。

图 11-32　切片器

图 11-33　数据透视表

操作步骤如下。

步骤1　单击数据透视表中的任意单元格，如 A6，在【数据透视表工具】的【分析】选项卡下，单击【插入切片器】按钮。

步骤2　在弹出的【插入切片器】对话框中，勾选"货主地区"复选框，单击【确定】按钮，完成切片器的插入，如图 11-34 所示。

在【切片器】筛选框内，单击右上角的【多选】按钮，可同时选中多个字段进行筛选，如图 11-35 所示。

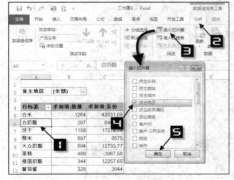

图 11-34　插入切片器

图 11-35　切片器的多选按钮

11.8.2 设置切片器项目多选

以如图 11-34 所示数据为例，如果需要查看某一个地区的销售数据，只需在切片器中单击相应地区即可；而如果需要同时查看"东北""华东""华中"三个地区的销售数据，可以单击切片器右上角的【多选】按钮后，再依次单击相应地区即可，如图 11-36 所示。

图 11-36　切片器多选设置

11.8.3 清除切片器的筛选

清除切片的筛选有多种方法，一是单击切片器内右上角的【清除筛选器】按钮。二是单击切片器，按<ALT+C>组合键。三是在切片器内单击鼠标右键，从快捷菜单中选择【从"字段名"中清除筛选器】命令。

11.8.4 多个数据透视表联动

素材所在位置为：
素材\第 11 章　使用数据透视表分析数据\11.8.4 多个数据透视表联动.xlsx

对于同一个数据源创建的多个数据透视表，使用切片器功能可以实现多个透视表的联动。

操作步骤如下。

步骤 1　在任意一个数据透视表内插入"订购日期"字段的切片器。

步骤 2　单击切片器的空白位置，在【切片器工具】的【选项】选项卡下，单击【报表连接】按钮，调出【数据透视表连接（订购日期）】对话框。

步骤 3　分别勾选对话框中的"数据透视表 1""数据透视表 2"和"数据透视表 3"，单击【确定】按钮完成设置，如图 11-37 所示。

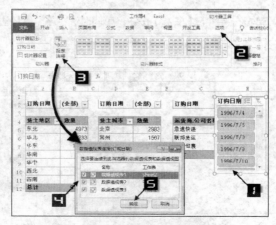

图 11-37　数据透视表连接

在切片器内选择日期后，所有数据透视表都将显示该日期的数据，如图 11-38 所示。

图 11-38　多个数据透视表联动

11.8.5　切片器样式设置

素材所在位置为：

素材\第 11 章　使用数据透视表分析数据\ 11.8.5 切片器样式设置.xlsx

1.　多列显示切片器内的字段项

切片器内如果字段项比较多，可以设置为多列显示，以便于筛选操作。

单击切片器空白位置，在【切片器工具】的【选项】选项卡中将"列"的数字调整为 6，然后拖动切片器边框调整大小，如图 11-39 所示。

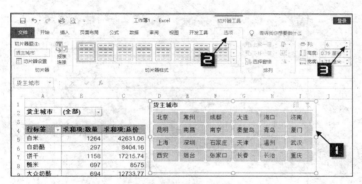

图 11-39　多列显示切片器内的字段项

2.　自动套用切片器样式

切片器样式库中内置了 14 种可以套用的切片器样式，单击切片器空白位置，在【切片器工具】的【选项】选项卡中单击【切片器样式】下拉按钮，在下拉菜单中选择一种样式，如图 11-40 所示。

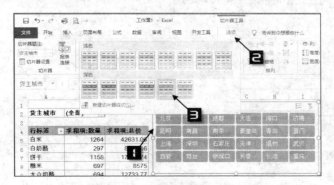

图 11-40　自动套用切片器样式

11.8.6 删除切片器

如果需要删除切片器，可以在切片器内单击鼠标右键，在快捷菜单中选择【删除"字段名"】命令。

11.8.7 使用日程表查看不同阶段的数据

如果数据源中存在日期字段，可以在数据透视表中插入日程表，实现按年、季度、月和日的分析，如图 11-41 所示。

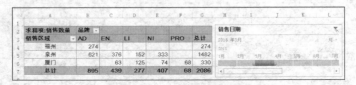

图 11-41 使用日程表筛选不同阶段的数据

操作步骤如下。

步骤 1 单击数据透视表中的任意单元格，如 A3，然后单击【数据透视表工具】中【分析】选项卡下的【插入日程表】按钮。在弹出的【插入日程表】对话框中，勾选"销售日期"字段的复选框，最后单击【确定】按钮，如图 11-42 所示。

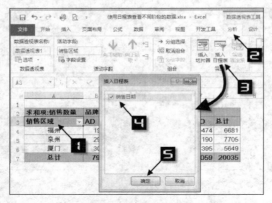

图 11-42 插入日程表

步骤 2 单击日程表右上角的【日期级别】下拉按钮，可以选择日期级别为"年""季度""月"或"日"，拖动切片器的滑块，即可在数据透视表中显示不同销售阶段下的销售情况，如图 11-43 所示。

图 11-43 调整日程表分组依据

11.8.8 | 日程表的简单操作

日程表的操作和切片器十分类似，可以设置多个数据透视表的联动，也可以设置日程表的样式。当用户不再需要日程表时，可以在日程表内单击鼠标右键，在快捷菜单中选择【删除日程表】命令或是单击日程表后，按<Delete>键。

11.9 数据透视表中的项目组合

数据透视表的组合功能，能够对日期、数字等不同数据类型的数据项采取多种组合方式，增强数据透视表分类汇总的适用性，使得数据透视表的分类方式能够适合更多的应用场景。

11.9.1 | 日期项组合

素材所在位置为：

素材\第 11 章 使用数据透视表分析数据\ 11.9.1 日期项组合.xlsx

对于日期型数据，数据透视表提供了多种组合选项，可以按秒、分、小时、日、月、季度、年等多种时间单位进行组合。

图 11-44 所示是按日期汇总的数据透视表，通过对日期项进行分组，可以显示出不同年份、不同季度的汇总数据。

数量	货主地区							
订购日期	东北	华北	华东	华南	华中	西北	西南	总计
1996/7/4		27						27
1996/7/5			49					49
1996/7/8		60	41					101
1996/7/9	105							105
1996/7/10		102						102
1996/7/11					57			57
1996/7/12		110						110
1996/7/15			27					27

图 11-44 按日期汇总的数据透视表

操作步骤如下。

步骤 1 在 Excel 2016 版本的数据透视表中，如果在"数据透视表字段列表"中将日期字段拖动到行区域，Excel会自动对日期进行分组。如需修改默认分组效果，可以在数据透视表"日期"字段上单击鼠标右键，在快捷菜单中单击【组合】命令，弹出【组合】对话框。

步骤 2 在【组合】对话框中，保持"起始于"和"终止于"日期的默认设置，在"步长"列表框中，选中"年"和"季度"，单击【确定】按钮，如图 11-45 所示。

分组后的数据透视表，显示出不同年份和不同季度的汇总数据，如图 11-46 所示。

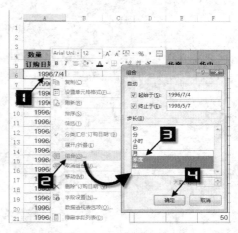

图 11-45 分组对话框

数量	货主地							
年	订购日	东北	华北	华东	华南	华中	西北	西南	总计
⊟1996年	第三季	224	1515	1721	268	107		73	3908
	第四季	1120	1978	974	449			1152	5673
1996年 汇总		1344	3493	2695	717	107		1225	9581
⊟1997年	第一季	1243	1970	1950	335			805	6303
	第二季	656	2937	1176	285			657	5711
	第三季	380	3072	1810	272			724	6258
	第四季	319	3893	2071	296			638	7217
1997年 汇总		2598	11872	7007	1188			2824	25489
⊟1998年	第一季	629	4757	2542	1633		427	660	10648
	第二季	402	2111	1274	1148		165	501	5601
1998年 汇总		1031	6868	3816	2781		592	1161	16249
总计		4973	22233	13518	4686	107	592	5210	51319

图 11-46　按日期组合后的数据透视表

11.9.2 数值项组合

素材所在位置为：

素材\第 11 章 使用数据透视表分析数据\ 11.9.2 数值项组合.xlsx

数据透视表中的数值型字段，可以使用组合功能，按指定区间进行分组汇总。图 11-47 所示是使用数据透视表统计的某公司年龄及学历的汇总，使用组合功能，可以快速查看不同年龄段的学历分布情况。

操作步骤如下。

步骤 1　在行标签字段单击鼠标右键，在弹出的快捷菜单中选择【组合】，弹出【组合】对话框。

步骤 2　在【组合】对话框中，"起始于"编辑框输入 25，"终止于"编辑框输入 45，"步长"编辑框输入 5，单击【确定】按钮，如图 11-48 所示。

人数	学历				
年龄	本科	大专	高中	研究生	总计
22				1	1
24				1	1
26		1	1		2
27	1		1		2
33		1			2
36	1	1	1		3
38				4	4
40		1			1
41		2			2
42		2			2
43		1			2
44					
45		2			2
46		1	1	1	3
总计	4	14	5	6	29

图 11-47　数据透视表

图 11-48　组合对话框

组合 ? ×

自动

☐ 起始于(S)：25
☐ 终止于(E)：45
步长(B)：5

确定　　取消

步骤 3　设置完毕后，数据透视表即可按指定区间进行组合。修改字段标题和行标签中的组合说明文字，完成对不同年龄段的学历分布情况统计，如图 11-49 所示。

人数	学历				
年龄	本科	大专	高中	研究生	总计
<25				2	2
25-29	1		1		4
30-34		1		1	2
35-39	2				
40-45	1				
>45					
总计	4				

人数	学历				
年龄段	本科	大专	高中	研究生	总计
25岁以下				2	2
25-29	1	1			2
30-34		1		1	2
35-39	2	4	1		7
40-45	1	7	1	2	11
45岁以上		1	1	1	3
总计	4	14	5	6	29

图 11-49　统计不同年龄段的学历分布情况

11.9.3 取消组合及组合出错的原因

素材所在位置为：

素材\第 11 章 使用数据透视表分析数据\ 11.9.3 取消组合及组合出错的原因.xlsx

如果需要取消数据透视表中已经创建的组合，可以在此组合上单击鼠标右键，在弹出的快捷菜单中选择【取消】组合命令，数据透视表字段将恢复到组合前的状态。

在对数据透视表进行分组时，有可能会弹出"选中区域不能分组"的错误提示，如图 11-50 所示。

出现分组失败的原因主要有以下几种：一是组合字段的数据类型不一致，二是日期数据格式不正确，三是数据源引用失效。用户可以通过修改数据源中的数据类型、更改数据透视表的数据源等方法进行处理。

图 11-50　错误提示

11.10　选择不同的数据汇总方式

素材所在位置为：

素材\第 11 章 使用数据透视表分析数据\ 11.10 选择不同的数据汇总方式.xlsx

数据透视表对数值字段默认使用求和汇总方式，对非数值字段默认使用计数方式汇总。Excel 数据透视表还包括平均值、最大值、最小值和乘积等多种汇总方式，实际操作时可以根据需要选择不同的汇总方式。

在数据透视表的数值区域，选中相应字段的任意单元格，单击鼠标右键，在快捷菜单中单击【值字段设置】。在弹出的【值字段设置】对话框中选择需要的汇总方式，单击【确定】按钮完成设置，如图 11-51 所示。

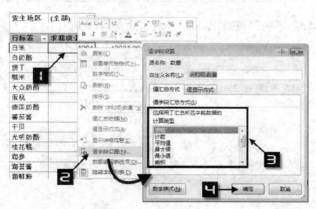

图 11-51　值字段设置

在右键快捷菜单中选择【值汇总依据】命令，也可以选择多种不同的汇总方式。

11.10.1 对同一字段使用多种汇总方式

数值区域中的同一个字段，可以同时使用多种汇总方式，从不同角度分析数据。只要在【数据透视表字段】列表中将某个字段多次添加到数值区域，再从【值字段设置】对话框中选择不同的汇总方式即可。

对同一字段使用
多种汇总方式

11.10.2 丰富的值显示方式

素材所在位置为：

素材\第 11 章 使用数据透视表分析数据\ 11.10.2 丰富的值显示方式.xlsx

除了【值字段设置】对话框内的汇总方式，Excel 数据透视表还提供了更多的计算方式，如"父行汇总的百分比""父列汇总的百分比""父级汇总的百分比""按某一字段汇总的百分比"等。利用这些功能，能够显示数据透视表的数值区域中每项占同行或同列数据总和的百分比或是显示每个数值占总和的百分比等。

有关数据透视表值显示方式功能的简要说明，如表 11-2 所示。

表 11-2   数据透视表值显示方式

选项	数值区域字段显示为
无计算	数据透视表中的原始数据
总计的百分比	每个数值项占所有汇总的百分比值
列汇总的百分比	每个数值项占列汇总的百分比值
行汇总的百分比	每个数值项占行汇总的百分比值
百分比	以选中的参照项为 100%，其余项基于该项的百分比
父行汇总的百分比	在多个行字段的情况下，以父行汇总为 100%，计算每个数值项的百分比
父列汇总的百分比	在多个列字段的情况下，以父列汇总为 100%，计算每个数值项的百分比
父级汇总的百分比	某一项数据占父级总和的百分比
差异	以选中的某个基本项为参照，显示其余项与该项的差异值
差异百分比	以选中的某个基本项为参照，显示其余项与该项的差异值百分比
按某一字段汇总	根据选中的某一字段进行汇总
按某一字段汇总的百分比	将根据字段汇总的结果显示为百分比
升序排列	对某一字段进行排名，显示按升序排列的序号
降序排列	对某一字段进行排名，显示按降序排列的序号
指数	计算数据的相对重要性。使用公式：单元格的值×总体汇总之和÷（行总计×列总计）

示例 11-2 计算各地区不同产品的销售占比

素材所在位置为：

素材\第 11 章 使用数据透视表分析数据\示例11-2 计算各地区不同产品的销售占比.xlsx

图 11-52 所示是某公司在不同销售地区的销售记录，现在需要分析各销售地区不同产品的销售占比。操作步骤如下。

步骤 1 单击数据区域任意单元格，插入数据透视表。

步骤 2 在【数据透视表字段】列表中，将"销售地区"和"品名"字段拖动到行标签区域，将"销售金额"字段拖动到数值区域。依次单击【设计】→【报表布局】→【以表格形式显示】。最后修改字段标题，完成后的效果如图 11-53 所示。

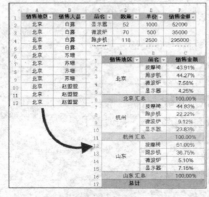

图 11-52 各地区不同产品的销售占比

图 11-53 调整数据透视表字段

步骤3 选中数据透视表"销售金额占比"字段任意单元格，单击鼠标右键，在弹出的快捷菜单中单击【值显示方式】→【父级汇总的百分比】，弹出【值显示方式（销售金额）】对话框，"基本字段"保留默认的"销售地区"选项，单击【确定】按钮，如图 11-54 所示。

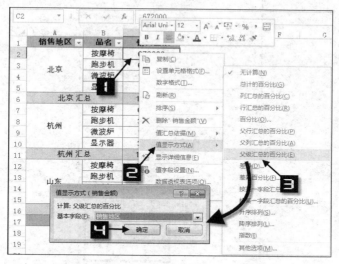

图 11-54　设置值显示方式

操作完成后，每个销售地区的销售金额为 100%，以此为基准，显示每种商品的销售金额在该销售地区所占的百分比。

┌───┐
示例结束
└───┘

┌───┐
示例11-3　快速实现销售业绩汇总与排名
└───┘

素材所在位置为：

素材\第 11 章 使用数据透视表分析数据\示例11-3 快速实现销售业绩汇总与排名.xlsx

图 11-55 所示是某单位的销售流水记录，现在需要汇总出每个销售人的销售金额、销售占比以及销售排名。

	A	B	C	D	E	F	G
1	销售人	业务日期	产品名称	单价	数量	折扣	金额
1486	张颖	2017/2/4	烤肉酱	45.6	2	0	91.2
1487	张颖	2017/2/4	蛋糕	9.5	1	0	9.5
1488	张颖	2017/2/4	白米	38	1	0	38
1489	刘英玫	2015/8/1	虾米				
1490	刘英玫	2015/8/1	白米				
1491	刘英玫	2016/7/5	牛奶				
1492	刘英玫	2016/7/5	浪花奶酪				
1493	刘英玫	2016/7/5	浓缩咖啡				
1494	金士鹏	2017/3/18	汽水				

	A	B	C	D
3	姓名	销售金额	销售占比	销售排名
4	金士鹏	124568.22	9.84%	6
5	李芳	202812.82	16.02%	2
6	刘英玫	126862.27	10.02%	5
7	孙林	73913.13	5.84%	8
8	王伟	166537.75	13.16%	4
9	张雪眉	78186.04	6.18%	7
10	张颖	192488.27	15.21%	3
11	赵军	68792.25	5.43%	9
12	郑建杰	231682.83	18.30%	1
13	总计	1265843.58	100.00%	

图 11-55　销售业绩汇总与排名

操作步骤如下。

步骤1 单击数据区域任意单元格，插入数据透视表。

步骤 2 在数据透视表字段列表中，将"销售人"字段拖动到行标签区域，将"金额"字段拖动 3 次到值区域，如图 11-56 所示。

图 11-56 调整数据透视表字段

步骤 3 选中"求和项：金额 2"字段中的任意单元格，单击鼠标右键，在弹出的快捷菜单中依次单击【值显示方式】→【父行汇总的百分比】，如图 11-57 所示。

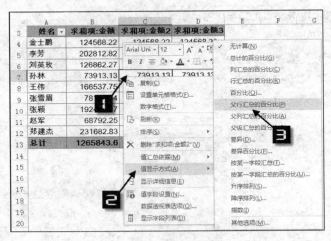

图 11-57 设置值显示方式 1

步骤 4 选中"求和项：金额 3"字段中的任意单元格，单击鼠标右键，在快捷菜单中依次单击【值显示方式】→【降序排列】，弹出【值显示方式（求和项：金额 3）】对话框。"基本字段"保留默认的"销售人"选项，单击【确定】按钮，如图 11-58 所示。

步骤 5 依次修改字段标题，将"行标签"修改为"姓名"，"求和项：金额"修改为"销售金额"，"求和项：金额 2"修改为"销售占比"，"求和项：金额 3"修改为"销售排名"，完成操作。

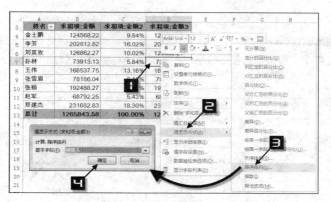

图 11-58　设置值显示方式 2

11.11　在数据透视表中使用计算字段和计算项

数据透视表不允许手工更改内容，也不能直接在数据透视表中插入单元格或添加公式进行计算。如果需要在数据透视表中执行自定义计算，可以使用添加"计算字段"和"计算项"功能。

计算字段是通过对数据透视表中现有的字段执行计算后得到的新字段。

计算项是在数据透视表的现有字段中插入新的项，通过对该字段的其他项执行计算后得到该项的值。

计算字段和计算项可以对数据透视表中现有的数据以及指定的常量进行运算，但是无法引用数据透视表之外的工作表数据。

11.11.1　创建计算字段

素材所在位置为：

素材\第 11 章 使用数据透视表分析数据\ 11.11.1 创建计算字段.xlsx

图 11-59 展示的是根据某物流公司业务记录表所创建的数据透视表，汇总了各城市的运货费总额。现在需要根据运货费总额计算提成，提成比例为 1.5%。具体提成方法可以通过添加计算字段实现。

图 11-59　添加计算字段的数据透视表

操作步骤如下。

步骤 1 单击数据透视表值区域中的任意单元格，如 B5，在【数据透视表工具】下的【分析】选项卡中单击【字段、项目和集】下拉按钮，在下拉菜单中选择【计算字段】，弹出【插入计算字段】对话框，如图 11-60 所示。

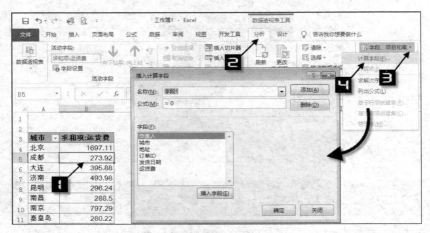

图 11-60　插入计算字段

步骤 2 在【插入计算字段】对话框的"名称"编辑框内输入"提成"。将光标定位到"公式"编辑框内，清除默认的"= 0"。

双击字段列表框中的"运货费"字段，然后输入"*0.015"，单击【添加】按钮，最后单击【确定】按钮关闭对话框，如图 11-61 所示。

设置完成后，即可在数据透视表中新增一个名为"提成"的字段。

11.11.2　添加计算项

素材所在位置为：

素材\第 11 章 使用数据透视表分析数据\11.11.2 添加计算项.xlsx

图 11-62 展示了根据某商城电子产品销售记录所创建的数据透视表，该表汇总了不同商品在不同年份的销售总额。该数据透视表包含"2015"和"2016"两个年份的列字段，用户可以通过添加计算项的方法计算每种商品在两个年份之间的销售差异。

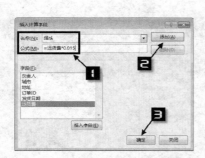

图 11-61　设置计算字段公式

图 11-62　添加计算项的数据透视表

操作步骤如下。

步骤 1　单击数据透视表的列字段标题，如 C4，在【数据透视表工具】下的【分析】选项卡中单击【字段、项目和集】下拉按钮，在下拉菜单中选择【计算项】命令，弹出【在"年份"中插入计算字段】对话框，如图 11-63 所示。

图 11-63　插入计算项

步骤 2　在【在"年份"中插入计算字段】对话框的"名称"编辑框内输入"年增量"。将光标定位到"公式"编辑框内，清除默认的"= 0"。

单击字段列表框中的"年份"字段，然后在项列表框中，双击"2016"项，然后输入减号"–"，再双击项列表框中的"2015"项，单击【添加】按钮，最后单击【确定】按钮关闭对话框，如图 11-64 所示。

设置完成后，数据透视表中即可新增一个名为"年增量"的字段，其数值就是"2016"项与"2015"项的数值之差。

此时，数据透视表中的行总计默认汇总所有的行项目，包括新添加的"年增量"项，因此，汇总结果已没有实际意义，可以选中数据透视表的"总计"列字段标题，单击鼠标右键，在快捷菜单中单击【删除总计】命令，如图 11-65 所示。

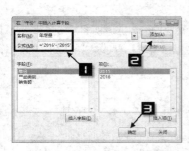

图 11-64　设置计算项公式

图 11-65　删除总计项

11.12　使用数据透视图展示数据

数据透视图是建立在数据透视表基础上的图表，利用数据透视图中的【筛选】按钮，能够方便的从不同角度展示数据。

11.12.1 以数据表创建数据透视图

素材所在位置为：

素材\第 11 章 使用数据透视表分析数据\ 11.12.1 以数据表创建数据透视图.xlsx

图 11-66 所示是某公司销售记录的部分内容，现在需要以此为数据源，创建数据透视图。

	日期	客户名称	金额	数量	商品名称
2	2016/9/12	白云飞	57249	37	空调
3	2016/9/16	叶孤城	21172	5	洗衣机
4	2016/9/20	蓝天阁	89889	21	洗衣机
5	2016/9/24	申成宇	38065	37	净水器
6	2016/9/28	华雪睿	51574	79	电冰箱
7	2016/10/2	白云飞	69807	34	洗衣机
8	2016/10/6	叶孤城	13176	16	净水器
9	2016/10/10	蓝天阁	52969	21	电冰箱
10	2016/10/14	申成宇	63460	23	空调
11	2016/10/18	华雪睿	9300	43	洗衣机

图 11-66　销售记录

操作步骤如下。

步骤 1 单击数据区域中的任意单元格，如 A5，单击【插入】选项卡下的【数据透视图】按钮，弹出【创建数据透视图】对话框，如图 11-67 所示。

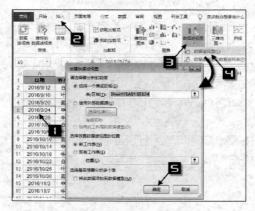

图 11-67　插入数据透视图

步骤 2 单击【确定】按钮，生成一个空白的数据透视表和一个空白的数据透视图，如图 11-68 所示。

步骤 3 在【数据透视表字段】列表中调整字段位置，生成数据透视表和默认类型的数据透视图，如图 11-69 所示。

图 11-68　生成的空白数据透视表和数据透视图

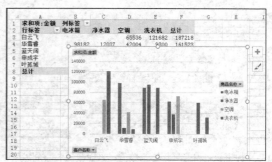

图 11-69　创建的数据透视图

通过在各个字段的【筛选】按钮中选择不同的项目，可以从不同角度展示数据变化，如图 11-70 所示。

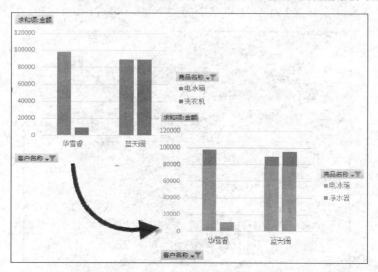

图 11-70　多角度展示数据的数据透视图

11.12.2 以现有数据透视表创建数据透视图

素材所在位置为：

素材\第 11 章 使用数据透视表分析数据\ 11.12.2 以现有数据透视表创建数据透视图.xlsx

图 11-71 所示是已经创建完成的数据透视表，现在需要以该数据透视表为数据源创建数据透视图。有两种方法可以实现。

方法 1　单击数据透视表中任意单元格，如 A6，在【插入】选项卡中单击【柱形图】下拉按钮，在下拉列表中选择簇状柱形图，如图 11-72 所示。

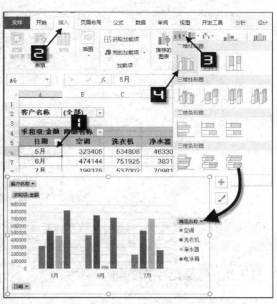

图 11-71　数据透视表　　　　　　　　　　　　　图 11-72　插入数据透视图 1

方法2 单击数据透视表中任意单元格，如 A6，在【数据透视表工具】下的【分析】选项卡中单击【数据透视图】按钮，弹出【插入图表】对话框。选择一种图表类型，单击【确定】按钮，如图 11-73 所示。

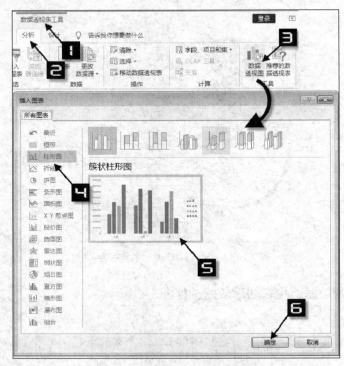

图 11-73　插入数据透视图 2

11.12.3　数据透视图术语

数据透视图不仅具备普通图表的数据系列、分类、坐标轴等元素，还包括报表筛选字段、图例字段、分类轴字段等一些特有的元素，如图 11-74 所示。

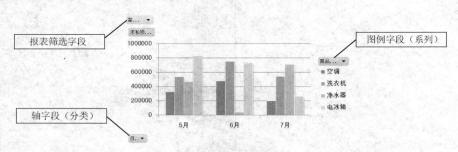

图 11-74　数据透视图中的元素

用户可以像处理普通 Excel 图表一样处理数据透视图，包括改变图表类型、设置图表格式等。如果在数据透视图中改变字段布局，与之关联的数据透视表也会同时发生改变。

11.12.4　数据透视图的限制

和普通图表相比，数据透视图存在部分限制，包括不能使用散点图、股价图和气泡图等图表类型，另外也无法直接调整数据标签、图表标题和坐标轴标题的大小等。

 **本章小结**

　　本章从创建数据透视表开始，学习数据透视表的基础知识和设置。学习了数据透视表的布局调整、数据透视表格式设置、汇总和显示方式以及切片器功能、数据透视表组合和创建数据透视图的方法等。通过本章的学习，读者能够初步掌握创建数据透视表的基本方法和技巧运用，将复杂问题简单化，提高工作效率。

 练习题

　　1. 数据透视表可使用的数据源包括＿＿＿＿＿＿、＿＿＿＿＿＿、＿＿＿＿＿＿和＿＿＿＿＿＿等。

　　2. 修改数据透视表字段名称时，需要注意与＿＿＿＿＿＿名称不能相同，并且＿＿＿＿＿＿的字段也不能使用相同的名称。

　　3. 数据透视表的刷新方式包括＿＿＿＿＿＿和＿＿＿＿＿＿两种，如果是使用了外部数据源创建的数据透视表，还可以设置＿＿＿＿＿＿刷新。

　　4. 在切片器中选择多个项时，需要按＿＿＿＿＿＿键。

 **上机实验**

　　以下习题素材所在位置为：

　　素材\第 11 章 使用数据透视表分析数据\

　　1. 根据"作业 11-1.xlsx"提供的数据，创建数据透视表，并插入切片器，设置切片器样式为"切片器样式深色 4"，如图 11-75 所示。

　　2. 根据"作业 11-2.xlsx"提供的数据，创建数据透视表，并对日期按年月进行组合，如图 11-76 所示。

求和项:销售额	部门			
姓名	销售二部	销售三部	销售一部	总计
郭靖安			223	223
郭丽		209		209
黄学敏	232			232
李翠萍		231		231
钱多多			170	170
王学礼			186	186
吴铭	193			193
吴想		223		223
谢子秋			246	246
叶桐	233			233
赵子明	224			224
总计	882	663	825	2370

图 11-75　作业 11-1

金额		业务员				
年	日期	叶之枫	白云飞	邱文韵	廖文轩	总计
2016年	8月	21,698	49,996	27,472	48,665	147,830
	9月	17,750	43,378	29,695	36,129	126,952
	10月	28,196	39,585	52,958	16,782	137,521
	11月	8,930	35,662	14,955	21,860	81,407
	12月	19,910	37,625	46,185	36,176	139,896
2017年	1月	14,690	43,497	38,699	32,350	129,236
	2月	15,760	31,481	45,082	36,170	128,493
	3月	31,430	39,244	49,205	35,062	154,941
	4月	7,222	30,230	26,958	33,102	97,512
	5月	18,202	67,957	23,644	18,420	128,222
	6月	7,640	44,070	45,622	11,074	108,406
	7月	7,800	18,640	15,300	3,265	45,005
总计		199,228	481,362	415,774	329,055	1,425,418

图 11-76　作业 11-2

　　3. 根据"作业 11-3.xlsx"提供的数据，创建数据透视表，并对数据透视表的值显示方式进行设置，统计每种商品的销售额占总销售额的百分比，如图 11-77 所示。

4. 根据"作业 11-4.xlsx"提供的数据，创建数据透视表，并添加计算项，计算实际发生额和预算额的差额，如图 11-78 所示。

求和项:销售金额	列标签					
行标签	按摩椅	跑步机	微波炉	显示器	液晶电视	总计
北京	2.05%	6.53%	1.40%	9.41%	20.14%	39.54%
杭州	0.99%	0.00%	1.01%	4.47%	12.54%	19.02%
南京	1.13%	6.27%	0.28%	3.70%	6.35%	17.72%
上海	0.00%	5.78%	0.44%	2.83%	0.07%	9.13%
济南	0.00%	3.21%	0.51%	4.45%	6.42%	14.59%
总计	4.18%	21.79%	3.65%	24.86%	45.53%	100.00%

图 11-77　作业 11-3

求和项:金额	列标签		
行标签	实际发生额	预算额	差额
办公用品	16,399.44	15,960.00	439.44
出差费	346,780.68	339,000.00	7,780.68
固定电话费	6,283.37	6,000.00	283.37
过桥过路费	21,547.50	17,700.00	3,847.50
计算机耗材	2,298.22	2,580.00	-281.78
交通工具消耗	36,680.06	33,000.00	3,680.06
手机电话费	39,776.41	36,000.00	3,776.41
总计	469,765.69	450,240.00	19,525.69

图 11-78　作业 11-4

5. 根据"作业 11-5.xlsx"提供的数据，创建数据透视表，并添加计算字段计算奖金提成，提成比例为 0.8%，如图 11-79 所示。

6. 根据"作业 11-6.xlsx"提供的数据，创建数据透视图，如图 11-80 所示。

	值	
行标签	订单金额	奖金提成
杨光	350,980.09	2,807.84
张波	265,592.67	2,124.74
李晓云	129,272.25	1,034.18
白雪	166,127.63	1,329.02
孙明明	443,203.68	3,545.63
王小凯	515,284.31	4,122.27
郑博峰	213,442.99	1,707.54
总计	2,083,903.62	16,671.23

图 11-79　作业 11-5

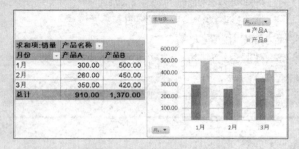

求和项:销量	产品名称	
月份	产品A	产品B
1月	300.00	500.00
2月	260.00	450.00
3月	350.00	420.00
总计	910.00	1,370.00

图 11-80　作业 11-6

第 12 章

数据分析工具的应用

本章主要学习 Excel 数据分析工具的应用。使用"模拟分析"对数据进行假设分析，使用"规划求解"计算利用有限的资源得到最佳的效果，使用"分析工具库"对数据进行百分比排名、描述性统计分析、相关分析及回归分析预测等。

12.1 模拟分析

模拟分析又称假设分析，是数据分析中一种不可或缺的重要分析手段。它主要是基于现有的计算模型，在影响最终结果的诸多因素中进行测算与分析，以寻求最接近目标的方案。Excel 作为一款优秀的数据分析软件，提供了多项功能来支持类似的工作，例如，模拟运算表、方案管理以及单变量求解工具等。

12.1.1 使用模拟运算表进行假设分析

Excel 中的“模拟运算表”是一种适合用于假设分析的工具，它的主要作用是根据一组变量和已有的计算模型，自动生成另一组与数据相对应的运算结果。

示例 12-1 对不同层次的收入人群进行个税状况观察

素材所在位置为：
素材\第 12 章 数据分析工具的应用\示例12-1 对不同层次的收入人群进行个税状况观察.xlsx

根据我国目前所实行的个人所得税征收法规，假定税前计税工资位于 A2 单元格中，金额为 4760，可以在 B2 单元格输入以下公式，计算个人所得税：

```
=ROUND(MAX(0,A2*{0.03;0.1;0.2;0.25;0.3;0.35;0.45}-{0;2520;16920;31920;52920;85920;181920}),2)
```

如图 12-1 所示，公式计算结果为 142.8 元。

	A	B
1	本年应税工资累计	个人所得税
2	4760	142.8

图 12-1 计算个人所得税

如果希望通过该个税计算模型，对多个不同层次的收入人群进行个税状况的观察，例如，观察计税工资范围在 2000 元～20000 元，每 2000 元为一个分段的个税状况，可以通过以下操作步骤来实现。

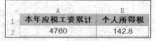

步骤 1 在 A3 单元格输入 2000，在 A4 单元格输入 4000，选中 A3:A4 单元格区域，向下复制填充至 A12 单元格，形成步长为 2000 的等差序列。

步骤 2 选中 A2:B12 单元格区域，在【数据】选项卡中依次单击【模拟分析】→【模拟运算表】命令，打开【模拟运算表】对话框

步骤 3 在【输入引用列的单元格】编辑框中输入唯一变量所在的单元格地址“$A$2”，单击【确定】按钮完成操作，如图 12-2 所示。

完成操作后的结果如图 12-3 所示，B3:B12 单元格区域中自动生成了与 A3:A12 单元格区域中的个税工资相对应的个人所得税金额。

图 12-2 使用模拟运算表假设分析

	A	B
1	本年应税工资累计	个人所得税
2	4760	142.8
3	2000	60
4	4000	120
5	6000	180
6	8000	240
7	10000	300
8	12000	360
9	14000	420
10	16000	480
11	18000	540
12	20000	600

图 12-3 模拟运算表计算结果

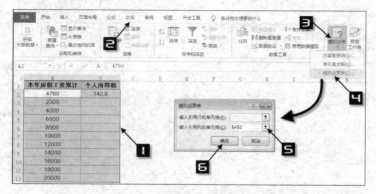

示例结束

通过示例 12-1 可以发现，使用模拟运算表进行运算分析，需要具备以下几个元素。

（1）运算公式

运算公式是指从已知参数得出最终所需要结果的公式。运算公式的作用在于告知 Excel 如何从参数中得到用户所了解的结果。

（2）变量

变量是指整个模拟运算中所需要调整变化的参数，也是整个运算的重要依据。在【模拟运算表】对话框中【输入引用行的单元格】或【输入引用列的单元格】所指向的单元格，即为变量，该变量必须位于"运算公式"中。

（3）工作区域

工作区域包含变量参数取值的存放位置、运算公式的存放位置以及运算结果的存放位置。例如，示例中的 A2:B12 单元格区域。其中，变量参数取值的存放位置默认为模拟运算表工作区域的首行或首列。首行为模拟运算表的参数引用行，首列为模拟运算表的参数引用列。

需要说明的是，虽然模拟运算表计算的结果是一种公式，例如，"=TABLE(,A2)"，但是模拟运算表与普通公式并不相同，主要表现在以下几个方面。

（1）公式的参数引用

使用一般公式运算时，需要考虑公式的复制对参数单元格引用的影响，注意行列参数的相对引用或绝对引用等。而使用【模拟运算表】，在输入公式时只需要保证所引用的参数必须包含"变量"所指向的单元格，不需要考虑单元格地址的引用方式问题。

（2）公式的创建和修改

模拟运算表中的公式不能直接进行修改，需要通过修改首行或首列中的"运算公式"来实现。

（3）运算结果的复制

普通公式所在的单元格，在复制到其他单元格时，会默认保留其中的公式内容，而模拟运算表所生成的公式，在复制到其他单元格后，只保留原有的数值结果，不再含有公式。

（4）公式的自动重算

普通公式的运算方式有"自动重算"和"手动重算"等。当工作表包含大量公式时，使用手动重算功能可以避免自动重算带来的长时间系统消耗。

模拟运算表中的公式运算可以和一般公式隔离开来进行处理，例如，当普通公式采用自动重算的方式时，模拟运算表中的公式依然可以使用手动重算的方式，在【Excel 选项】对话框中，勾选【除模拟运算表外，自动重算】复选框即可，如图 12-4 所示。

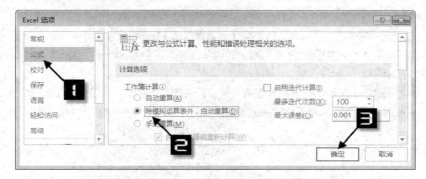

图 12-4　设置【除模拟运算表外，自动重算】

12.1.2 通过方案管理器进行多变量假设分析

素材所在位置为：

素材\第 12 章 数据分析工具的应用\ 12.1.2 通过方案管理器进行多变量假设分析.xlsx

在对计算模型中一到两个关键因素的变化对结果的影响进行分析时，使用模拟运算表非常方便。但是，如果需要同时考虑更多的因素来进行数据分析，模拟运算表就较难满足要求，此时，可以使用 Excel 的方案管理器。

以图 12-5 所示数据为例，某公司出口一笔产品，单价为$26.6，数量约为 250，当时汇率为 6.57，在 B4 单元格使用以下公式可以计算出该笔产品的人民币收入。

=B2*B3*B4

如果需要预算该产品在多种情况下的交易情况，例如，不同单价、汇率、出口数量等情况，可以使用方案管理器生成摘要报告，操作步骤如下。

步骤 1 依次单击【数据】→【模拟分析】→【方案管理器】，弹出【方案管理器】对话框，如图 12-6 所示。

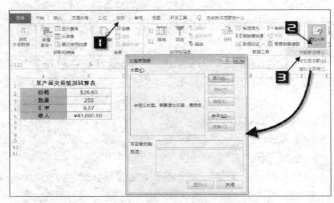

图 12-5 计算某产品人民币收入 　　　　　　　图 12-6 打开【方案管理器】对话框

步骤 2 单击【添加】按钮，在弹出的【编辑方案】对话框中，定义方案的各个要素。

（1）【方案名】：当前方案的名称，例如"理想情况"。

（2）【可变单元格】：也就是方案中的变量，必须是当前工作表中的单元格引用，被引用的单元格可以是连续的也可以是不连续的，例如 B2:B4。

（3）【备注】：用户可以在此添加方案的说明。默认情况下，Excel 会将方案创建者的名称和创建日期以及修改者的名称和修改日期保存在此处。

（4）【保护】：当工作簿被保护且【保护工作簿】对话框中的【结构】选项被选中时，此处的设置才会生效。【防止更改】选项可以防止此方案被修改，【隐藏】选项可以使本方案不出现在方案管理器中。

设置完成后，如图 12-7 所示。

步骤 3 单击【确定】按钮，设置"理想情况"方案的各变量的值。将 B2 单元格的价格设置为 31.6，B3 单元格的数量设置为 350，B4 单元格对应的汇率设置为 6.8，最后单击【确定】按钮确认操作，如图 12-8 所示。

步骤 4 重复步骤 2～步骤 3，添加另外两个方案，即保守情况和最差情况，具体变量设置分别如图 12-9 所示。

设置完成后，【方案管理器】会显示已创建方案的列表，如图 12-10 所示。

图 12-7　设置方案数据

图 12-8　设置各变量的值

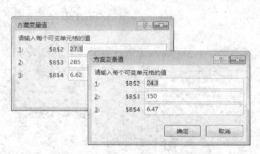

图 12-9　保守情况和最差情况的变量参数

图 12-10　已创建的方案列表

步骤5 在【方案管理器】中单击【摘要】按钮，弹出的【方案摘要】对话框。在【报表类型】中保留默认的【方案摘要】选项，然后在【结果单元格】编辑框中输入需要显示结果数据的单元格，如 B5，最后单击【确定】按钮，如图 12-11 所示。

此时，Excel 会在当前工作簿中自动插入一个新的名称为"方案摘要"的工作表，并在其中显示摘要结果，如图 12-12 所示。

图 12-11　设置【摘要】的显示结果

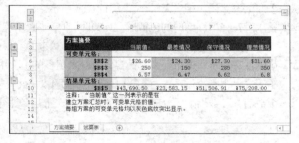

图 12-12　方案摘要报告

12.1.3 单变量求解

Excel 的单变量求解工具常用于逆向模拟分析，例如，已知税后工资倒推税前工资等。在使用单变量求解工具之前需要先建立正确的数据模型，这个数据模型通常与正向模拟分析时的模型相同。

示例 12-2　个税反向查询

素材所在位置为：

素材\第 12 章 数据分析工具的应用\示例12-2 个税反向查询.xlsx

如图 12-13 所示，A2 单元格为应税工资，目前未确定具体金额。B2 单元格输入以下公式，计算税后工资：

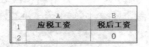

图 12-13　计算税后工资

`=A2-ROUND(MAX(0,A2*{0.03;0.1;0.2;0.25;0.3;0.35;0.45}-{0;2520;16920;31920;52920;85920;181920}),2)`

该公式用应税工资减去个人所得税即为税后工资。

假设某员工税后收入是 8051 元，现在需要计算应税工资，可以使用以下步骤完成。

步骤 1　选中 B2 单元格，依次单击【数据】→【模拟分析】→【单变量求解】命令，打开【单变量求解】对话框。在对话框中设置相应的参数，其中【目标单元格】为 B2，【目标值】为 8051，【可变单元格】为$A$2，如图 12-14 所示。

步骤 2　设置完成后，单击【确定】按钮，即可得出该员工的应税工资，运算结果如图 12-15 所示。

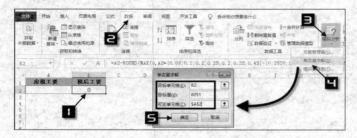

图 12-14　设置【单变量求解】

图 12-15　单变量求解的计算结果

示例结束

并非所有的逆向求解问题都能通过单变量求解工具得到解答，例如，方程式 $x^2=-1$。在这种情况下，【单变量求解状态】对话框会告知用户无解，如图 12-16 所示。

在单变量求解正在根据用户的设置进行计算时，【单变量求解状态】对话框上会动态显示"在进行第 N 次迭代计算"。事实上，单变量求解正是由反复的迭代计算来得到最终结果的。如果增加 Excel 允许的最大迭代计算次数，可以使每次求解进行更多的计算，以获得更多的机会求出精确结果。

依次单击【文件】→【选项】，打开【Excel 选项】对话框，单击【公式】选项卡，在【最多迭代次数】框里输入一个数值，该数值必须介于 1～32767 之间，最后单击【确定】按钮，如图 12-17 所示。

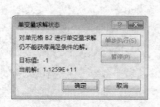

图 12-16　无解的单变量求解状态

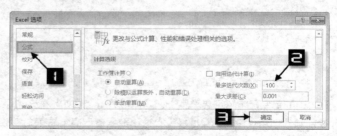

图 12-17　设置迭代计算次数

12.2 规划求解

在生产管理和经营决策过程中，经常会遇到一些规划问题。例如，生产的组织安排、原料的恰当搭配等。通过制作规划模型，使用 Excel 的规划求解功能，可以计算如何合理利用有限的资源得到最佳的经济效果。

12.2.1 在 Excel 中安装规划求解工具

"规划求解"工具是以 Excel 中的一个加载宏，在默认安装的 Excel 2016 中需要进行加载后才能使用。加载该工具可以按照以下步骤进行操作。

步骤 1 依次单击【文件】→【选项】命令按钮，在弹出的【Excel 选项】对话框中单击【加载项】选项卡，在右下方【管理】下拉列表中选择【Excel 加载项】，并单击【转到】按钮。

步骤 2 在弹出的【加载宏】对话框中勾选【规划求解加载项】复选框，单击【确定】按钮完成操作，如图 12-18 所示。

图 12-18 加载【规划求解加载项】

完成上述操作步骤后，在 Excel 功能区的【数据】选项卡中会显示【规划求解】命令按钮，如图 12-19 所示。

图 12-19 【规划求解】命令按钮

12.2.2 求解最佳数字组合

在财务或工程决策方面的工作中，经常会遇到挑选最佳数字组合的问题，规划求解可以很方便地解决此类问题。

示例 12-3 求解最佳数字组合

素材所在位置为：
素材\第 12 章 数据分析工具的应用\示例12-3 求解最佳数字组合.xlsx

图 12-20 所示为某公司财务人员所收取的发票信息记录簿，其中，A 列为发票号，B 列为发票金额。现在，该公司有一笔金额为 800.55 元的进账，要求计算出该金额可能由哪几张发票的金额构成。

可以使用以下步骤操作处理。

步骤 1 增加一列辅助列 C2:C16，用来表示哪些发票号被选中。E2 单元格输入以下公式，计算被选中的发票号金额，如图 12-21 所示。

求解最佳数字组合

	A	B
1	发票号	发票金额
2	166384	350.68
3	159348	102.31
4	149955	409.8
5	117124	242.37
6	138372	401.14
7	146997	355.61
8	180005	180.65
9	175334	426.43
10	147581	487.46
11	134773	463.1
12	114635	216.75
13	167884	172.85
14	152200	295.03
15	193305	269.22
16	117539	338.2

图 12-20 某公司发票记录簿

E2 `=SUMPRODUCT((B2:B16*C2:C16))`

	A	B	C	D	E
1	发票号	发票金额	是否选中		收款金额
2	166384	350.68			0
3	159348	102.31			
4	149955	409.8			
5	117124	242.37			
6	138372	401.14			
7	146997	355.61			
8	180005	180.65			
9	175334	426.43			
10	147581	487.46			
11	134773	463.1			
12	114635	216.75			
13	167884	172.85			
14	152200	295.03			
15	193305	269.22			
16	117539	338.2			

图 12-21 设置参数区域

`=SUMPRODUCT((B2:B16*C2:C16))`

步骤 2 依次单击【数据】→【规划求解】命令按钮，打开【规划求解参数】对话框，设置相关参数，如图 12-22 所示。

【设置目标】：E2 单元格，即求和公式所在单元格。

【目标值】：设置为 800.55，即已知收款金额。

【通过更改可变单元格】：设置为 C2:C16 单元格区域，即用户设定的模拟数据区域。

【选择求解方法】：设置为单纯线性规划。

步骤 3 单击【添加】按钮打开【添加约束】对话框，进行约束条件的添加。单元格引用设置为 $C$2:$C$16，单击条件下拉按钮，选择"bin"，此时在约束编辑框中自动显示为"二进制"，表示可变区域只会出现 0 和 1 两种情况，单击【确定】按钮返回【规划求解参数】对话框，如图 12-23 所示。

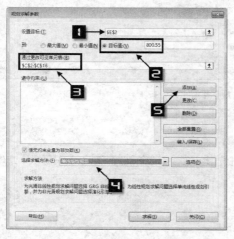

图 12-22 设置规划求解参数

图 12-23 添加约束条件

步骤 4 单击【求解】按钮开始求解运算。计算过程结束后，C2:C16 单元格区域将显示结果，其中，数值显示为数字 1 的，即为目标金额的构成发票组合，如图 12-24 所示。

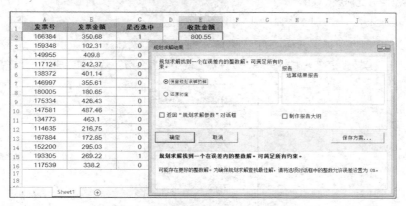

图 12-24 规划求解结果

示例结束

12.3 分析工具库

"分析工具库"工具是一个 Excel 加载宏，在 Excel 2016 中需要加载后才能使用。

12.3.1 加载分析工具库

加载该工具可以参照以下操作步骤。

依次单击【文件】→【选项】命令，打开【Excel 选项】对话框。在对话框中选择【加载项】功能区，单击【转到】按钮，在【加载项】对话框中勾选【分析工具库】复选框，最后单击【确定】按钮，如图 12-25 所示。

完成加载后，在【数据】选项卡下的【分析】命令组中将出现【数据分析】的命令按钮，如图 12-26 所示。

图 12-25 加载"分析工具库"　　　　　　图 12-26 分析工具库命令按钮

12.3.2 百分比排名

百分比排名可以反映数据在整体所处的地位。例如，A 的成绩在 151 人中排第 23 名，如果使用百分比排名可以描述为 A 的成绩高于 85.33% 的人员，这种描述方式可以更加直观地反映出数据自身的水平。

示例 12-4　百分比排名

素材所在位置为：

素材\第 12 章 数据分析工具的应用\示例12-4 百分比排名.xlsx

图 12-27 所示为某公司员工考核得分表，现在需要使用数据分析工具快速完成百分比排名。

	A	B
1	姓名	考核分
2	张天云	70
3	杜金学	90
4	田一枫	59
5	李春雷	62
6	彭红艳	86
7	段志华	56
8	李敏敏	57
9	杨海波	93
10	何金祥	87
11	代垣垣	49
12	靳明珍	66
13	李大红	48

图 12-27　考核得分表

操作步骤如下。

步骤 1　依次单击【数据】→【数据分析】命令按钮，在打开的【数据分析】对话框中选择【排位和百分比排位】，单击【确定】按钮，如图 12-28 所示。

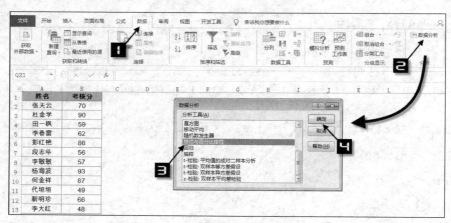

图 12-28　打开【排位和百分比排位】对话框

步骤 2　在【排位和百分比排位】对话框中设置相关参数，如图 12-29 所示。

【输入区域】：选择 B1:B13。

【分组方式】：默认选择列。

【标志位于第一行】复选框：本例包含标题行，因而勾选此选项。

【输出选项】：选择【输出区域】，并在选择输入框中输入 D1 作为输出结果的存放位置。

步骤 3　单击【确定】按钮，生成百分比排位结果，如图 12-30 所示。

步骤 4　分析结果未能输出员工姓名，但可以通过 INDEX 等函数按照"点"列的索引补充信息。

在 C2 单元格输入公式：=INDEX(A:A,D2+1)，复制到 C13 单元格，隐藏 D 列"点"列。调整格式后，得到结果如图 12-31 所示。

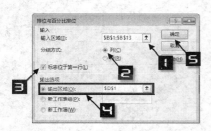

	C	D	E	F	G
1	姓名	点	考核分	排位	百分比
2	杨海波	8	93	1	100.00%
3	杜金学	2	90	2	90.90%
4	何金祥	9	87	3	81.80%
5	彭红艳	5	86	4	72.70%
6	张天云	1	70	5	63.60%
7	靳明珍	11	66	6	54.50%
8	李春雷	4	62	7	45.40%
9	田一枫	3	59	8	36.30%
10	李敏敏	7	57	9	27.20%
11	段志华	6	56	10	18.10%
12	代垣垣	10	49	11	9.00%
13	李大红	12	48	12	0.00%

	C	E	F	G
1	姓名	考核分	排位	百分比
2	杨海波	93	1	100.00%
3	杜金学	90	2	90.90%
4	何金祥	87	3	81.80%
5	彭红艳	86	4	72.70%
6	张天云	70	5	63.60%
7	靳明珍	66	6	54.50%
8	李春雷	62	7	45.40%
9	田一枫	59	8	36.30%
10	李敏敏	57	9	27.20%
11	段志华	56	10	18.10%
12	代垣垣	49	11	9.00%
13	李大红	48	12	0.00%

图 12-29　【排位和百分比排位】对话框　　图 12-30　百分比排位结果　　图 12-31　整理后的百分比排名

示例结束

12.3.3　描述统计

在统计学中，描述统计是通过图表或其他统计方法对数据进行整理、分析，并对数据的分布状态、数字特征以及随机变量之间关系进行估计和描述的方法。描述统计分为集中趋势分析、离中趋势分析和相关分析三大部分。Excel【分析工具库】中的【描述统计】功能可以帮助用户呈现数据的集中趋势、差异性和分布状态等。

示例12-5　使用描述统计分析品牌的基本情况

素材所在位置为：

素材\第 12 章　数据分析工具的应用\示例12-5 使用描述统计分析品牌的基本情况.xlsx

图 12-32 所示为某公司三个产品一年的销售数据，可以通过描述统计功能分析各个产品的基本情况，操作步骤如下。

	A	B	C	D	E	F	G	H	I	J	K	L	M
1	产品	1月	2月	3月	4月	5月	6月	7月	8月	9月	10月	11月	12月
2	产品A	40.66	35.12	49.80	42.34	32.06	41.02	39.39	44.17	47.41	49.97	34.05	42.98
3	产品B	21.39	22.65	31.20	32.32	52.52	58.72	56.96	67.15	60.35	41.05	34.40	31.63
4	产品C	9.26	30.00	69.33	70.13	50.08	84.79	41.23	58.33	42.01	31.67	20.00	10.00

图 12-32　产品销售数据

步骤1　依次单击【数据】→【数据分析】命令按钮，在打开的【数据分析】对话框中选择【描述统计】，单击【确定】按钮。

步骤2　在【描述统计】对话框中设置相关参数。

【输入区域】：选择 A2:M4。

【分组方式】：指定输入数据是以行还是以列的方式排列。本例中使用逐行。

【标志位于第一列】复选框：本例包含标题列，因而勾选此选项。

【输出选项】：选择【输出区域】，并在选择输入框中输入 N1，以此作为输出结果的存放位置。

【汇总统计】复选框：若勾选此复选框，则显示描述统计结果，否则不显示结果。本例勾选此项。

【平均数置信度】复选框：若勾选此复选框，则输出包含均值的置信度。本例键入默认值 95，表明要计算在显著性水平为 5% 时的均值置信度。

【第 K 大值】复选框：根据需要指定要输出数据中的第几个最大值。本例只需要得到最大值，故不勾选此项。

【第 K 小值】复选框：根据需要指定要输出数据中的第几个最小值。本例只需要得到最小值，故不勾选此项。

输入完有关参数的【描述统计】对话框，如图 12-33 所示。

步骤 3 单击【确定】按钮，Excel 将描述统计结果存放在当前工作表以 N1 单元格为左上角的单元格区域中，如图 12-34 所示。

N	O	P	Q	R	S
产品A		产品B		产品C	
平均值	41.58083333 平均		42.52833333 平均		43.06916667
标准误差	1.688225919 标准误差		4.569051164 标准误差		7.027358491
中位数	41.68 中位数		37.725 中位数		41.62
众数	#N/A 众数		#N/A 众数		#N/A
标准差	5.848186134 标准差		15.82765752 标准差		24.3434839
方差	34.20128106 方差		250.5147424 方差		592.6052083
峰度系数	-0.811054665 峰度		-1.542384045 峰度		-0.923801422
偏度系数	-0.112916406 偏度		0.19761174 偏度		0.17875587
区域	17.91 区域		45.76 区域		75.53
最小值	32.06 最小值		21.39 最小值		9.26
最大值	49.97 最大值		67.15 最大值		84.79
求和	498.97 求和		510.34 求和		516.83
观测数	12 观测数		12 观测数		12
置信度(95.0%)	3.715760196 置信度(95.0%)		10.05641381 置信度(95.0%)		15.46711175

图 12-33 【描述统计】对话框　　　　图 12-34　描述统计结果

图 12-34 中各项指标的含义如下。

表现数据集中趋势的指标为平均值、中位数、众数等。平均值是 N 个数相加除以 N 得到的结果；中位数是一组数据按大小排序后，排在中间位置的数值；众数是一组数据中出现次数最多的数值。

表现数据离散程度的指标为方差与标准差，它们反映了与平均值之间的离散程度。

表现数据分布形状的指标为峰度系数和偏度系数。其中，峰度系数是相对于正态分布而言的，描述对称分布曲线峰顶尖峭程度的指标。峰度系数大于零，则两侧极端数据较少，峰度系数小于零，则两侧极端数据较多。

偏度系数是以正态分布为标准来描述数据对称性的指标。偏度系数等于零，则数据分布对称。偏度系数大于零，则为正偏态分布，偏度系数小于零，则为负偏态分布。偏度系数大于 1 或者小于-1，被称为高度偏态分布，偏度系数在 0.5～1 或-0.5～-1 范围内，被称为中等偏态分布。

示例结束

12.3.4 直方图分析

通过描述统计，用户可以从数据的角度了解变量的分布状态，但数据并不直观。图形可以更加直接地展示变量的分布情况，使峰度和偏度等一目了然，还可以判断数据是正偏态分布还是负偏态分布。

直方图是用于展示数据分组分布状态的一种图形，它用矩形的宽度和高度表示频数分布，通常用横轴表示数据分组，纵轴表示频数，各组数据与相应的频数形成矩形。通过直方图，用户可以很直观地看出数据分布的形状、中心位置以及数据的离散程度等。

示例 12-6　用直方图分析数据分布情况

素材所在位置为：
素材\第 12 章 数据分析工具的应用\示例12-6 用直方图分析数据分布情况.xlsx

图 12-35 所示为某公司员工考核得分的部分数据，如果需要使用"直方图"来更直观地分析得分的分布情况，可以按以下步骤操作。

步骤 1 在 D 列设置分段区间，本例设置为 40、60、80、90，如图 12-36 所示。

步骤 2 依次单击【数据】→【数据分析】命令按钮，在打开的【数据分析】对话框中选择【直方图】，单击【确定】按钮。

步骤 3 在【直方图】对话框中设置相关参数。

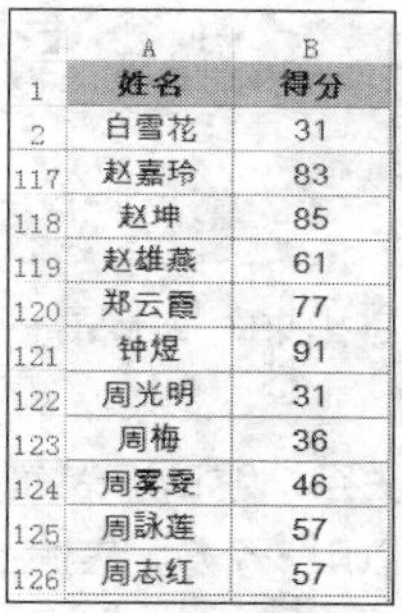

	A	B
1	姓名	得分
2	白雪花	31
117	赵嘉玲	83
118	赵坤	85
119	赵雄燕	61
120	郑云霞	77
121	钟煜	91
122	周光明	31
123	周梅	36
124	周雾雯	46
125	周詠莲	57
126	周志红	57

图 12-35　员工考核表

	C	D
1		分段点
2		40
3		60
4		80
5		90

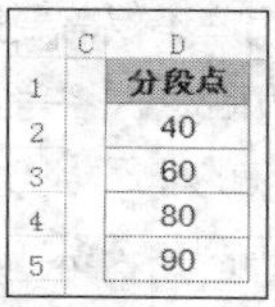

图 12-36　设置分段区间

【输入区域】：选择数据区域 B1:B128。

【接收区域】：选择组距数据，即分段区间所在区域 D1:D5。

【标志】复选框：本例包含标题行，因而勾选此选项。

【输出选项】：选择【输出区域】，并在选择输入框中输入 F1 作为输出结果的存放位置。

【柏拉图】复选框：若勾选此复选框，在输出表中将按频率的降序来显示数据；若不勾选，则会按照组距排列顺序来显示数据。此选项只有在勾选【图表输出】之后才会产生效果。

【累积百分率】复选框： 若勾选此复选框，在输出表中将生成一列累计百分比值，并在直方图中生成一条累积百分比折线。

【图表输出】复选框：若勾选此复选框，在输出表中将生成直方图。本例勾选此项。

设置完参数的对话框如图 12-37 所示。

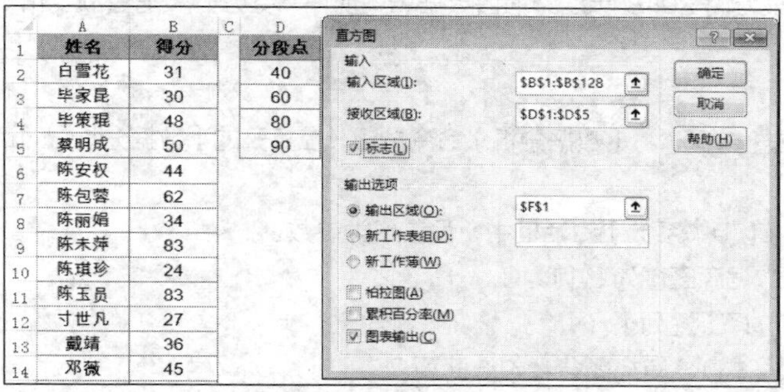

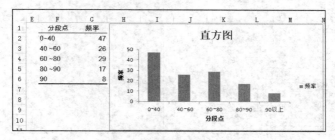

图 12-37　直方图对话框

步骤 4　单击【确定】按钮，生成输入表和直方图。调整输出表临界点数据，分别设置为 0～40、40～60、60～80、80～90 和 90 以上，如图 12-38 所示。

图 12-38　直方图输出结果

通过直方图的展示，用户可以很直观地看出员工考核得分的分布情况，相对集中分布于 0～40 分之间。

示例结束

12.3.5 | 相关分析

在日常数据分析工作中，用户不仅需要描述数据本身呈现出来的基本特征，还需要进一步挖掘变量之间的深层次关系，例如，相关关系和回归关系等。

相关关系是指变量之间存在的非严格的、不确定的依存关系，例如，产品销售收入和广告费用之间的关系。回归关系是指变量之间存在依存因果关系，这种依存关系可以用一个数学表达式反映出来，例如，一定条件下，身高和体重的关系。

相关分析是研究两个或两个以上随机变量之间相互依存关系的方向和密切程度的方法，其中直线相关用相关系数表示，曲线相关用相关指数表示，多重相关用复相关系数表示。

相关系数是反映变量之间线性相关强度的一个度量指标，通常用 r 表示，它的取值范围是[-1,1]。当 r 大于 0 时，表示线性正相关；当 r 小于 0 时，表示线性负相关；当 r 等于 0 时，表示变量之间不存在线性关系。当 r 大于 0 并小于 0.3 时，表示低度相关；当 r 大于 0.3 并小于 0.8 时，表示中度相关，r 大于 0.8 则表示高度相关。

在 Excel 中计算变量之间的相关系数，可以使用"分析工具库"中的"相关系数"分析工具。

示例 12-7　分析某公司销售额和推广费用之间的相关性

素材所在位置为：

素材\第 12 章 数据分析工具的应用\示例12-7 分析某公司销售额和推广费用之间的相关性.xlsx

图 12-39 所示为某公司 2018 年度的销售数据表，现在需要分析"销售额"和"推广费用"两个变量之间的相关关系。

操作步骤如下。

步骤 1 依次单击【数据】→【数据分析】命令按钮，在打开的【数据分析】对话框中选择【相关系数】，并单击【确定】按钮。

步骤 2 在弹出的【相关系数】对话框中，设置各类参数。

【输入区域】：本例数据源区域为 B1:C13。

【分组方式】：本例选择【逐列】。

【标志位于第一行】：本例含有标题行，勾选此项。

【输出选项】：选择【输出区域】，并在选择输入框中输入 E1 作为输出结果的存放位置。

设置结果如图 12-40 所示。

时间	销售额	推广费用
2018/1/1	10526	2013
2018/2/1	11380	2372
2018/3/1	12142	2622
2018/4/1	13849	3096
2018/5/1	14753	3470
2018/6/1	16276	3964
2018/7/1	17027	4274
2018/8/1	18657	4649
2018/9/1	20020	5000
2018/10/1	21066	5240
2018/11/1	22788	5598
2018/12/1	23362	6095

图 12-39　销售数据表

图 12-40　相关系数对话框

步骤 3 单击【确定】按钮，得到相关系数分析结果，如图 12-41 所示。

如图 12-41 所示，数据项目的行列交叉处就是其相关系数。变量自身是完全相关的，因此，相关系数显示为 1；两组数据的相关系数在矩阵上有两个位置，是重复关系，因此，右上角的位置不显示相关系数。"销售额"和"推广费用"之间的相关系数为 0.996576，属于高度相关。

图 12-41　输出相关系数
分析结果

示例结束

本章小结

本章主要学习 Excel 数据分析工具的应用。使用模拟分析对数据进行假设分析，使用规划求解计算利用有限的资源得到最佳的数据效果。本章重点讲述了如何使用"分析工具库"对数据进行百分比排名、描述性统计分析、相关分析及回归分析预测。

练习题

1. Excel 中的"模拟运算表"是一种适合用于假设分析的工具，它的主要作用是什么？
2. "规划求解"工具在默认安装的 Excel 2016 中可以直接使用吗？

上机实验

1. 假设小明要将 1000 元全部花掉，同时在图 12-42 所示的产品清单中，每样产品必须至少购买一件，那么每样产品各购买几件？

	A	B	C
1	产品	单价	购买件数
2	产品A	10	
3	产品B	15	
4	产品C	8	
5	产品D	22	
6	产品E	35	
7	产品F	19	
8	产品F	9	

图 12-42　产品清单表

2. 手工模拟一组数据，使用分析工具库工具完成百分比排名。

第 13 章

数据可视化

数据分析的结果需要选择合适的展示方式。使用专业美观的表格以及合适的图表展示数据分析的结果可以使数据更加形象、直观。本章主要学习 Excel 数据可视化的两个主要功能：图表和条件格式。

13.1 条件格式

条件格式可以根据用户所设定的条件，对单元格中的数据进行判断，符合条件的单元格可以用特殊定义的格式来显示。

每个单元格中都可以添加多种不同的判断条件和相应的显示格式，通过这些规则的组合，可以让表格自动标识需要查询的数据，让表格具备智能定时提醒功能，并能通过颜色和图标等方式来展现数据的分布情况等。

条件格式的简单应用

13.1.1 基于各类特征设置条件格式

Excel 内置了多种基于特征值设置的条件格式，例如，可以按大于、小于、日期、重复值等特征突出显示单元格，也可以按大于或小于前 10 项、高于或低于平均值等项目要求突出显示单元格。

Excel 内置了 7 种"突出显示单元格"规则，如表 13-1 所示。

表 13-1　　　　　　　　　　Excel 内置的 7 种"突出显示单元格规则"

显示规则	说明
大于	为大于设定值的单元格设置指定的单元格格式
小于	为小于设定值的单元格设置指定的单元格格式
介于	为介于设定值之间的单元格设置指定的单元格格式
等于	为等于设定值的单元格设置指定的单元格格式
文本包含	为包含设定文本的单元格设置指定的单元格格式
发生日期	为包含设定发生日期的单元格设置指定的单元格格式
重复值	为重复值或唯一值的单元格设置指定的单元格格式

示例 13-1　标记重复值

素材所在位置为：

素材\第 13 章 数据可视化\示例13-1 标记重复值.xlsx

图 13-1 所示为某公司产品销售记录，现要求标识出"销售人员"字段下重复出现的人员姓名。

销售日期	产品型号	销售人员	销售数量
2018/6/24	EH2016086732	金大力	28
2018/7/3	EH2016066568	郭文静	37
2018/7/6	EH2016054399	周文龙	16
2018/7/8	EH2016018601	王清爽	90
2018/7/12	EH2016076853	许勇敢	14
2018/7/15	EH2016055655	金大力	62
2018/7/21	EH2016099253	徐小明	58
2018/7/24	EH2016053306	李安欢	25
2018/8/4	EH2016021239	苏清和	13
2018/8/11	EH2016031148	杨之伟	50
2018/9/2	EH2016010544	徐小明	84
2018/9/11	EH2016080352	王朝明	31

图 13-1　产品销售记录表

选中 C2:C13 单元格区域，在【开始】选项卡中依次单击【条件格式】→【突出显示单元格规则】→【重复值】，在打开的【重复值】对话框左侧的下拉列表中选择"重复"选项，在右侧下拉列表中选择或设置所需的格式，例如"浅红填充色深红色文本"，最后单击【确定】按钮，如图 13-2 所示。

完成设置后的效果如图 13-3 所示。

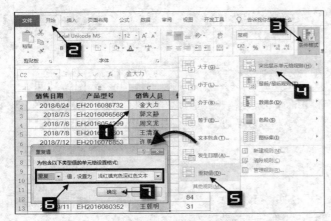

图 13-2　标识重复值　　　　　　　　　　　图 13-3　标识重复出现的人员姓名

另外，Excel 内置了 6 种"项目选取规则"，如表 13-2 所示。

表 13-2　　　　　　　　　　　　　　Excel 内置的 6 种"项目选取规则"

显示规则	说明
值最大的 10 项	为值最大的 n 项单元格设置指定的单元格格式，其中 n 的值由用户指定
值最大的 10%项	为值最大的 n%项单元格设置指定的单元格格式，其中 n 的值由用户指定
值最小的 10 项	为值最小的 n 项单元格设置指定的单元格格式，其中 n 的值由用户指定
值最小的 10%项	为值最小的 n%项单元格设置指定的单元格格式，其中 n 的值由用户指定
高于平均值	为高于平均值的单元格设置指定的单元格格式
低于平均值	为低于平均值的单元格设置指定的单元格格式

示例 13-2　标识销售数量前三名的记录

素材所在位置为：

素材\第 13 章　数据可视化\示例13-2　标识销售数量前三名的记录.xlsx

仍以图 13-1 所示的产品销售记录表为例，现要求标识出销售数量前三名的记录，操作步骤如下。

选中 D2:D13 单元格区域，在【开始】选项卡中依次单击【条件格式】→【最前/最后规则】→【前 10 项】，在打开的对话框中，单击左侧的数值调节框，将数值大小设置为"3"，在右侧下拉列表中选择或设置所需的格式，如"浅红填充色深红色文本"，最后单击【确定】按钮，如图 13-4 所示。

完成效果如图 13-5 所示。

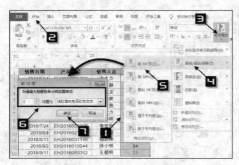

图 13-4　"前 10 项"设置步骤　　　　　　　　图 13-5　突出显示销售数量最大的 3 项

13.1.2 │ 自定义规则的应用

除了内置的条件规则，用户还可以通过自定义规则和显示效果的方式创建条件格式。例如，将日期时间函数和条件格式相结合，可以在表格中设计自动化的预警或到期提醒功能，这种条件规则适用于众多项目管理、日程管理类等场合。

┌─ **示例 13-3 设计到期提醒和预警**

> 素材所在位置为：
>
> 素材\第 13 章 数据可视化\示例13-3 设计到期提醒和预警.xlsx

图 13-6 所示为某公司的项目进度计划安排表，每个项目都有启动时间和预计的截止日期。现要求根据系统当前日期，在每个项目的预计截止日期前一周开始自动高亮警示。

操作步骤如下。

步骤 1　选中 A2:D13 单元格区域，以 A2 单元格为当前活动单元格。在【开始】选项卡中依次单击【条件格式】→【新建规则】，打开【新建格式规则】对话框。

步骤 2　在【选择规则类型】列表中选取【使用公式确定要设置格式的单元格】，在下方的编辑栏中输入以下公式，如图 13-7 所示。

```
=AND($D2-TODAY()<=7,$D2-TODAY()>0)
```

图 13-6　项目进度安排表

图 13-7　使用公式建立规则

步骤 3　单击【格式】按钮，在打开的【设置单元格格式】对话框中单击【填充】选项卡，选择一种背景，例如"淡紫色"，依次单击【确定】按钮关闭对话框，如图 13-8 所示。

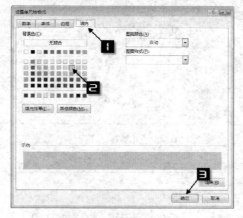

图 13-8　设置单元格格式

示例结束

13.1.3 | 内置的单元格图形效果样式

Excel 在条件格式功能中提供了"数据条""色阶"和"图标集"3 种内置的单元格图形效果样式。

1. 使用数据条

在包含大量数据的表格中，轻松读懂数据规律和趋势并不是一件容易的事，使用条件格式中的"数据条"功能，可以让数据在单元格中产生类似条形图的效果，使数据规律和趋势得到直观展示。

示例 13-4　借助数据条展现数据

素材所在位置为：

素材\第 13 章 数据可视化\示例13-4 借助数据条展现数据.xlsx

图 13-9 所示为一份销售数据表格，用户可以使用"数据条"功能来更加直观地展现数据。

	A	B	C
1	日期	销量	金额
2	2016/6/22	56	32,609.92
3	2016/7/17	68	39,597.76
4	2016/7/22	89	51,826.48
5	2016/7/23	104	60,561.28
6	2016/6/18	31	18,051.92
7	2016/7/14	118	68,713.76
8	2016/6/30	116	67,549.12
9	2016/6/29	63	36,686.16
10	2016/7/3	124	72,207.68
11	2016/6/30	128	74,536.96
12	2016/6/29	44	25,622.08
13	2016/6/23	95	55,320.40

图 13-9　销售数据

操作步骤如下。

选取需要设置条件格式的 B2:B13 单元格区域，在【开始】选项卡下依次单击【条件格式】→【数据条】，在展开的选项菜单中，选中【实心填充】中的【绿色数据条】样式，操作过程和完成效果如图 13-10 所示。

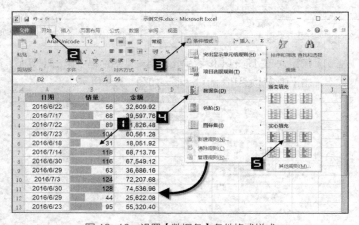

图 13-10　设置【数据条】条件格式样式

示例结束
---

2. 使用图标集

除了用数据条的形式展示数值的大小，用户也可以用条件格式当中的"图标"来展现分段数据，根据不同的数值等级来显示不同的图标图案。

示例 13-5 借助图标集展现数据

素材所在位置为：

素材\第 13 章 数据可视化\示例13-5 借助图标集展现数据.xlsx

图 13-11 所示为一份员工销售业绩表，使用"图标"能够更加直观地展示业绩分布。

操作步骤如下。

选中需要设置条件格式的 B2:B13 单元格区域，在【开始】选项卡中依次单击【条件格式】→【图标集】，在展开的选项菜单中，选中【形状】中的【四色交通灯】，如图 13-12 所示。

图 13-11 销售业绩表

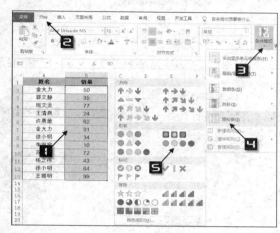

图 13-12 设置【图标集】条件格式样式

Excel 默认的"四色交通灯"显示规则是按百分比率对数据进行分组的，用户可以根据需要，对数值进一步调整外观显示。操作步骤如下。

选中 B2:B13 单元格区域的任一单元格，依次单击【条件格式】→【管理规则】，打开【条件格式规则管理器】。双击【规则】列表下的"图标集"，打开【编辑格式规则】对话框。在【根据以下规则显示各个图标】组合框中，【类型】下拉列表选择"数字"，【值】编辑框中输入分段区间值，依次单击【确定】按钮关闭对话框，如图 13-13 所示。

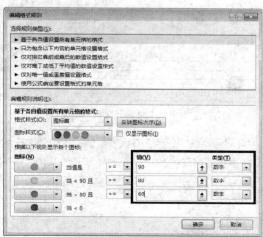

图 13-13 调整显示规则

　　如图 13-14 所示，调整后的图标可以直观地反映销量情况：90 及以上显示图标为"绿色交通灯"，80～90 之间显示图标为"黄色交通灯"，大于等于 60 且小于 80 的显示图标为"红色交通灯"，60 以下显示图标为"黑色交通灯"。

示例结束

3. 使用色阶

　　除了使用图形的方式来展现数据外，还可以使用不同的色彩来表达数值的大小分布。条件格式中的"色阶"功能可以通过色彩反映数据的大小，形成"热图"。

示例 13-6　借助色阶展现数据

　　素材所在位置为：

　　素材\第 13 章　数据可视化\示例13-6　借助色阶展现数据.xlsx

图 13-15 所示为部分城市各月的平均气温，使用"色阶"能够让这些数据更容易地显现出分布规律。

图 13-14　调整后的结果

图 13-15　部分城市各月平均气温

　　操作步骤如下。

　　选中需要设置条件格式的 B2:M5 单元格区域，在【开始】选项卡中依次单击【条件格式】→【色阶】，在展开的选项菜单中选取一种样式，如【红-黄-绿色阶】，如图 13-16 所示。

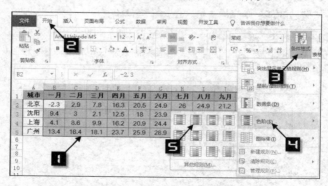

图 13-16　设置【色阶】条件格式样式

　　完成操作后，数据表格当中会显示不同的颜色，并根据数值的大小依次按照红色→黄色→绿色的顺序显示过渡渐变。这些颜色的显示，非常直观地展现数据的分布规律：广州的夏季温度和持续长度明显高于其他城市。

示例结束

13.1.4 | 修改和清除条件格式

　　如果需要对已设好的条件格式进行编辑修改，可以按以下步骤操作。

选中需要修改条件格式的单元格区域，依次单击【开始】→【条件格式】→【管理规则】，打开【条件格式规则管理器】对话框。在对话框中选中需要编辑的规则项目，单击【编辑规则】按钮，如图 13-17 所示。

在弹出的【编辑格式规则】对话框中，可以根据需要对已有条件格式进行编辑修改，如图 13-18 所示。

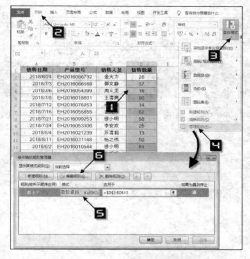

图 13-17　管理条件格式规则

图 13-18　编辑条件格式规则

如果需要删除单元格区域的条件格式，可以按以下步骤操作。

选中相关单元格区域（如果是清除整个工作表中所有单元格区域的条件格式，则可以选中任意一个单元格），依次单击【开始】→【条件格式】→【清除规则】，在展开的下拉菜单中，如果单击【清除所选单元格的规则】命令，则清除所选单元格的条件格式；如果单击【清除整个工作表的规则】命令，则清除当前工作表中所有单元格区域中的条件格式，如图 13-19 所示。

13.1.5　调整规则优先级

Excel 允许对同一个单元格区域设置多个条件格式，当两个或更多条件格式规则应用于一个单元格区域时，将按其【条件格式规则管理器】对话框中列出的优先级顺序执行这些规则。

在【条件格式规则管理器】对话框中，越是位于规则列表上方的规则，其优先级越高。默认情况下，新规则总是添加到列表的顶部，因此具有最高的优先级。用户可以通过对话框中的【上移】和【下移】箭头更改优先级顺序，如图 13-20 所示。

图 13-19　清除条件格式

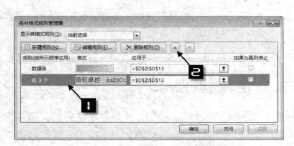

图 13-20　条件格式规则管理器

当同一单元格存在多个条件格式规则时，将按以下方式处理。

如果规则间不冲突，则全部规则都有效。例如，一个规则将单元格格式设置为字体"宋体"，另一个规则将同一个单元格的格式底色设置为"红色"，则该单元格的格式设置为字体"宋体"且单元格底色为"红色"，两个条件规则都得到了应用。

如果规则之间有冲突，则只执行优先级高的规则。例如，一个规则将单元格字体颜色设置为"红色"，另一个规则将单元格字体颜色设置为"蓝色"，两个规则相互冲突，则只执行优先级较高的规则。

13.2　图表应用

图表是以图形化方式传递和表达数据的工具。相比于普通数据表格而言，使用图表来表达数据信息可以更加形象生动，可以使数据分析的报告结果更加具有说服力。

13.2.1　图表的构成元素

Excel 图表由图表区、绘图区、图表标题、数据系列、图例和网格线等基本元素构成，各个元素能够根据需要设置显示或隐藏，如图 13-21 所示。

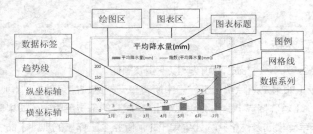

图 13-21　图表的构成元素

1．图表区

图表区是指图表的全部范围，选中图表区时，将显示图表对象边框和用于调整图表大小的控制点。

2．绘图区

绘图区是指图表区内以两个坐标轴为边组成的矩形区域，选中绘图区时，将显示绘图区边框和用于调整绘图区大小的控制点。

3．图表标题

图表标题显示在绘图区上方，用于说明图表要表达的主要内容。在图 13-21 所示的图表中，如果图表标题使用"1～7 月平均降水量逐月增加"，则比默认的"平均降水量（mm）"更能体现图表要表达的主题。

4．数据系列和数据点

一个或多个数据点构成数据系列，每个数据点对应工作表中某个单元格的数据。

5．坐标轴

坐标轴按位置不同分为主坐标轴和次坐标轴，默认显示左侧主要纵坐标轴和底部主要横坐标轴。

6．图例

图例是由图例项和图例项标示组成的，默认显示在绘图区右侧。

13.2.2　图表类型的选择

图表类型的选择对于数据展示效果是非常重要的，如果选错了图表类型，即便图表制作的再精美也往往达不到理想的效果。对于实际工作而言，最常用也是最有必要掌握的图表有五大类，分别是柱形图、条形图、折线图、散点图和饼图。

1. 柱形图

柱形图通常用来反映不同项目之间的分类对比，此外，也可以用来反映数据在时间上的趋势。例如，图 13-22 所示的柱形图展示了某公司不同产品之间的销售数据对比。而图 13-23 所示的柱形图则展示了某公司 2016 年上半年的销售额增长情况。

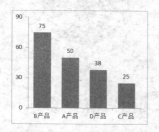

图 13-22　产品销售对比

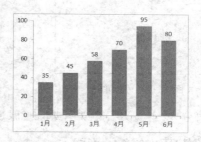

图 13-23　某公司上半年销售增长情况

堆积柱形图在图形上将同一分类的柱形垂直叠放显示，可以反映多个数据组在总体中所占的大小，并且突出强调了总体数值的大小情况。图 13-24 所示的堆积柱形图展示了某公司四个地区三种产品的销售情况，柱体的总高度代表了每个地区的产品销售额。

2. 条形图

条形图通常用来反映不同项目之间的对比，与柱形图相比，它更适合展现排名。例如，图 13-25 是某公司不同产品之间的销售数据对比。另外，由于条形图的分类标签是纵向排列的，因此可以容纳更多的标签文字；如果标签文字过多，相比柱形图，使用条形图也许更加适合。

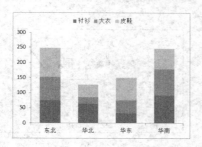

图 13-24　堆积柱形图

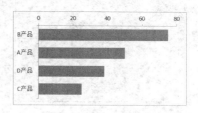

图 13-25　条形图

3. 折线图

通常用来反映数据随时间的变化趋势。例如，图 13-26 所示的折线图显示了某城市在 2006 年到 2016 年间的房地产价格变动趋势。与同样可以反映时间趋势的柱形图相比，折线图更加突出数据起伏的波动趋势，也更适合数据点较多的情况。

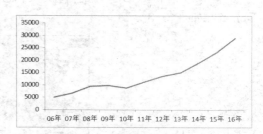

图 13-26　折线图

4. 散点图

散点图通常用来反映数据之间的相关性和分布特性。绘制散点图需要 x 轴和 y 轴两个维度上的成对数据。图 13-27 反应了推广费用和销售额之间的分布情况。

5. 饼图

饼图通常用来反映各数据在总体中的构成和占比情况。图 13-28 所示的饼图展现了某公司不同区域的销售额在总体中的占比情况。

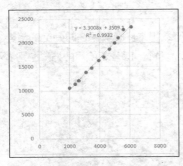

图 13-27　散点图

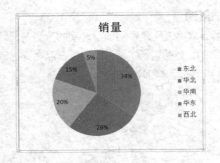

图 13-28　饼图

饼图中的一部分可以继续以另一个饼图或堆积图展现其内部构成，这种饼图被称为复合饼图。

13.2.3　制作带平均线的柱形图

素材所在位置为：
素材\第 13 章 数据可视化\ 13.2.3 制作带平均线的柱形图.xlsx

如图 13-29 所示，在销售完成情况的柱形图中添加一条平均值的水平线，使各个业务员的任务完成情况更加直观。

操作步骤如下。

制作带平均线的
柱形图

步骤 1　在 C1 单元格输入"平均值"，在 C2 单元格输入以下公式，计算 B 列销售额的平均值并保留一位小数，向下复制公式到 C7 单元格，如图 13-30 所示。

=ROUND(AVERAGE(B$2:B$7),1)

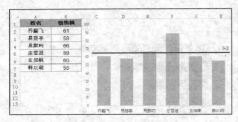

图 13-29　带平均线的柱形图

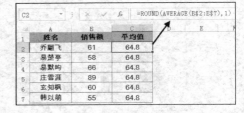

图 13-30　计算平均值

步骤 2　选中 A1:C7 单元格区域，在【插入】选项卡下依次单击【插入组合图】→【簇状柱形图-折线图】，结果如图 13-31 所示。

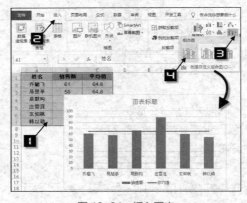

图 13-31　插入图表

步骤 3 单击选中"平均值"数据系列，再单击【图表元素】快捷选项按钮，在扩展菜单中单击【趋势线】右侧的展开按钮，单击【更多选项】命令打开【设置趋势线格式】任务窗格。设置趋势预测前推 0.5 周期，后推 0.5 周期，如图 13-32 所示。

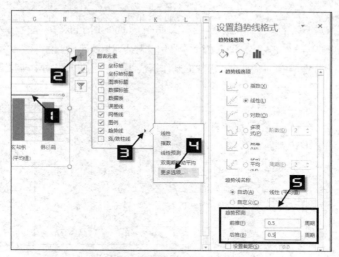

图 13-32 设置趋势预测周期

步骤 4 切换到【填充与线条】选项卡，勾选【实线】单选按钮，并设置颜色为红色，短划线类型为实线，宽度为 2.25 磅，如图 13-33 所示。

步骤 5 单击图表，在【图表工具】中的【格式】选项卡左侧的图表元素下拉列表中选中【系列"平均值"】，再次单击"平均值"数据系列最右侧的数据点，使该数据点处于选中状态，单击鼠标右键，在快捷菜单中选择【添加数据标签】命令，如图 13-34 所示。

图 13-33 设置线条

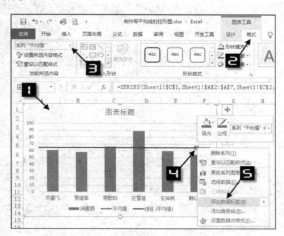

图 13-34 为数据点添加数据标签

步骤 6 单击图表绘图区，设置字体为"Agency FB"。选中数据标签，拖动数据标签边框移动数据点位置，设置字体加粗显示。

步骤 7 单击系列"销售额"，右侧的【设置趋势线格式】任务窗格自动变为【设置数据系列格式】。在【系列选项】选项卡下设置【间隙宽度】为 70%。在【填充与线条】选项卡下，设置【填充】为纯色填充，【颜色】为橙色。

步骤8 最后依次选取图表标题、图例、网格线，按<Delete>键删除。

13.2.4 突出显示最高值的折线图

素材所在位置为：

素材\第 13 章 数据可视化\ 13.2.4 突出显示最高值的折线图.xlsx

制作折线图时，如果单元格内容为错误值"#N/A"，图表系列将显示为直线连接数据点。

如图 13-35 所示，需要以 A~B 列的销售数据制作折线图，并且在折线图中能够自动突出显示最高值的数据点。

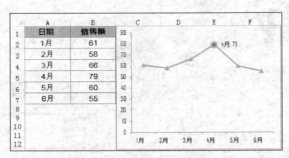

图 13-35 突出显示最高值的折线图

操作步骤如下。

步骤1 在 C 列建立辅助列，在 C2 单元格输入以下公式，向下复制到 C7 单元格，如图 13-36 所示。

`=IF(B2=MAX($B$2:$B$7),B2,NA())`

NA()函数用于生成错误值#N/A。公式的意思是，如果 B2 等于 B2:B7 单元格区域的最大值，则返回 B2 本身的值，否则返回错误值#N/A。

步骤2 选中 A1:C7 单元格区域，插入带数据标记的折线图，如图 13-37 所示。

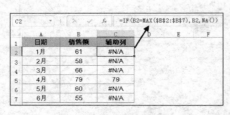

图 13-36 建立辅助列

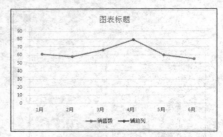

图 13-37 带数据标记的折线图

步骤3 删除图例项、网格线和图表标题，设置图表区字体。

步骤4 在辅助列数据系列上单击鼠标右键，在快捷菜单中选择"添加数据标签"命令。

步骤5 双击数据标签，调出【设置数据标签格式】窗格，在【标签选项】中勾选"类别名称"复选框，如图 13-38 所示。

最后对图表进行适当美化，完成设置。

图 13-38 设置数据标签格式

13.2.5 使用漏斗图分析不同阶段的转化情况

素材所在位置为：

素材\第 13 章 数据可视化\ 13.2.5 使用漏斗图分析不同阶段的转化情况.xlsx

漏斗图图表通常以漏斗形状来显示总和等于 100%的一系列数据，常用于分析产品生产原料转化率、网站用户访问转化率等。

图 13-39 所示为某公司客服周绩效数据，需要通过制作漏斗图来分析每一个阶段的转化情况，以便观察和分析每个阶段存在的问题。

操作步骤如下：

步骤 1 依次添加三个辅助列，分别为"占位数据""占比"和"转化率"。

在 C2 单元格输入公式：

`=(B$2-B2)/2`

在 D2 单元格输入公式：

`=B2/B$2`

在 E2 单元格输入公式：

`=B3/B2`

选中 C2:E2 单元格区域，下拉公式填充至 C2:E6 区域，并删除 E6 单元格的值，结果如图 13-40 所示。

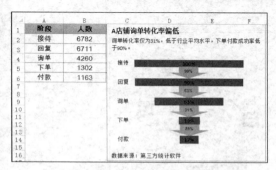

图 13-39　客服周绩效数据

阶段	人数	占位数据	占比	转化率
接待	6782	0	100%	99%
回复	6711	35.5	99%	63%
询单	4260	1261	63%	31%
下单	1302	2740	19%	89%
付款	1163	2809.5	17%	

图 13-40　添加辅助列

步骤 2 选中 A1:C6 单元格区域，在【插入】选项卡中依次单击【插入柱形图或条形图】→【堆积条形图】，创建一个堆积条形图图表，如图 13-41 所示。

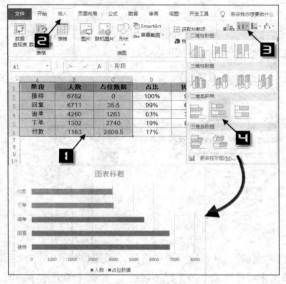

图 13-41　插入堆积条形图

步骤 3 右键单击图表绘图区，在快捷菜单中单击【选择数据】命令，弹出【选择数据源】对话框。选中数据系列"占位数据"，单击【上移】按钮，来调整数据系列显示顺序，如图 13-42 所示。

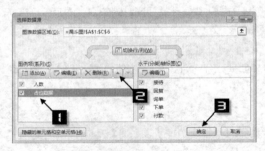

图 13-42　上移"占位数据"

步骤 4 条形图的纵坐标轴的默认顺序和数据源顺序相反，可以通过设置逆序类别调整显示顺序。双击纵坐标轴，调出【设置坐标轴格式】窗格，在【坐标轴选项】选项卡中，勾选【逆序类别】复选框，如图 13-43 所示。

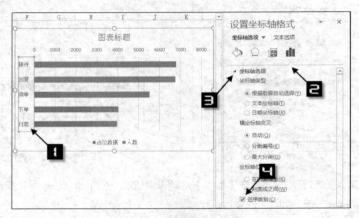

图 13-43　设置"逆序类别"

步骤 5 选中系列"占位数据"，在【设置数据系列格式】窗格中依次单击【填充与线条】→【填充】→【无填充】，使"占位数据"系列不显示，如图 13-44 所示。

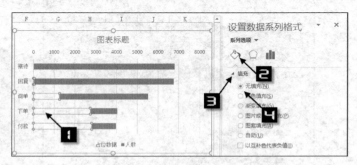

图 13-44　设置"占位数据"填充色

步骤 6 右键单击系列"人数"，在快捷菜单中选择"添加数据标签"。然后单击数据标签，在【设置数据标签格式】窗格中依次单击【标签选项】→【标签包括】，勾选【单元格中的值】复选框，在弹出的【数据标签区域】对话框中选择 D2:D6 单元格区域中的占比，单击【确定】按钮关闭对话框，再将【标签选项】下的"值"复选框取消勾选，如图 13-45 所示。

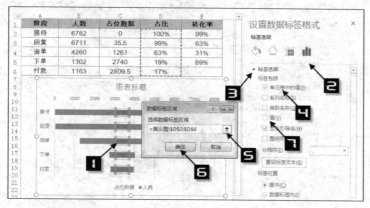

图 13-45　设置数据标签

步骤 7　删除无关图表元素，使用图形元素对图表进行美化。依次单击【插入】→【形状】下拉按钮，在下拉列表中选择下箭头，然后拖动鼠标在工作表内插入一个下箭头形状，如图 13-46 所示。

步骤 8　选中箭头形状，适当调整大小，然后在【格式】选项卡下依次设置形状轮廓和形状填充颜色为橙色。在编辑栏内输入"=$E$2"，然后按<Enter>键，如图 13-47 所示。

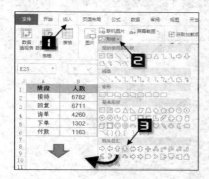

图 13-46　插入箭头形状

图 13-47　添加单元格引用

步骤 9　将箭头图形拖动到图表中，适当调整大小和位置。然后选中箭头图形，按住<Ctrl>键不放，拖动鼠标，分别复制出三个相同的图形，拖动移动到合适位置，再依次修改图形中的单元格引用地址为"=$E$3""=$E$4""=$E$5"。

对图表进行适当美化，插入文本框添加说明文字，图表制作完成。

 提示

Office 365 订阅版本的 Excel 2016 中已经内置了漏斗图的图表类型，因此，制作过程更加简单。

13.2.6　使用瀑布图表分析项目营收情况

素材所在位置为：
素材\第 13 章　数据可视化\ 13.2.6 使用瀑布图表分析项目营收情况.xlsx

瀑布图通常用于解释两个数据之间"变化"过程与"组成"关系。图 13-48 所示为某经销商营收相关指标数据，包括总销售额、进货成本、包材费用、邮费、人力成本等，这些项目营收的明细情况可以通过瀑布图来直观地展示。

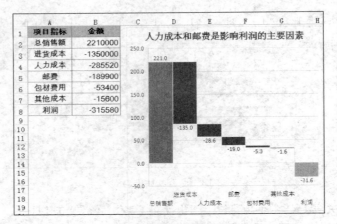

图 13-48　营收数据表

操作步骤如下。

步骤1 选中 A1:B8 单元格区域，在【插入】选项卡中依次选择【插入瀑布图、漏斗图、股价图、曲面图或雷达图】→【瀑布图】，插入一个瀑布图，如图 13-49 所示。

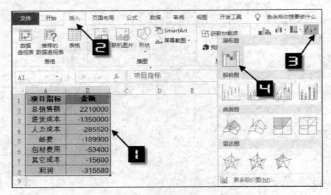

图 13-49　创建瀑布图

步骤2 调整分类间距。双击系列"金额"，调出【设置数据系列格式】窗格，在【系列选项】设置【间隙宽度】为 0%，如图 13-50 所示。

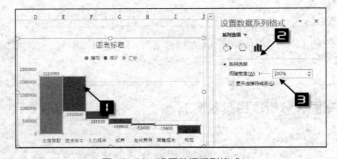

图 13-50　设置数据系列格式

步骤 3 单击选中纵坐标轴，在【设置坐标轴格式】窗格中切换到【数字】选项卡，格式代码输入"0!.0,"，单击【添加】按钮，如图 13-51 所示。

步骤 4 单击系列"金额"数据标签，在【设置数据标签格式】窗格中单击【标签选项】→【数字】→【自定义】，输入格式代码"0!.0,"，单击【添加】按钮。

步骤 5 单击系列"金额"，再单击"利润"数据点使其处于选中状态，单击鼠标右键，在快捷菜单中选择【设置为汇总】，如图 13-52 所示。

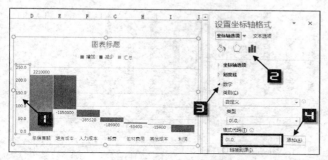

图 13-51 设置标签数字格式

图 13-52 设置为汇总

步骤 6 最后修改图表标题，适当美化图表，完成操作。

13.2.7 动态显示最近 7 天数据的柱形图

素材所在位置为：

素材\第 13 章 数据可视化\ 13.2.7 动态显示最近 7 天数据的柱形图.xlsx

图 13-53 所示是某销售部的销售流水记录，每天的销售情况都会按顺序记录到该工作表中。现在需要将最近 7 天的销售额绘制成柱形图，也就是无论 A~B 的数据记录添加多少，图表中始终显示最后 7 天的记录。操作步骤如下。

步骤 1 如图 13-54 所示，按<Ctrl+F3>组合键打开【名称管理器】对话框，分别定义两个名称：

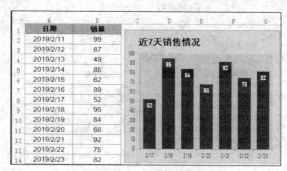

图 13-53 近 7 天销售情况

图 13-54 自定义名称

日期

=OFFSET($A$1,COUNT($A:$A),0,-7)

销量

=OFFSET($B$1,COUNT($A:$A),0,-7)

OFFSET 函数以 A1 为基点，以 COUNT 的计算结果作为向下偏移的行数，也就是 A 列有多少个数值，就向下偏移多少行。OFFSET 函数新引用的行数是-7，得到从 A 列数值的最后一行开始，向上 7 行这样一个动态的区域。

如果 A 列的数值增加，COUNT 函数的计数结果也随之增加，OFFSET 函数的行偏移参数也会发生变化，即始终返回 A 列最后 7 行的引用。

步骤 2 单击数据区域任意单元格，插入簇状柱形图，如图 13-55 所示。

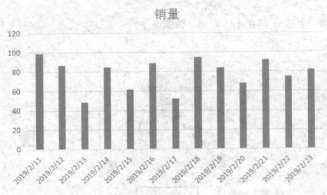

图 13-55 插入簇状柱形图

步骤 3 右键单击任意数据系列，在快捷菜单中单击【选择数据】命令，打开【选择数据源】对话框。单击【图例项（系列）】下的【编辑】按钮，在弹出的【编辑数据系列】对话框中，将"系列值"设置为：

=Sheet1!销量

单击【水平（分类）轴标签】下的【编辑】按钮，在弹出的【轴标签】对话框中，将"轴标签区域"设置为：

=Sheet1!日期

操作步骤如图 13-56 所示。

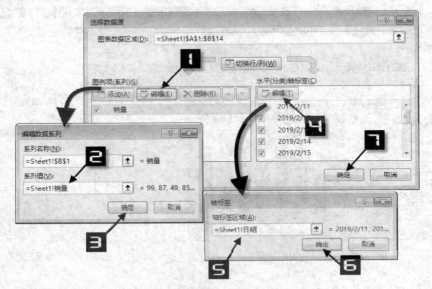

图 13-56 选择数据源

步骤 4 修改图表标题为"近 7 天销售情况"。单击标题边框，将图表标题拖动到图表区左侧。适当调整图表宽度。

步骤 5 双击水平轴调出【设置坐标轴格式】窗格，切换到【坐标轴选项】→【数字】选项卡，在格式代码编辑框中输入"m/d"，单击【添加】按钮，此时，横坐标轴中的日期变为月/日样式，如图 13-57 所示。

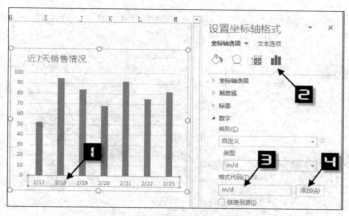

图 13-57　设置坐标轴格式

步骤 6　单击任意数据系列，在【设置数据系列格式】窗格中将间隙宽度调整为 50%，如图 13-58 所示。

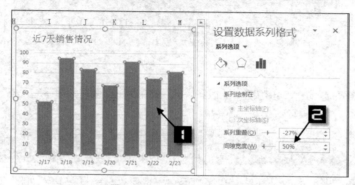

图 13-58　设置数据系列格式

最后，分别对图表区、绘图区和数据系列设置不同颜色，添加数据标签，对图表进行适当美化。当数据源增加后，图表即可自动更新。

13.2.8 | 树状图

素材所在位置为：

素材\第 13 章 数据可视化\13.2.8 树状图.xlsx

树状图适合展示数据的比例和层次关系，可以根据分类与数据快速完成占比展示。图 13-59 所示为某公司三个销售区域一季度的销量表，创建树状图的步骤如下。

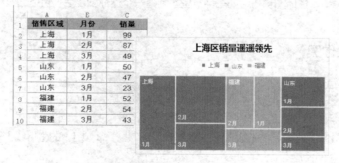

图 13-59　销售数据表

步骤1 选取 A1:C10 单元格区域，在【插入】选项卡中依次单击【插入层次结构图表】→【树状图】，如图 13-60 所示。

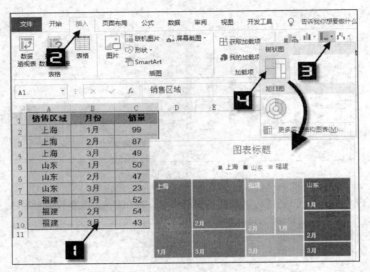

图 13-60 生成树状图

步骤2 双击图表标题进入编辑状态，更改图表标题文字为"上海区销量遥遥领先"，并设置字体为微软雅黑。

13.3 认识迷你图

迷你图是工作表单元格中的微型图表，可以直观反映一系列数据变化的趋势，如图 13-61 所示。

	A	B	C	D	E	F
1	姓名	一季度	二季度	三季度	四季度	迷你图
2	柳若馨	84	89	99	82	
3	白鹤天	45	71	45	50	
4	冷语嫣	93	46	83	96	
5	苗冬雪	79	53	62	46	
6	夏之春	78	83	63	72	

图 13-61 迷你图

迷你图的图形比较简洁，没有坐标轴、图表标题、图例、网格线等图表元素，主要体现数据的变化趋势或对比。迷你图包括折线图、柱形图和盈亏图三种类型。创建一个迷你图之后，可以通过填充功能，快速创建一组图表。

13.3.1 创建迷你图

素材所在位置为：
素材\第 13 章 数据可视化\ 13.3.1 创建迷你图.xlsx
根据图 13-62 所示的数据为工作表中的一行数据创建迷你图，操作步骤如下。

步骤1 选中 F2 单元格，单击【插入】选项卡下【迷你图】命令组中的【折线】按钮，打开【创建迷你图】对话框。

步骤2 在【创建迷你图】对话框中，单击【数据范围】编辑框右侧的折叠按钮，选择数据范围为 B2:E2

单元格区域，单击【确定】按钮。

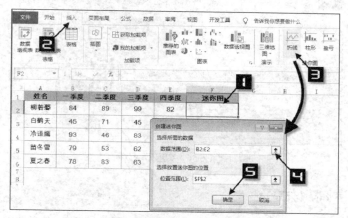

图 13-62　插入迷你图

步骤3　拖动 F2 单元格右下角的填充柄，向下填充到 F6 单元格，即可生成一组具有相同特征的迷你图。

提示

单个迷你图只能使用一行或是一列数据作为数据源。

13.3.2 更改迷你图类型

如果需要改变迷你图的图表类型，可以选中迷你图中的任意一个单元格，单击【迷你图工具】中【设计】选项卡下的【柱形】按钮，即可将一组迷你图全部更改为柱形迷你图，如图 13-63 所示。

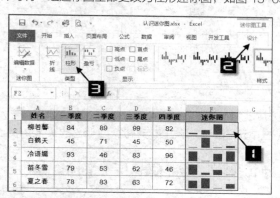

图 13-63　更改迷你图类型

13.3.3 突出显示数据点

用户可以根据需要，为折线迷你图添加标记或是突出显示迷你图的高点、低点、负点、首点和尾点，并且可以设置各个数据点的显示颜色。

如图 13-64 所示，选中迷你图中的任意一个单元格，在【迷你图工具】中的【设计】选项卡下单击【标记颜色】下拉按钮，分别设置各数据点的颜色。

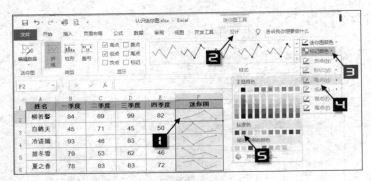

图 13-64　突出显示数据点

13.3.4　设置迷你图样式

　　Excel 提供了 36 种迷你图样式供用户选择。用户选中迷你图中的任意一个单元格，单击【迷你图工具】中的【设计】选项卡下的【样式】下拉按钮，在迷你图样式列表中单击某个样式图标，即可将该样式应用到一组迷你图中，如图 13-65 所示。

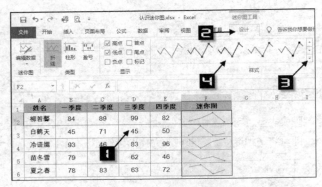

图 13-65　设置迷你图样式

13.3.5　清除迷你图

　　清除迷你图有以下两种方法。

　　方法 1　选中迷你图所在单元格区域，单击鼠标右键，在弹出的快捷菜单上依次单击【迷你图】→【清除所选的迷你图】命令。

　　方法 2　选中迷你图所在单元格区域，单击【设计】选项卡中的【清除】命令。

本章小结

　　本章主要学习图表和条件格式的应用。条件格式可以根据用户所设定的条件规则，对单元格中的数据进行判断，将符合条件的单元格用特殊定义的格式来显示，并能通过颜色和图标等方式来展现数据的分布情况。图表是以图形化方式传递和表达数据的工具，相比于普通数据表格而言，使用图表来表达数据信息更加形象生动，可以使数据分析的报告结果更具有说服力。常用图表有柱形图、条形图、折线图、散点图和饼图等。

 练习题

1. Excel 2016 在条件格式功能中提供了_____、_____和_____3 种内置的单元格图形效果样式。

2. Excel 内置了 7 种"突出显示单元格"规则，请说出其中的 3 种。

3. 迷你图包括_____、_____和_____三种图表类型，创建一个迷你图之后，可以通过填充功能，快速创建一组图表。

上机实验

1. 根据图 13-66 所示的资料，做一份简易的一周目标表，通过【条件格式】功能，将 C2:C9 单元格区域中内容为空白的单元格标记为浅红色。

	A	B	C
1	序号	内容	是否已达成
2	1	给家人打一个电话	是
3	2	看一本名著	
4	3	跑五千米	是
5	4	有三天23点前睡觉	
6	5	学唱一首歌	是
7	6	记一次周记	
8	7	认真设想未来	
9	8	给他/她写一封信	

图 13-66 简易的一周目标表

2. 新建一个工作簿，模拟一组数据，制作带平均线的柱形图，并进行美化。

3. 新建一个工作簿，模拟一组数据，制作突出显示最低值的折线图。

4. 新建一个工作簿，模拟一组数据，制作柱形迷你图。

第 14 章

Power Query 和 Power Pivot 的简单应用

  Power BI 是强大的商业智能分析及数据可视化工具，能快速地将复杂的原始数据组织成直观有效的数据图表，使用户能根据图表展示出的数据逻辑及趋势进行判断和决策。本章主要学习微软 Power BI 内置于 Excel 2016 中的两个主要功能模块 Power Query 和 Power Pivot。

14.1 Power Query

Microsoft Power Query 自 Excel 2016 版本开始成为了 Excel 的内置功能,用户无须安装任何加载项即可使用。利用 Power Query,用户可以导入多种不同数据源的数据,例如,Excel 数据列表、文本文件、Web 数据等,进而对数据进行快速清洗、转置和合并等处理。

14.1.1 二维表转换为一维表

素材所在位置为:

素材\第 14 章 Power Query 和 Power Pivot 的简单应用\ 14.1.1 二维表转换为一维表.xlsx

图 14-1 所示为某公司员工销售数据表,该表为二维表,需要将该表转换为一维表,以便对数据进行汇总分析。

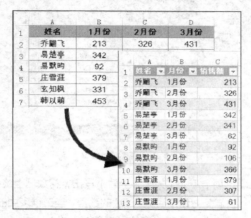

图 14-1 员工销售数据表

操作步骤如下。

步骤 1 单击数据区域的任一单元格,例如 A2,单击【数据】选项卡下的【从表格】命令,在弹出的【创建表】对话框中单击【确定】按钮,将数据加载到 Power Query 编辑器,如图 14-2 所示。

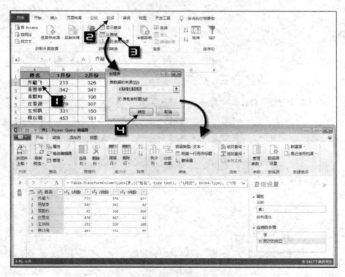

图 14-2 将数据加载到 Power Query

步骤 2 选取要转换一维表的主要列列标，本例中为"姓名"，单击【转换】选项卡下的【逆透视列】下拉按钮，在弹出的下拉列表中选择【逆透视其他列】，如图 14-3 所示。依次双击标题栏的【属性】和【值】，进入编辑状态，分别修改为"月份"和"销售额"。

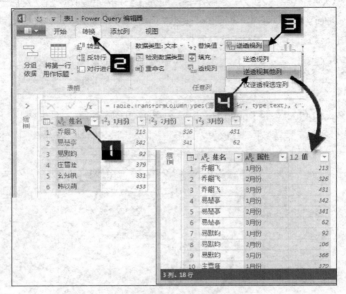

图 14-3　逆透视"姓名"列

步骤 3 最后单击【开始】选项卡下的【关闭并上载】按钮，将数据上载到工作表中，如图 14-4 所示。此时 Excel 会自动新建一个工作表，用于存放转换后的数据。当二维表中的数据有更新或增加时，可以先按<Ctrl+S>组合键保存，然后在【数据】选项卡下单击【全部刷新】按钮，即可得到最新的转换结果，如图 14-5 所示。

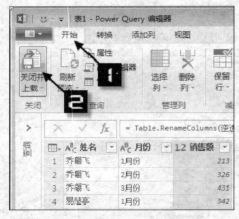

图 14-4　将数据上载到 Excel 工作表

图 14-5　全部刷新

提示

使用 Power Query 处理的数据，大部分都可以使用刷新功能获取最新结果。

14.1.2 合并同一工作簿中的多个工作表

素材所在位置为:

素材\第 14 章 Power Query 和 Power Pivot 的简单应用\ 14.1.2 合并同一工作簿中的多个工作表.xlsx

合并同一工作簿
中的多个工作表

如图 14-6 所示,同一个工作簿中存在多个工作表,每个工作表的数据结构相同,现需将多张工作表数据合并到同一工作表内。

操作步骤如下。

步骤 1　新建一个用于存放合并数据的工作簿,在【数据】选项卡下,依次单击【新建查询】→【从文件】→【从工作簿】,在弹出的【导入数据】对话框中选择目标工作簿,单击【导入】按钮,如图 14-7 所示。

图 14-6　多张分表

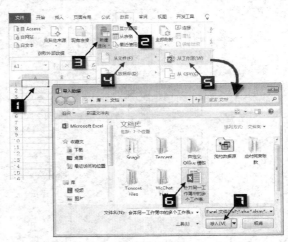

图 14-7　选择目标工作簿

步骤 2　在弹出的【导航器】对话框中,单击工作簿名称,再单击【编辑】按钮,将数据加载至 Power Query 编辑器,如图 14-8 所示。

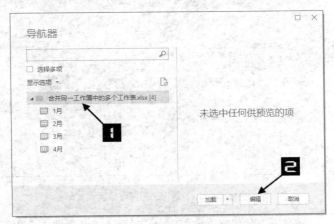

图 14-8　选择目标工作簿

步骤 3　在 Power Query 编辑器中,选中单击 "Data" 列的列标,单击鼠标右键,在扩展菜单中选择 "删除其他列",如图 14-9 所示。

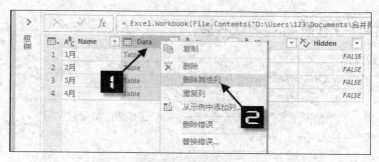

图 14-9　删除其他列

步骤 4　单击"Data"列列标右侧的展开按钮，在扩展菜单中保留默认选项，单击【确定】按钮，如图 14-10 所示。

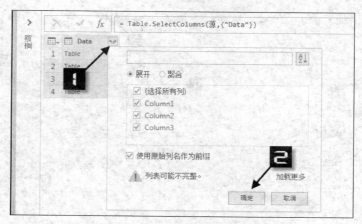

图 14-10　展开 Date 列数据

步骤 5　在【开始】选项卡下单击【将第一行用作标题】按钮，如图 14-11 所示。

图 14-11　将第一行用作标题

步骤 6　此时，合并后的数据中还包含有多余的列标题，可以使用筛选功能使其不显示。单击其中一列的筛选按钮，如"姓名"列，在扩展菜单中去掉"姓名"的勾选，最后单击【确定】按钮，如图 14-12 所示。

步骤 7　单击"日期"列列标，在【开始】选项卡下依次单击【数据类型：任意】→【日期】，如图 14-13 所示。最后单击【开始】选项卡下的【关闭并上载】按钮，将数据上载到 Excel 工作表。

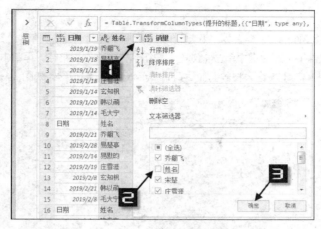

图 14-12　筛选多余的列标题

图 14-13　更改数据类型

14.1.3　合并同一文件夹下的多个工作簿

合并同一文件夹
下的多个工作簿

　　素材所在位置为：

　　素材\第 14 章 Power Query 和 Power Pivot 的简单应用\14.1.3 合并同一文件夹下的多个工作簿

　　如图 14-14 所示，在同一个文件夹中存在多个工作簿，每个工作簿又存在多个工作表，但每个工作表的数据结构相同，现在需要将多个工作簿数据合并到同一工作表中。

图 14-14　多个工作簿包含多张工作表

操作步骤如下。

步骤 1 　新建一个工作簿，并命名为"汇总"。在【数据】选项卡下依次单击【新建查询】→【从文件】→【从文件夹】，在【文件夹】对话框中单击【浏览】按钮，找到文件夹路径，再单击【确定】按钮。在弹出的数据预览窗口中单击【编辑】按钮，将数据加载到 Power Query 编辑器，如图 14-15 所示。

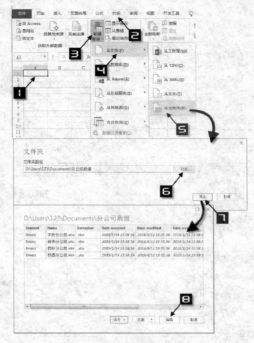

图 14-15　选择目标文件夹

步骤 2 　在 Power Query 编辑器中，按住 < Ctrl > 键，分别选取标题为"Content"和"Name"列，单击鼠标右键，在弹出的快捷菜单中选择【删除其他列】，如图 14-16 所示。

步骤 3 　切换到【添加到】选项卡，单击【自定义列】命令，在弹出的【自定义列公式】编辑框中输入以下公式，单击【确定】按钮，如图 14-17 所示。

```
=Excel.Workbook([Content],true)
```

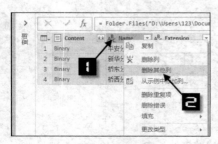

图 14-16　删除多余列

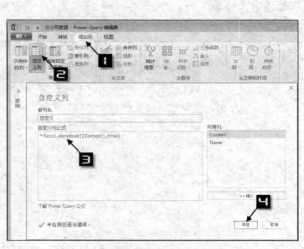

图 14-17　输入自定义列公式

Excel.Workbook 函数是 Power Query 中特有的函数之一，其作用是从 Excel 工作簿返回各工作表的记录。第一参数是要解析的字段，第二参数使用 true，表示使用数据表中的第一行作为列标题。

> **注意**
>
> **Power Query 中的函数名称严格区分大小写，否则将无法正确计算。**

步骤 4 单击 "自定义" 列标右侧的展开按钮，在扩展菜单中保留默认选项，单击【确定】按钮，如图 14-18 所示。

图 14-18　展开自定义列

步骤 5 按住 < Ctrl > 键，依次单击 "Name" 和 "自定义.Data" 列的列标，单击鼠标右键，在快捷菜单中选择【删除其他列】。

单击 "自定义.Data" 列标右侧的展开按钮，在扩展菜单中去掉【使用原始列名作为前缀】复选框的勾选，单击【确定】按钮，如图 14-19 所示。

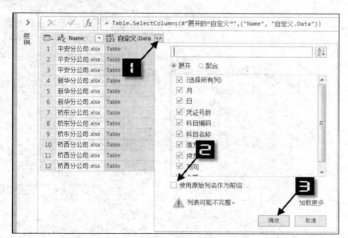

图 14-19　展开自定义.Data 列

最后，在【开始】选项卡下单击【关闭并上载】按钮，将合并后的数据加载到 Excel 工作表，结果如图 14-20 所示。

	A	B	C	D	E	F	G	H	I	J		
1	Name	月	日	凭证号数	科目编码	科目名称	借方	贷方	方向	余额		工作簿...
2	平安分公司.xlsx	01	26	记-0383	4105070110	其他	427	0	借	467		
3	平安分公司.xlsx	01	06	记-0034	4105070110	其他	40	0	借	40		1个查表
4	平安分公司.xlsx	01	30	记-0569	4105070105	劳保用品	272.73	0	借	272.73		分公司数据
5	平安分公司.xlsx	01	27	记-0415	410507010406	运费附加	60	0	借	93		已加载 516 行 *
6	平安分公司.xlsx	01	06	记-0032	410507010406	运费附加	33	0	借	33		
7	平安分公司.xlsx	01	27	记-0407	410507010404	过桥过路费	2729	0	借	3225		
8	平安分公司.xlsx	01	07	记-0407	410507010404	过桥过路费	116	0	借	496		
9	平安分公司.xlsx	01	06	记-0028	410507010404	过桥过路费	233	0	借	380		
10	平安分公司.xlsx	01	27	记-0027	410507010404	过桥过路费	147	0	借	147		
11	平安分公司.xlsx	01	27	记-0425	410507010403	交通工具修理	5760.68	0	借	7060.68		
12	平安分公司.xlsx	01	27	记-0407	410507010403	交通工具修理	1300	0	借	1300		
13	平安分公司.xlsx	01	27	记-0407	410507010402	交通工具消耗	2783.9	0	借	4166.9		
14	平安分公司.xlsx	01	27	记-0407	410507010402	交通工具消耗	320	0	借	1383		

Sheet1　Sheet2

图 14-20　汇总后的数据

14.2　Power Pivot

　　Power Pivot for Excel 又被称为超级透视表，传统的 Excel 透视表虽然综合了数据排序、筛选、分类汇总等数据分析工具的功能，能够方便地调整分类汇总的方式，以多种不同方式展示数据的特征，操作简单，功能强大，但也有诸多局限性，例如，缺乏丰富的汇总计算函数，也无法快速糅合处理多种数据来源的数据。

　　微软公司的 Power Pivot 旨在提供自助式商务智能，使用户在无须 BI 技术人员介入的情况下执行复杂数据分析的能力。使用 Power Pivot，用户可以从多个不同类型的数据源将数据导入到 Excel 的数据模型中并创建关系，进而对数据进行深度挖掘和分析。

　　Power Pivot 在 Excel 中引入了"关系"和"数据模型"的概念。在此之前，Excel 只是一个或者一组单独的、彼此之间并无关联的表格。数据模型是一个可以储存大量数据的复杂列式数据库，它通过在多表之间创建"关系"，使彼此间存在关系的一组表格成为一个数据模型。

14.2.1　利用数据模型进行非重复值计数

　　素材所在位置为：

　　素材\第 14 章 Power Query 和 Power Pivot 的简单应用\ 14.2.1 利用数据模型进行非重复值计数.xlsx

　　图 14-21 所示为某公司的客户信息表，同一机构下存在重复的客户名，现在需要统计各机构不重复的客户数。

图 14-21　客户信息表

　　操作步骤如下。

　　步骤1　单击数据表中的任一单元格，如 A2，在【插入】选项卡下单击【数据透视表】按钮。在弹出的【创建数据透视表】对话框中勾选【将此数据添加到数据模型】复选框，最后单击【确定】按钮，创建一个透视表，如图 14-22 所示。

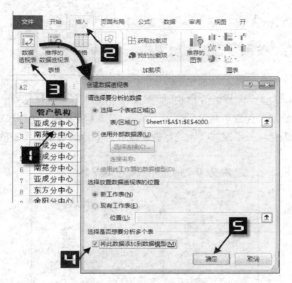

图 14-22　创建数据透视表

步骤2　在数据透视表的字段列表中，分别将"管户机构"字段添加到"行"区域，将"客户名"字段添加到"值"区域。

右键单击"以下项目的计数：客户名"字段的任一单元格，在弹出的快捷菜单中依次单击【值汇总依据】→【其他选项】。在弹出的【值字段设置】对话框中选择值汇总方式为【非重复计数】，单击【确定】按钮，如图 14-23 所示。

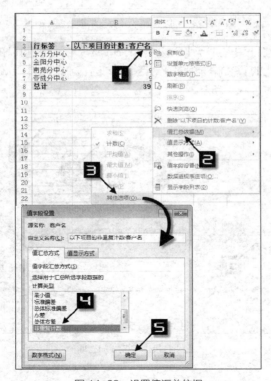

图 14-23　设置值汇总依据

的【添加到数据模型】按钮，在弹出的【创建表】对话框中保留默认选项，单击【确定】按钮，如图 14-26 所示。以同样的方式，将"员工信息"工作表中的数据添加到数据模型。

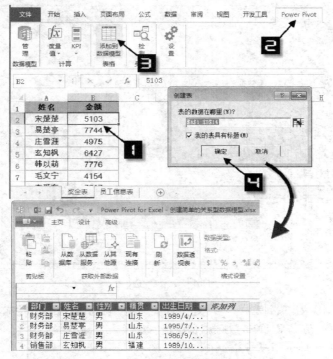

图 14-26 添加到数据模型

步骤2 在 Power Pivot for Excel 窗口中，将"表一"和"表二"分别修改为"员工信息"和"奖金"，如图 14-27 所示。

步骤3 切换到【设计】选项卡，单击【创建关系】按钮。在弹出的【创建关系】对话框中，表 1 选择"奖金"，并单击选中字段标题"姓名"，表 2 选择"员工信息"，单击选中字段标题"姓名"，最后单击【确定】按钮，如图 14-28 所示。

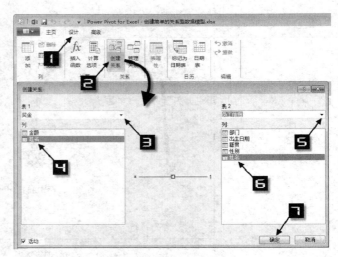

图 14-27 修改表名称　　　　　　　　　　　　　图 14-28 创建关系

步骤 4 切换到【主页】选项卡，单击【数据透视表】按钮，在弹出的【创建数据透视表】对话框中保留默认选项，单击【确定】按钮，如图 14-29 所示。

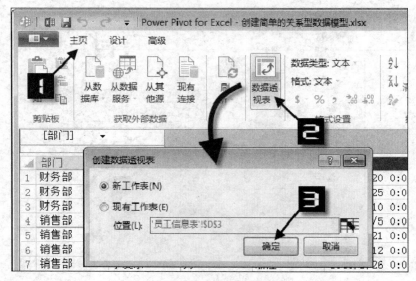

图 14-29 创建透视表

步骤 5 在数据透视表字段列表中，将"员工信息"表的"部门"添加到行区域，"奖金"表的奖金添加到值区域，如图 14-30 所示。最后修改数据透视表的字段标题，完成汇总统计。

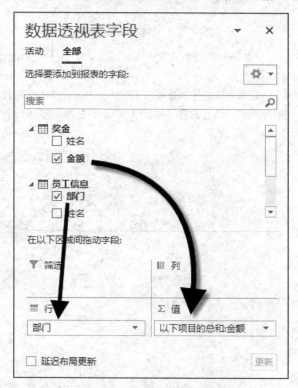

图 14-30 设置透视表区域

在 Excel 数据模型中，"关系"是指表和表之间的联系，更准确地说，"关系"的定义如下。

（1）源表：关系始于源表，例如，本例中的"奖金"表。

（2）外键列：源表中的列包含需要搜索的值，例如，本例中"奖金"表的姓名列。

（3）相关表：包含需要检索值的表，例如，本例中的"员工信息"表。

（4）相关列：相关表中的列包含与外键列对应的值，例如，本例中"员工信息"表的姓名列。

"关系"一旦正确建立，用户便可以检索相关表的任意列数据。如图 14-31 所示，在数据透视表字段列表中，将"员工信息"表的"性别"字段添加到行区域，即可得到不同性别的奖金数据。

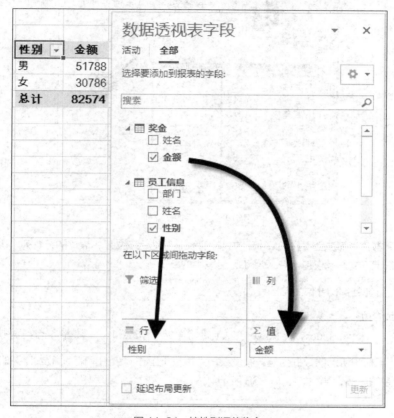

图 14-31　按性别汇总奖金

14.2.3 | DAX 语言基础

数据分析表达式是一个由函数、运算符和常量组成的库，可以在 Power Pivot for Excel 中组合这些库元素以生成公式和表达式。

DAX 语言和 Excel 工作表函数十分相似，两者的主要区别在于 DAX 语言不使用类似于 A1、D2 等单元格地址，这是由于在 Power Pivot 中并不存在单元格的概念。DAX 语言中常用表名和列名指定数据坐标，其中，表名可以用单引号括起来，当表名不存在特殊字符时，单引号也可以省略，而列名必须括在中括号内。例如"表 1'[列名]"。

DAX 语言包含 7 种数据类型，分别为整型、实数、货币型、日期和时间、布尔值、字符串以及 BLOB 等。

DAX 表达式可以分为计算字段和计算列两个类别，计算字段是对计值上下文中的数据进行快速聚合。而计算列则是在 Power Pivot 表格的层面上进行计算，为每一行计值，并将其结果储存在表格之中。计算字段的

工作效率要远远高于计算列。在 Power Pivot 窗口的【设计】选项卡下，单击【添加】按钮，然后在编辑栏中
输入计算公式，即可添加一个计算列，如图 14-32 所示。

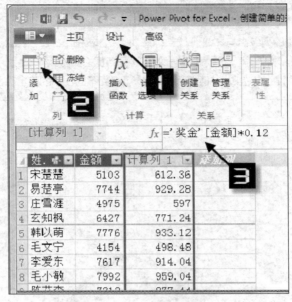

图 14-32　添加计算列

计值上下文通常分为筛选上下文和行上下文两个种类。筛选上下文是由表格的行、列、切片器和筛选器所
定义的上下文；行上下文通常仅包含 Power Pivot 表中的单一行。

示例 14-1　计算各部门补偿金总额

素材所在位置为：

素材\第 14 章　Power Query 和 Power Pivot 的简单应用\示例 14-1　计算各部门补偿金总额

以 14.2.2 节素材中所示的数据为例，假设公司为每位员工在奖金的基础上增发 12% 的补偿金，要求计
算每个部门补偿金的总额，结果如图 14-33 所示。

部门	金额	补偿金
财务部	17822	2138.64
采购部	38778	4653.36
销售部	25974	3116.88
总计	82574	9908.88

图 14-33　按部门计算补偿金

操作方法如下。

方法 1　创建计算字段

在【Power Pivot】选项卡下依次单击【度量值】→【新建度量值】，在弹出的【度量值】对话框中，将【度
量值名称】命名为"补偿金"，在【公式】编辑栏中输入以下公式，单击【确定】按钮，如图 14-34 所示。

```
=SUM('奖金'[金额])*0.12
```

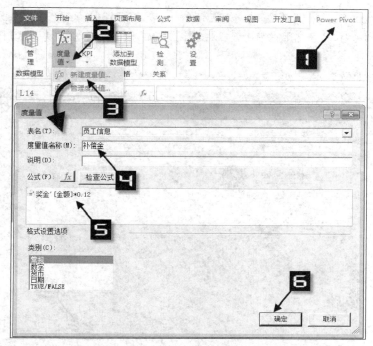

图 14-34　添加计算字段

　　然后在透视表字段列表中将新创建的字段添加到值区域，修改数据透视表字段标题，完成汇总。

　　公式表达的含义是求和所有奖金的总额并乘以系数 0.12。由于当前透视表的行区域存在"部门"字段，因此，会按"部门"筛选上下文，并对公式的计算结果进行重新聚合。

方法2　创建计算列

　　在 Power Pivot 窗口中切换到"奖金"表。在【设计】选项卡下单击【添加】按钮，在编辑栏中输入以下公式，并将标题名称更改为"补偿金"。

```
='奖金'[金额]*0.12
```

　　切换到工作表界面，将"补偿金"字段添加到数据透视表的值区域，同样可得到目标结果。

- -
　　示例结束
- -

14.2.4　合并同类项

　　素材所在位置为：

　　素材\第 14 章 Power Query 和 Power Pivot 的简单应用\ 14.2.4 合并同类项.xlsx

合并同类项

　　以 14.2.2 节素材中所示的数据为例，现在需要将不同部门的人员姓名合并到同一个单元格中，姓名之间以逗号作为间隔，如图 14-35 所示。

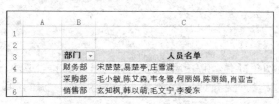

图 14-35　按部门合并人员姓名

在【Power Pivot】选项卡下依次单击【度量值】→【新建度量值】，在弹出的【度量值】对话框中，将【度量值名称】命名为"人员名单"，在【公式】编辑栏中输入以下公式，单击【确定】按钮，如图 14-36 所示。

=CONCATENATEX('员工信息','员工信息'[姓名],",")

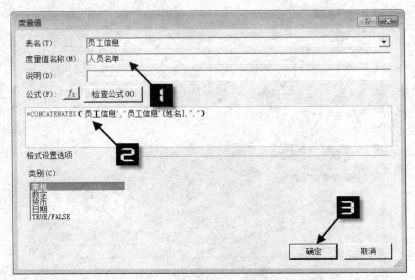

图 14-36　新建度量值

将"人员名单"字段添加到数据透视表的值区域，右键单击总计单元格，在快捷菜单中选择【删除总计】，如图 14-37 所示。

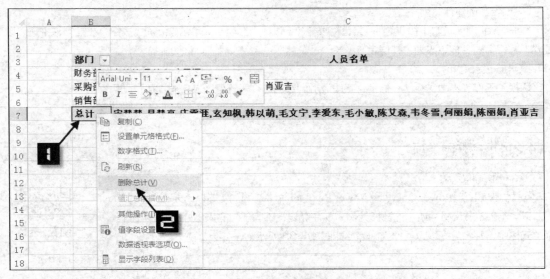

图 14-37　删除总计

CONCATENATEX 函数的作用是可以使用指定的连接符号，将数据表中某一字段的多个字符串合并为一个字符串。第 1 个参数用于指定数据来源的表名，第 2 个参数指定数据来源的字段名，第 3 个参数指定间隔符的类型，如果省略该参数，则表示不使用间隔符。

本章小结

本章主要学习了 Power BI 系列组件中 Power Query 和 Power Pivot 的简单应用。Power Query 的主要功能是对数据进行快速的清洗、转置和合并等处理。使用 Power Pivot，用户可以从多个不同类型的数据源将数据导入到 Excel 的数据模型中并创建关系，进而对数据进行深度挖掘和分析。

练习题

1. 使用 Power Query 处理的数据，全部可以使用刷新功能获取最新结果，这句话正确吗？
2. Power Query 中的函数名称是否区分大小写？

上机实验

1. 以本章示例文件作为练习文件，熟悉 Power Query 的操作界面，尝试独立完成二维表转换以及工作簿汇总和工作表汇总的操作。
2. 以本章示例文件作为练习文件，熟悉 Power Pivot 的操作界面，尝试独立完成创建简单的"关系"型数据模型以及合并同类项的操作。

索引